Harald Lesch
und Jörn Müller

Kosmologie für Fußgänger

Eine Reise durch das Universum

Aktualisierte und erweiterte Neuausgabe

GOLDMANN

Sollte diese Publikation Links auf Webseiten Dritter enthalten, so übernehmen wir für deren Inhalte keine Haftung, da wir uns diese nicht zu eigen machen, sondern lediglich auf deren Stand zum Zeitpunkt der Erstveröffentlichung verweisen.

Dieses Buch ist auch als E-Book erhältlich.

MIX
Papier aus verantwortungsvollen Quellen
FSC® C005833

Verlagsgruppe Random House FSC® N001967

4. Auflage
Aktualisierte und erweiterte Neuausgabe September 2014
Durchgesehen und überarbeitet, September 2017
Wilhelm Goldmann Verlag, München,
in der Verlagsgruppe Random House GmbH,
Neumarkter Str. 28, 81673 München
Umschlaggestaltung: UNO Werbeagentur, München
Umschlagfoto: © NASA/JPL/RPIF/DLR
Redaktion: Eckard Schuster
KF · Herstellung: Str.
Satz: Uhl + Massopust, Aalen
Druck und Einband: Těšínská tiskárna, a.s., Český Těšín
Printed in Czech Republic
ISBN: 978-3-442-15817-1
www.goldmann-verlag.de

Inhalt

Vorwort

»Der Weltraum, unendliche Weiten« – mit diesen Worten beginnen die Folgen der Serie *Raumschiff Enterprise*. In der Tat: Können wir uns die ungeheuren Entfernungen, mit denen wir in der Astronomie konfrontiert werden, vorstellen? Können wir ein Gefühl entwickeln für die enorme Zeitspanne von der Entstehung des Universums bis heute – gemessen an unserem relativ kurzen, bestenfalls 100 Jahre währenden Leben? Wer kann die gewaltige Energie einschätzen, die beispielsweise bei einer Supernova frei wird? Auch für Astronomen sind das meist Zahlen, deren Dimension sich jeglichem Vorstellungsvermögen entzieht. Der an Astronomie interessierte Laie sieht sich darüber hinaus mit einer Menge weiterer Verständnisprobleme konfrontiert. Dazu gehören Fragen wie: Was verbirgt sich hinter Schlagworten wie »Nukleosynthese«, »Schwarzes Loch« oder »Dunkle Materie«? Warum leben Sterne unterschiedlicher Masse unterschiedlich lang? Oder: Wie ist das Universum entstanden, wie hat es sich entwickelt? Wer darauf nur oberflächliche oder aber mit Fachchinesisch gespickte Antworten erhält, verliert rasch die Lust auf Astronomie.

Im Jahr 1998 startete der Bayerische Rundfunk in seinem Bildungsprogramm BR-alpha die Sendereihe *alpha-Centauri* mit dem Astrophysiker Harald Lesch. Ziel der Vortragsreihe war es, die elementaren Vorgänge und Erscheinungen im Universum auf das Wesentliche reduziert zu erklären und komplexe astrophysikalische Zusammenhänge zu veranschaulichen. Die erste Folge der jeweils 15 Minuten langen Beiträge war der Frage gewidmet: »Warum betreiben wir Astronomie?« Als die Reihe 2007 beendet wurde, waren 215 Folgen ausgestrahlt worden. Die einzelnen Beiträge werden regelmäßig im Fernsehen wiederholt und sind via Internet bei BR-alpha abrufbar.

Drei Jahre nach der ersten Ausstrahlung erschien im Goldmann Verlag das Buch zur Sendereihe: *Kosmologie für Fußgänger*. Die Autoren Harald Lesch und Jörn Müller machten es sich darin zur Aufgabe, ausgewählte Folgen von *alpha-Centauri* in voneinander unabhängigen Kapiteln zusammenzufassen und inhaltlich zu vertiefen. Es sollte eine Orientierungshilfe sein für all diejenigen, die sich – vielleicht nach einem Blick zu den Sternen des nächtlichen Himmels – erstmals für »das da draußen« interessieren. Seither hat *Kosmologie für Fußgänger* neun Auflagen erlebt, und die Nachfrage hält unvermindert an.

Doch es war nicht zu übersehen: Das Buch hatte im Laufe der Zeit etwas Staub angesetzt. Die Wissenschaft bleibt nun mal nicht stehen! Gerade in den letzten Jahren hat man auf dem Gebiet der Astronomie viele neue Erkenntnisse gewonnen. Insbesondere die Entwicklung immer größerer und lichtempfindlicher, erdgebundener wie satellitengestützter Teleskope hat bahnbrechende Beobachtungen in nahezu allen Wellenlängenbereichen des elektromagnetischen Spektrums ermöglicht. Stellvertretend sei hier die Entdeckung Tausender Planeten um andere Sonnen angeführt. Anhand von Computersimulationen kann man heute verstehen, wie Sterne entstehen, wie sie sich entwickeln und was bei ihrem Ableben geschieht. Im März 2013 hat die European Space Agency (ESA) die Daten der vom Planck-Weltraumteleskop mit höchster Präzision erneut vermessenen kosmischen Hintergrundstrahlung bekannt gegeben. Diese Strahlung gibt unter anderem Auskunft über Alter und Zusammensetzung unseres Universums sowie über die Geschwindigkeit, mit der es sich ausdehnt.

Aufgrund der neuen Erkenntnisse muss die Astronomie ihr Bild vom Universum in einigen Punkten korrigieren. Das betrifft natürlich auch die *Kosmologie für Fußgänger*. Der Text wurde deshalb auf den aktuellen Wissensstand gebracht, und das Buch ist nun durchgehend farbig bebildert.

In der Hoffnung, dass diese aktualisierte Neuausgabe von *Kosmologie für Fußgänger* den Neugierigen den Einstieg in die Welt der Astronomie auch künftig kompetent erleichtert, wünschen wir viel Spaß beim Lesen.

Harald Lesch und Jörn Müller,
Sommer 2014

Die Erde

Gaia! Dich Allmutter werd' ich besingen,
dich alte festgegründete Nährerin
aller irdischen Wesen.

Was die göttliche Erde begeht und was in den Meeren,
was in den Lüften sich regt,
genießen deine Fülle und Gnade.

Du hast Gewalt,
den sterblichen Menschen zu geben und zu nehmen.

Homer

Bildet man die 4,6 Milliarden Jahre lange Geschichte unseres Planeten auf ein Jahr ab, so sind gerade einmal 17 Sekunden vergangen, seit der griechische Dichter Homer vor über 2500 Jahren der Erde als einer Göttin huldigte. Gaia, die Erde – das war die allmächtige Mutter, die beschützt und ernährt, der wir alles zu verdanken haben. Noch heute feiern wir im christlichen Kulturkreis einmal im Jahr Erntedank. In den Erdwissenschaften, der Geologie, der Geografie und der Geophysik, hat sich der Name Gaia bis heute erhalten. Aber Menschen erleben die Erde auch als gewalttätig und erbarmungslos, wenn Naturkatastrophen wie Erdbeben, Vulkanausbrüche, Fluten und Stürme über sie hereinbrechen. Trotz allen technischen Fortschritts – wenn der Urgrund aller Dinge sich auftut, der Boden unter unseren Füßen sich schüttelt oder der Himmel über uns seine Schleusen aufreißt – sind auch wir modernen Menschen den Naturgewalten hilflos ausgesetzt. Kaum eine Kultur hat deshalb die Erde nur verehrt und bewundert. Man hat sie immer auch gefürchtet.

Diesem Materieklumpen, der mit über 100 000 Kilometern pro Stunde um die Sonne rast, verdanken wir unser Dasein. Wir sind die Erde. Unsere Knochen sind gebildet aus den Mineralien ihrer Gesteine, wir atmen ihre Luft, und wir bestehen zu großen Teilen aus ihrem Wasser. Was für ein Planet, der eine solche Vielfalt an Leben hervorgebracht hat! Für uns Erdlinge ist diese Lebensvielfalt der Normalfall. Doch auch in den eher lebensfeindlichen Nischen unseres Planeten, auf über 8000 Meter hohen Bergen, in Wüsten mit Spitzentemperaturen von über 70 Grad Celsius oder in den Polarregionen, den Gebieten des ewigen Eises mit Temperaturen um minus 50 Grad, hat sich Lebendiges angesiedelt. Auf die Spitze aber treiben es die Organismen tief im Meer, in der unmittelbaren Nachbarschaft von Vulkanschloten, den sogenannten *Black Smokers*, aus denen etliche hundert Grad heißes, mit Gasen und Mineralien gesättigtes Wasser austritt. Dort leben Einzeller ganz ohne Licht und Sauerstoff. Das Leben ist überall auf unserer Erdkugel. Möglicherweise »verdampft« unser Planet sogar Bakterien, die aus den höchsten Schichten der Atmosphäre in den Weltraum verschwinden.

Nun, was wissen wir denn von dem Boden, auf dem wir stehen, vom Wasser, das wir trinken, von der Luft, die wir atmen? Woher kommen die Bestandteile des Planeten? Wie entstand er denn, unser Planet? War er schon immer so? Nein, er war vielmehr – also, eigentlich war er … Ach was, bevor wir uns zu kurz fassen, erzählen wir lieber die ganze Geschichte (Abb. 1).

Abb. 1: Der Blaue Planet. Blick auf die westliche (links) und die östliche Hemisphäre der Erde.

Die Geburt der Erde

Wir wissen: Die Sonne, die Erde und die anderen sieben Planeten – ja sieben, da Pluto 2006 zum Zwergplaneten degradiert wurde – entstanden alle zur gleichen Zeit vor rund 4,6 Milliarden Jahren. Entsprechend dem heutigen Stand der Forschung begann die Geschichte der Erde mit der gewaltigen Explosion eines massereichen Sterns, einer sogenannten Supernova. Woher man das weiß? Vom Studium der Meteoriten, die bei der Entstehung des Sonnensystems übrig blieben. Besondere Bedeutung kommt hier der Untersuchung von Isotopen zu. Von was? Na, von Isotopen eben. Ach, Sie wissen nicht, was das ist? Also gut, machen wir einen Abstecher in die Kernphysik. Will man nämlich verstehen, was sich aus diesen uralten Meteoritengesteinen ablesen lässt, muss man wissen, wie Atomkerne aufgebaut sind und wie sie zerfallen.

Atome bestehen aus einem Atomkern und negativ geladenen Elektronen, die den Kern umkreisen. Jedes chemische Element – zum Beispiel Sauerstoff, Kohlenstoff, Stickstoff, Eisen usw. – verfügt über eine bestimmte Anzahl von Elektronen. Da Atome nach außen elektrisch neutral sind, muss der Atomkern selbst eine positive Ladung haben, die der Summe der negativen Ladungen aller Elektronen im Atom entspricht. Der winzige Atomkern seinerseits besteht aus positiv geladenen Protonen und elektrisch neutralen, also ungeladenen Neutronen. Könnte man beispielsweise ein Atom so stark vergrößern, dass dessen Elektronen auf den äußersten Rängen des Münchner Olympiastadions kreisen würden, dann wäre der Atomkern so groß wie ein Reiskorn am Anstoßpunkt im Mittelkreis – so ein Atom ist also ziemlich leer.

Zurück zu den Elementen. Wie gesagt: Jedes Element hat eine genau festgelegte Zahl an Protonen und Elektronen. So verfügt

Sauerstoff über acht Protonen im Kern und acht Elektronen, die den Kern auf verschiedenen Bahnen umkreisen. Normalerweise sind auch acht Neutronen im Kern, die dem Atom zwar eine größere Masse verleihen, aber an der elektrischen Ladung des Kerns nichts ändern. Ab und zu gibt es aber auch Sauerstoffkerne mit neun oder zehn Neutronen. Diese Abarten bezeichnet man als Isotope des Sauerstoffs. Die Isotope unterscheiden sich vom »normalen« Element nur durch ihre Masse, jedoch nicht in ihren chemischen Eigenschaften. Der »normale« Sauerstoff mit acht Neutronen im Kern wird mit dem Symbol ^{16}O (im folgenden Text immer O-16 geschrieben) gekennzeichnet, wobei die vor- beziehungsweise nachgestellte Zahl 16, die sogenannte Massenzahl, die Summe von Protonen und Neutronen angibt. Die massereicheren Isotope des Sauerstoffs mit einem oder zwei zusätzlichen Kernneutronen haben demnach die Bezeichnungen O-17 beziehungsweise O-18.

Im Allgemeinen findet man im Wasser der Ozeane pro 2600 O-16-Atomen je ein Atom O-17 und fünf Atome O-18. Untersuchungen an primitiven Meteoriten, sogenannten kohligen Chondriten, die als kleinteilige Überreste bei der Entstehung des Sonnensystems zeitgleich mit den Planeten aus derselben Gas- und Staubscheibe auskondensierten, zeigen jedoch ein anderes Bild. Da sich diese Körper seit ihrer Entstehung immer im kalten Weltraum aufgehalten haben, geht man davon aus, dass sich ihre ursprüngliche Zusammensetzung bis heute unverändert erhalten hat. In Einschlüssen dieser Meteoriten hat man nun Sauerstoff gefunden, der ausschließlich aus O-16-Atomen besteht. Für diesen Befund gibt es keine chemische Erklärung, weil wie gesagt alle Isotope das gleiche chemische Verhalten aufweisen. Erklären lässt sich das nur mit der Explosion einer Supernova, denn nur bei einer solchen entsteht reines O-16 ohne Beimischung anderer Sauerstoffisotope.

Da in unserer Milchstraße pro Jahrhundert etwa drei Supernovae explodieren, ist das zunächst keine Überraschung. Irgendein massereicher Stern, der irgendwann explodierte, war der Ursprungsort des Meteoritenmaterials. Wir kennen zwar nicht den Stern, der für den Sauerstoff in den Meteoriten verantwortlich war, denn der hinterlässt, wenn überhaupt, nur einen sehr kleinen, ungefähr zehn Kilometer großen sogenannten Neutronenstern, der von einer sich rasend schnell ausdehnenden Gaswolke umgeben und nur für einige Millionen Jahre beobachtbar ist. Davon an anderer Stelle mehr. Aber wir wissen, dass der Stern mindestens 25 Sonnenmassen gehabt haben muss, da nur derart massereiche Sterne ausreichende Mengen an O-16 hervorbringen. Und wir wissen ebenfalls, wie lange vor der Entstehung des Sonnensystems dieser Stern explodiert ist: nur einige hunderttausend Jahre zuvor!

Woher wir das wissen? Ebenfalls von Isotopen, diesmal von Isotopen der Elemente Aluminium und Magnesium. Magnesium hat normalerweise 12 Protonen und 12 Neutronen im Kern. Viel seltener ist das Isotop Mg-26 mit 14 Neutronen. In etlichen Meteoriten fand man mehr Mg-26 als erwartet. Der Überschuss könnte vom radioaktiven Zerfall des Aluminiumisotops Al-26 herrühren, das nur bei einer Supernovaexplosion entstehen kann und mit einer Halbwertszeit von rund 720 000 Jahren zu Mg-26 zerfällt. Damit ergibt sich als theoretisches Modell folgendes Bild: Weniger als 100 000 Jahre vor der Entstehung des Sonnensystems fand in der Nähe eine Supernova statt, bei der Staubteilchen, die Al-26 enthielten, in die Gaswolke, aus der später das Sonnensystem hervorging, hineingeschleudert wurden. Das Aluminium wurde eingeschlossen in mineralische Gesteinsklümpchen, die sich zu kleinen Asteroiden vereinigten, und zerfiel dort zu Magnesium. Irgendwann prallte dann einer dieser Asteroiden mit einem anderen zusammen und zerbrach. 1969 fiel eines dieser Bruchstücke, der berühmte Allende-Meteorit, auf die Erde und damit Wissenschaftlern in die Hände, die dem außerirdischen Stein diese Geschichte entlocken konnten.

Tja, so ist das mit der Astrophysik – winzige Atomkerne können eine wahrlich kosmische Geschichte erzählen, weil die Naturgesetze im Universum überall dieselben sind. Für einen Sauerstoff- oder einen Aluminiumkern gelten die Gesetze der Kernphysik überall in gleicher Weise. Dabei ist es völlig egal, ob diese Elemente auf der Erde oder irgendwo im Universum vorkommen.

Zurück zu unserer Gaswolke, aus der einmal die Sonne mit ihren Begleitern, den Planeten, werden sollte. Wir wissen nun, dass die Druckwelle, die von der Explosion der Supernova ausging, einige hunderttausend Jahre später an anderer Stelle auf eine riesige Gas- und Staubwolke traf und sie gehörig zusammenstauchte. Die bis dahin auf ein großes Volumen verteilten Wasserstoff- und Heliumatome der Wolke durchmischten sich mit all den schwereren Elementen, zum Beispiel dem lebenswichtigen Kohlenstoff, Sauerstoff, Stickstoff und Eisen, die in der Supernova erbrütet und bei deren Explosion in den Weltraum hinausgeschleudert wurden. Gleichzeitig zog sich die Wolke unter ihrer eigenen Gravitation mehr und mehr zusammen. Verwirbelungen innerhalb der Wolke sorgten für kleinere rotierende Fragmente, die losgelöst von der Umgebung weiter kollabierten und sich dabei wie ein Eiskunstläufer, der bei der Drehung um seine Achse die Arme anlegt, immer schneller drehten. Die dabei hervorgerufenen Zentrifugalkräfte sowie die zunehmende Gravitation verformten so das Wolkenfragment innerhalb etlicher Millionen Jahre zu einer dünnen Scheibe mit einem Durchmesser von rund 80 Milliarden Kilometern. Dies war der solare Urnebel, aus dem Sonne und Sonnensystem entstehen sollten.

Es vergingen wieder Zehntausende von Jahren, in denen die schweren Elemente wie Eisen und Nickel zum Zentrum des solaren Urnebels hin sanken. Während das Zentrum beim Kol-

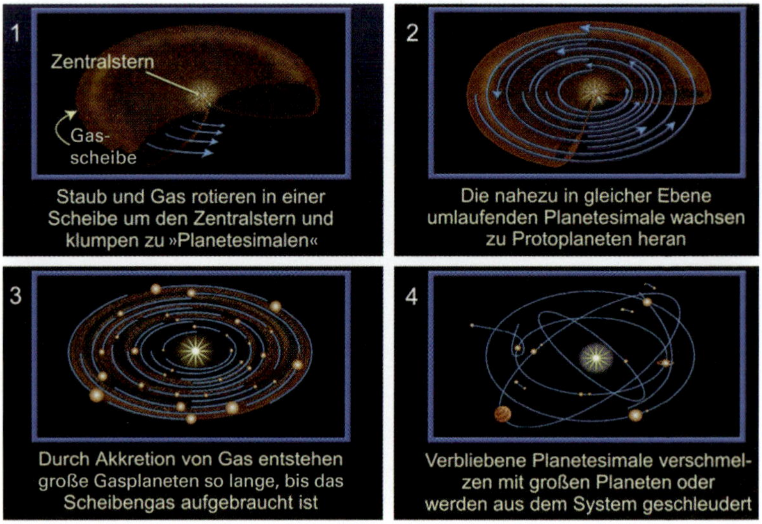

Abb. 2: Phasen der Ausformung von Planeten aus einer den zentralen Stern umgebenden planetaren Gas- und Staubscheibe.

laps immer heißer wurde, kühlte der Rand der Scheibe zunehmend ab. Dort stießen kleine Staubpartikel zusammen, wuchsen zu größeren Körnern heran, dann zu großen Gesteinsbrocken und schließlich zu sogenannten Planetesimalen von einigen Kilometern Durchmesser. Um die sich im Zentrum bildende Ursonne herum prallten unzählige Planetesimale aufeinander und verschmolzen zu Protoplaneten von etlichen hundert bis tausend Kilometern Durchmesser (Abb. 2). Im Zentrum des Nebels hatte sich die Ursonne nun schon so weit verdichtet, dass sie fast die gesamte Masse des einstigen Wolkenfragments auf sich vereinigte. Schließlich war es in ihrem Zentrum so heiß geworden, dass ihr thermonuklearer Reaktor »ansprang« und Wasserstoff zu Helium fusionierte. Die dabei freigesetzte Energie ließ die Sonne als hell leuchtenden Stern am Himmel erstrahlen. Doch die Planeten waren noch nicht vollständig »ausgereift«. Auch die Erde hatte ihre endgültige Form noch nicht gefunden, und sie sollte noch einiges erleben, bis sie sich zum »Garten Eden« des Sonnensystems entwickelt hatte.

Zunächst sah sich unsere Urerde einem gewaltigen Bombardement durch Gesteinsbrocken ausgesetzt. Das junge Sonnensystem war durchsetzt von zahllosen Asteroiden, die auf chaotischen Bahnen die nahezu kreisförmigen Planetenbahnen kreuzten und ohne Unterlass auf die Planeten donnerten. Jeder Einschlag brachte Energie und neue kosmische Materie auf die Erde, wodurch die Urerde stark aufgeheizt wurde und sich ihre äußeren Schichten verflüssigten. Ihre Atmosphäre bestand zunächst fast nur aus Wasserstoff. Als die Sonne ihre volle Leuchtkraft erreicht hatte, entfachte sie auch einen Wind, den sogenannten Sonnenwind, der mit bis zu 2000 Kilometern pro Sekunde seine geladenen Teilchen über die Planeten fegte. Die Erde war zu leicht, um ihre Atmosphäre vor diesem Sonnensturm zu schützen. Auch das Gas aus dem inneren Scheibenbereich trieb der Sonnenwind weit nach draußen. Dort entstanden die großen, massereichen Gasplaneten.

Die Entwicklung auf der Erde stagnierte dann über viele Millionen Jahre. Als ziemlich toter Gesteinsbrocken umrundete sie die Sonne. Ihre heiße und flüssige Oberfläche kühlte sich ab, verfestigte sich, platzte wieder auf und schrumpelte zusammen. Die Schrumpfung heizte das Erdinnere weiter auf, bis selbst Metalle anfingen zu schmelzen. Die Erde begann zu »leben« – zumindest geophysikalisch betrachtet.

Doch die äußerlich ruhige Erde verbarg unter einer sehr dünnen Kruste ein sehr aktives Innenleben, das immer wieder durch die abgekühlte Oberfläche brach. Eingeschlossen im Material der Erde waren auch einige sehr schwere chemische Elemente, die in der mehrere Milliarden Grad heißen Hülle der explodierten Supernova erbrütet worden waren, nämlich Thorium und Uran. Diese aus mehr als 230 Kernbausteinen zusammengesetzten Atomkerne sind instabil und zerfallen radioaktiv, wobei hochenergetische Teilchen und Gammastrahlung freigesetzt werden. Diese Energie heizte das Erdinnere nochmals so stark auf, dass es schmolz. Auch die noch immer auf die Kruste mit Geschwindigkeiten bis zu elf Kilometer pro Sekunde prallenden Meteoriten unterschiedlichster Größe trugen mit ihrer in Wärme umgewandelten Bewegungsenergie zur Aufheizung bei. Schließlich war das Erdmaterial so weit verflüssigt, dass es zu einer Trennung der schweren von den leichten Elementen kam. Die schweren Elemente Eisen und Nickel sanken aufgrund der Schwerkraft ins Zentrum und bildeten einen ersten einfachen Erdkern. Die immer noch sehr heiße, glühende Schlacke aus dem weniger dichten, leichteren Material, das hauptsächlich aus Silikaten (das sind Siliziumverbindungen wie Quarz) bestand, drängte in Richtung Erdkruste und bildete eine Kugelschale aus flüssigem Gestein, den Erdmantel.

Durch das Absinken der schweren Elemente in das Zentrum der Erde wurde Gravitationsenergie frei. Zusammen mit den radioaktiv zerfallenden Atomkernen Uran und Thorium wurde damit genügend Wärme erzeugt, um auch das Eisen im Erdinneren aufzuschmelzen. Auf diese Weise kam es zu einem bis heute anhaltenden Wärmeüberschuss im Erdkern, der zu sogenannten Konvektionsströmungen im geschmolzenen Gestein des Erdmantels führte. Wie ein Topf mit Tomatensauce auf einer heißen Herdplatte immer wieder aufkocht, so brach die Schmelze an den dünnsten Stellen der Erdkruste durch die Oberfläche. Es entstanden gewaltige Vulkankegel, das daraus hervorquellende geschmolzene Gestein überflutete die ursprüngliche Kruste und ebnete sie ein.

Diese Konvektionsströme flüssigen Gesteins kühlten die Erde langsam ab, und es bildete sich eine neue Erdkruste. Tief im Erdinneren aber wurden die Bestandteile des Erdkerns weiter getrennt. Der zunehmende Druck ließ den zentralen Bereich wieder erstarren, das Eisen des äußeren Erdkerns blieb jedoch flüssig. Das Auf- und Abströmen des flüssigen Eisens setzte einen gigantischen elektromagnetischen Prozess in Gang. Es entstand ein »Dynamo«, eine Maschine, die, verursacht durch die Metallflüsse, starke elektrische Ströme erzeugte, die ihrerseits ein Magnetfeld hervorriefen, das bis heute den ganzen Erdkörper durchdringt und sogar bis in den Weltraum hinausreicht. Die Form des Erdmagnetfeldes gleicht exakt der eines gigantischen Stabmagneten. Das irdische Magnetfeld wirkt wie ein Schutzschild, der die Erdoberfläche von den energiereichen elektrisch geladenen Teilchen, die die Sonne mit hoher Geschwindigkeit verlassen, abschirmt.

Auch auf und über der Urerde kam es zu einschneidenden Veränderungen. Aus den heißen Lavaflüssen wurden große Mengen an Gasen förmlich ausgekocht. Diese Gase, vornehmlich Wasserdampf, Kohlendioxid, Methan und Ammoniak, die aus dem heißen Erdinneren nach außen in die eiskalte Umgebung drangen, bildeten im Laufe der Zeit eine erste Atmosphäre um den jungen Planeten.

Vielleicht ist Ihnen aufgefallen, dass wir soeben eher beiläufig von Wasserdampf gesprochen haben. Das Wasser, das im Gestein des Erdmantels eingeschlossen war, drang als Dampf aus den glühenden Vulkanschloten empor. Aber wie kam das Wasser auf die Erde? War es schon da, als sich die Erde bildete? Entstand es durch chemische Reaktionen auf der Planetenoberfläche, oder haben Meteoriten die ungeheure Menge an Wasser auf die Erde gebracht?

Wasser ist die häufigste chemische Verbindung auf der Erdoberfläche. Heute bedeckt es ungefähr 71 Prozent der Oberfläche unseres Planeten. Insgesamt wird der Wasserbestand auf 1,3 Milliarden Kubikkilometer Salzwasser und 4,2 Millionen Kubikkilometer Süßwasser geschätzt. Wo hatte es seinen Ursprung?

Wenn Wasserstoff und Sauerstoff als Elemente existiert haben, ist es kein Problem, daraus Wasser zu machen. Ein Blitz, ein erster Funke würde ein solches Gemisch in Form einer Knallgasreaktion in Wasser umwandeln. Bei den in der Frühzeit der Erde herrschenden hohen Temperaturen hätte Wasser aber auch aus chemischen Reaktionen zwischen Kohlenwasserstoffverbindungen und dem Sauerstoff, der in den Silikatgesteinen und Eisenoxiden eingeschlossen war, entstehen können. Wasserdampf kondensierte zu Wasser. Die Erde hielt den kondensierenden Wasserdampf durch ihre Schwerkraft fest, und es begann zu regnen. So weit, so gut – aber war es wirklich so?

Tiefbohrungen lassen einen anderen Hergang wahrscheinlicher erscheinen: Die Erde hat ihr Wasser durch den Aufprall kosmischer Eisbrocken erhalten! In dem Fluid, einem zähen Gemisch aus Wasser, Salzen und Gasen, das bei Bohrungen aus mehreren tausend Metern Tiefe gefördert wurde, war ein »Stoff« enthalten, der keinesfalls irdischen Ursprungs sein konnte: Helium-3, ein Isotop des Elements Helium. Helium-3 kann nur aus dem Kosmos auf die Erde gelangt sein. In der Regel »reist« es eingeschlossen in Meteoriten. Vermutlich hat das Fluid Helium-3 als Überrest von Gesteinsbrocken aus der Frühzeit des Sonnensystems bewahrt, die das Wasser zur Erde gebracht haben könnten. Aus dem Ozean ist dieses Element längst wieder verschwunden. Aber wenige Kilometer unter uns gibt es diesen kosmischen Stoff noch in großer Menge. Es spricht alles dafür, dass das Wasser der Erde zum größten Teil aus dem Weltall kam und nicht hier entstanden ist.

Zurück zu unserer Urerde: Der Wasserdampf kondensierte, und es regnete und regnete und regnete. Es goss in Strömen, Tag und Nacht. Das Wasser sammelte sich in Vertiefungen und ebnete die Kraterränder ein, die vom anfänglichen Bombardement der Meteoriten übrig geblieben waren. Das Wasser begann die Erdoberfläche zu formen: Es glich Höhenunterschiede aus, löste Salze aus den Gesteinen und ließ die salzhaltigen Ozeane entstehen.

Noch während der Regen das Gesicht der Erde veränderte und formte, tauchte ein weiteres bereits erwähntes Reaktionsprodukt der Kohlenstoffchemie auf: Kohlendioxid. Da Kohlendioxid das Sonnenlicht problemlos passieren lässt, die längerwellige Wärmestrahlung des Planeten dagegen zurückhält, nahm dieses Gas als Bestandteil der Erdatmosphäre entscheidenden Einfluss auf die Entwicklung des Planeten.

Eine dritte wesentliche Komponente der Erdatmosphäre ist der Stickstoff, dessen Anwesenheit höchstwahrscheinlich aus einer kosmischen »Verwechslung« resultiert. Während der Entstehung der Erde wurden Ammoniakmoleküle, die aus einem Stickstoff- und drei Wasserstoffatomen bestehen, gelegentlich anstelle der ähnlich großen Kaliumatome in die Struktur der die Erdkruste aufbauenden Silikatgesteine eingebaut. Später wurde dann nahezu der gesamte Stickstoff wieder freigesetzt und zum Hauptbestandteil der Erdatmosphäre.

Unter den regenschweren Wolken wuchsen einzelne Gewässer zu einem globalen Ozean zusammen. Nach zwei Milliarden Jahren hatte sich im Sonnensystem ein einzigartiger Wasserplanet gebildet. Umgeben war diese Wasserwelt von einer dünnen Atmosphäre, die im Wesentlichen aus Kohlendioxid bestand. Der Regen wusch jedoch einen großen Anteil des Kohlendioxids aus. Im Laufe der Zeit wurde es von den oberen Schichten des Meeres absorbiert und durch geologische Prozesse in kalzium- und magnesiumhaltigen Karbonatgesteinen chemisch gebunden und damit der Atmosphäre entzogen.

Die feste Erdkruste veränderte sich ebenfalls. Sie kühlte aus, wurde dicker und brach schließlich in ein riesiges Mosaik unterschiedlich großer Platten auf. Damit begann der für unsere Augen scheinbar unendlich langsame Tanz der verschiedenen Platten. Materieströmungen, vom heißen Erdkern angetrieben, durchkneteten den Erdkörper und bringen Bewegung in die Platten, die wie Schiffe auf dem Ozean der heißen, flüssigen Erdmaterie schwimmen. An manchen Stellen prallen sie aneinander, anderswo öffnen sich Spalten, durch die frisches Magma aus den Tiefen aufsteigt und zu neuer Kruste erstarrt. Dieser Materie- und Energiestrom hält noch immer an und schiebt die Kontinente über die Erdoberfläche.

Während sich die Kontinente bildeten, wurde offenbar der Ozean zum Ursprung des Lebens. Kohlenstoffhaltige Moleküle verbanden sich zu immer differenzierteren Formen und Strukturen, die sich irgendwann selbst reproduzieren konnten. Mit dem Auftauchen der ersten Lebewesen in den Meeren vollzog der Planet Erde einen Phasensprung.

Wir aber wollen wieder ins Erdinnere abtauchen und dem lang anhaltenden Kreislauf der Gesteine nachgehen, der sich seit Jahrmilliarden vollzieht, der die Oberfläche des Planeten ständig verändert und letztlich für den Charakter unseres Heimatplaneten verantwortlich ist.

Der lebendige Felsen, oder: Der Tanz der Platten

Das hier nur kurz beschriebene Modell des Kreislaufs der Erdmaterie, der Bewegungen von Platten, angetrieben von Konvektionsströmungen im Erdinneren, ist das Ergebnis einer wissenschaftlichen Auseinandersetzung, die sich über mehrere Jahrhunderte hinzog und deren – man kann sagen: geniale – Auflösung, die Plattentektonik, erst seit wenigen Jahrzehnten allgemein anerkannt ist.

Angefangen hat der Streit um das Innere der Erde bereits vor mehr als 200 Jahren. Durch den beginnenden Bergbau war einiges über das unmittelbar unter der Oberfläche liegende Erdreich bekannt geworden. Es wird heißer, je tiefer man in die Erde dringt. Gesteinsschichtungen unterschiedlicher Zusammensetzung wurden entdeckt, deren Erze und Mineralien sich kommerziell nutzen ließen. Man denke nur an die verschiedenen Kohlen- und Edelmetallbergwerke. Der Schotte James Hutton hatte 1795 in seinem Buch *Theory of Earth* als Erster versucht, ein systematisches Bild der Erdgeschichte zu zeichnen. Er beschrieb die Erdoberfläche als das Resultat unendlich langsamer Vorgänge. Er vermutete eine Art Fließgleichgewicht, bestehend aus langsamer Erosion von Stein und Erde durch Wind und Wasser, allmählichen Klimaveränderungen und dem gelegentlichen Entstehen und Wiederverschwinden von Bergen. Er erkannte mit großer Weitsicht in gewöhnlichen Steinen die Spuren von Äonen: »Die Ruinen einer älteren Welt sind in der jetzigen Struktur der Welt sichtbar«, schrieb er. Es gibt eine berühmte Schnittzeichnung von Hutton, auf der über der Erde eine liebliche englische Landschaft zu sehen ist, davor eine geschlossene, von einem Pferd gezogene Kutsche, die gerade einem Reiter begegnet, während darunter ein Fries aus unterschiedlichen Gesteinsschichten abgebildet ist und wiederum darunter durchgeschmolzenes, das heißt metamorphes Gestein, durcheinander und verdreht – ein Stillleben einer sich langsam, aber stetig verändernden Welt.

Hutton hatte die englische Landschaft vor Augen, als er die Geschichte der Erde beschrieb – eine Szenerie aus sanften Hügeln und Flussauen ohne Anzeichen von Brüchen, Erdbeben oder Vulkanen. Deshalb gab es in Huttons Erdgeschichte keine Katastrophen, keine schnellen Veränderungen, sondern lediglich gemächliche, fast harmonisch anmutende Vorgänge, bei denen sozusagen Stein auf Stein gelegt, die Schluchten und Gebirge langsam, fast gemütlich geformt wurden. Aus Huttons Szenario, das auch als Uniformitarianismus bezeichnet wurde, erwuchs jedoch ein Problem: Wenn er nämlich recht hatte, dann konnten die von ihm beschriebenen langsamen Vorgänge nur dann die heutigen Gebirge und Kontinentformen erzeugt haben, wenn die Erde sehr, sehr alt war. »Wir finden«, schrieb er, »keine Anzeichen eines Beginns – keine Aussicht auf ein Ende.« Das mochte vielleicht mutig gewesen sein, aber auch rücksichtslos. Eine unendliche Vergangenheit ist viel problematischer als eine sehr lange; die Unendlichkeit ist eine starke und gefährliche Medizin und nicht nur eine große Zahl.

Fast 150 Jahre lang blieb Huttons Theorie das Standardmodell der Geologie. Es änderte sich erst, als man begann, die Ursachen von Erdbeben zu erforschen, als man mehr wissen wollte über das Innere der Erde, mehr als das, was sich über die wenigen hundert Meter Erdkruste sagen ließ, durch die man in den Bergwerken in die Tiefe vordringen konnte.

Infolge genauer Beobachtungen von Erdbebenwellen entstand Ende des 19. Jahrhunderts eine neue Wissenschaft, die Seismologie. An vielen Stellen in der Welt wurden Geräte, die Seismografen, aufgebaut, um Erdbebenwellen zu messen. Je mehr Daten zusammengetragen wurden, desto klarer wurde den Seismologen, dass die Wellen, die nach Erdbeben durch den ganzen Erdkörper liefen, mehr als nur ferne Echos weit entfernter Erschütterungen unseres Planeten waren. Sie gaben Auskunft über das Innere der Erde und ließen Einzelheiten einer Welt erkennen, die sich der direkten Beobachtung entzog. Die Aufzeichnungen eines Erdbebens beginnen mit der Wellenlinie der Primärwelle (P-Welle), einer Welle, die entlang ihres Weges Materie verdichtet und wieder auseinanderzieht, ähnlich einer Schallwelle in Luft. Kurze Zeit später treffen dann die Sekundärwellen (S-Wellen) beim Seismografen ein: Sie verscheren das Gestein senkrecht zu ihrer Ausbreitungsrichtung. Da sie viel heftiger in ihrer Wirkung sind, ist ihre Ausbreitungsgeschwindigkeit kleiner als die der P-Wellen. Aus der Verzögerung zwischen P- und S-Wellen lässt sich der genaue Ort des Erdbebens, das sogenannte Epizentrum, bestimmen (Abb. 3).

Offenbar wurden die Erdbebenwellen auf ihrem Weg durch das Erdinnere von verschiedenen Gesteinen beeinflusst. 1902 wurde zum ersten Mal die Existenz eines Erdkerns postuliert, eines Kerns im Zentrum der Erde, der eine Art Schatten auf die dem Bebenherd gegenüberliegende Seite der Erdoberfläche wirft. Die seismischen Wellen werden ähnlich wie Lichtwellen beim Übergang von Luft in Wasser abgelenkt. Sie durchdringen den Kern nicht geradlinig, sondern werden so gebrochen, dass sich auf der anderen Seite des Planeten ein wellenfreier Bereich bildet.

Einige Jahre später hatten die Seismologen herausgefunden, dass sich die Ausbreitungsgeschwindigkeit von P- und S-Wellen mit zunehmender Dichte des Materials erhöht. Plötzliche Sprünge in der Ankunftszeit verschiedener Wellen bedeuteten demnach, dass sich die Gesteinsdichte abrupt ändert. Ein Teil

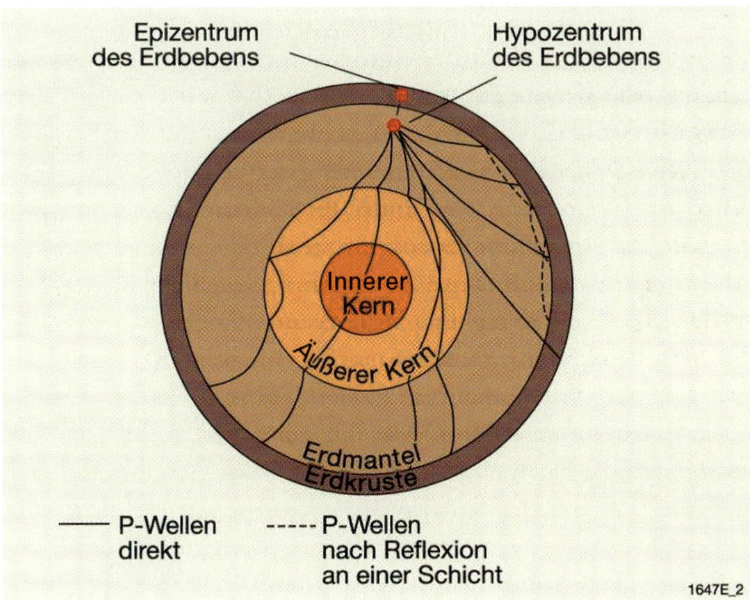

Abb. 3: Verlauf von Erdbebenwellen durch die Erde. Dichteänderungen im Material des Erdkörpers führen zu einer Brechung beziehungsweise Reflexion der Wellen.

der Wellen breitete sich innerhalb der Kruste mit normaler Geschwindigkeit aus, während der andere Teil abgelenkt wurde und sich im oberen Bereich des dichteren Gesteins mit größerer Geschwindigkeit fortpflanzte. Obwohl diese Wellen tiefer ins Erdinnere eindrangen und bis zu den Seismografen eine längere Strecke zurückzulegen hatten, überholten sie die Wellen in der Kruste und erreichten die Messstation früher.

Unzählige Erdbeben lieferten im Laufe der Jahre so viele Daten, dass sich bald ein völlig neues Modell für das Erdinnere ergab, das sich deutlich von der einförmigen Vorstellung Huttons unterschied. Unser Planet bestand demnach aus einer Reihe konzentrischer Schalen. An die dünne, feste Kruste schloss sich nach innen die weichere, plastischere Asthenosphäre als Teil des ansonsten festen Erdmantels an. An diesen grenzte der große, äußere Kern aus geschmolzenem Eisen und anderen Metallen, während im tiefsten Inneren der Kern aufgrund des hohen Drucks wieder fest war (Abb. 4).

Dieses Modell veranschaulichte nicht nur die Ausbreitung der seismischen Wellen, sondern bot auch eine mögliche Erklärung für die Entstehung des irdischen Magnetfeldes. Man nahm an, dass die Rotation der Erde und die auf- und absteigenden Ströme des heißen, flüssigen Eisens den Erdkern in eine Art elektrischen Generator verwandeln könnten, in einen Dynamo, der das Magnetfeld der Erde erzeugt.

Zu Beginn des 20. Jahrhunderts glaubte man noch, dass die Erdkruste etwa vergleichbar sei mit der Schale eines vertrocknenden Apfels. Nach diesem Bild sähen die großen Formationen auf der Erde, das heißt die Kontinente und Ozeane, heute immer noch so aus wie zur Zeit ihrer Entstehung. Alle Berge, Täler und Schluchten wären dann einfach nur Ergebnisse des gewaltigen Schrumpfungsprozesses der Erde, die sich langsam abkühlte. Infolge der auftretenden horizontalen Spannungen wäre die Oberfläche der Erde in große Schollen zerbrochen. Dabei

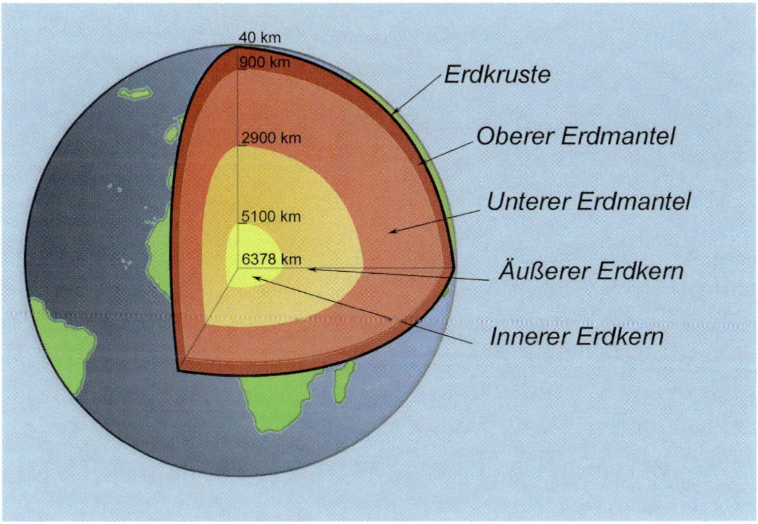

Abb. 4: Schalenförmiger Aufbau der Erde.

wären Gesteinskomplexe wie in einem Schraubstock verbogen, gestaucht, gefaltet und übereinandergeschoben worden. Aufgrund der durch Abkühlung bewirkten Schrumpfung wäre es im Wesentlichen zu vertikalen Bewegungen der Kruste gekommen. Faltungen und Übereinanderschiebungen wären dagegen nur Begleiterscheinungen.

Doch dann ließen Beobachtungen und von unterschiedlichen wissenschaftlichen Disziplinen durchgeführte Untersuchungen augenfällige Gemeinsamkeiten erkennen, die sich mit dieser statischen Schrumpfapfelvorstellung nicht erklären ließen. Warum traten Gebirgszüge immer als schmale Streifen auf, statt sich mehr oder weniger gleichmäßig über den gesamten Globus zu verteilen? Wie waren die übereinstimmenden Konturen der afrikanischen Westküste und der Ostküste Südamerikas zu erklären? Woher kamen die bemerkenswerten Ähnlichkeiten in der geologischen Vergangenheit dieser beiden Küstenbereiche?

Die Plattentektonik

1915 schlug der deutsche Meteorologe Alfred Wegener in seiner Schrift »Der Ursprung der Kontinente und Ozeane« eine radikale Antwort vor – die Kontinentalverschiebung. Er nahm an, dass die heutigen Kontinente ineinander passende Bruchstücke eines Urkontinents, Pangäa, sind, die vor etwa 250 Millionen Jahren allmählich auseinanderzudriften begannen. Er entdeckte, dass einige geologische Formationen, die an der Küste Südamerikas abrupt zu enden scheinen, sich in Afrika fortsetzen, wenn er die Kontinente wie Teile eines Puzzles zusammenfügte. Obwohl Wegener eine Menge geologische Daten zusammengetragen hatte, ließ er viele wichtige Details beiseite. Er stützte sich nur auf Fakten, welche seine Theorie untermauerten. Was er nicht in sein Modell einbauen und damit erklären konnte, ließ er weg. Deshalb wurde seine Hypothese lange Zeit nicht ernst genommen. Insbesondere die Eigenschaften der Oberflächen- und Krustengesteine ließen seine These von den verschiebbaren Kontinenten als sehr unwahrscheinlich erscheinen. Die Erdkruste ist eigentlich viel zu starr, als dass Kontinente wie Schiffe auf dem Meer umhertreiben könnten. Vor allem erhob sich die Frage, welche Kräfte hinter der Kontinentalverschiebung stehen sollten. Wegener dachte an Zentrifugalkräfte, die aber sind für diese Aufgabe viel zu schwach. Ohne eine treibende Kraft kann keine Kontinentalverschiebung stattfinden. Wegeners Idee verschwand in den Bibliotheken der geologischen Institute als ein interessanter, aber offensichtlich falscher Ansatz.

Entscheidend für die Wiedergeburt und den Durchbruch der Theorie der Plattenverschiebung waren die weltweiten Untersuchungen der mittelozeanischen Rücken, die Erforschung der Geschichte des Erdmagnetismus und die Aufdeckung des globalen Musters der Erdbebenherde.

Das Museum Meeresgrund

Die Wiederentdeckung der Ideen Wegeners verdanken wir der amerikanischen Marine. Sie wollte in den 50er- und 60er-Jahren so viel wie möglich über den Meeresboden in Erfahrung bringen. »Wir wissen mehr über die Oberfläche des Mondes als über den Meeresgrund«, war lange Zeit ein von Geowissenschaftlern vertretener Standpunkt. Die von der amerikanischen Marine finanzierte Meeresforschung brachte ungeheure Neuigkeiten aus den Tiefen der Ozeane zutage.

Der Grund der Meere war überhaupt nicht langweilig und eintönig, wie es vielleicht naiven Erwartungen entsprach. Man hatte sich eine Oberfläche vorgestellt, die durch Treibsand und Sedimente schichtweise angehäuft worden war. Eigentlich hätte dieses Bild schon stutzig machen müssen, denn die Dicke der übereinandergelagerten Sedimente wäre angesichts des Erdalters gigantisch gewesen. Aber dies war eben die vorherrschende Meinung, bis die ersten Echolote den Boden der Ozeane mit Schallwellen abtasteten. Die reflektierten Wellen offenbarten ein völlig anderes Bild: tiefe Gräben, große Vulkane, lange Steilhänge – und kaum flache, langweilige Sedimentbecken.

Der Mittelatlantische Rücken zum Beispiel trennt den Ozean ziemlich genau in der Mitte. Er liegt etwa zwei bis vier Kilometer über den tieferen Teilen des Meeresbodens, an seiner Nordspitze erhebt sich die Insel Island aus dem Nordmeer. Woher kommen die mehr oder weniger durchgehenden Gebirge, die sich wie eine lange aufgequollene Narbe durch die Meeresbecken um den ganzen Globus ziehen? Nun sind Gebirge ja ziemlich starre Gebilde, die kaum Bewegungsmuster erkennen lassen. Erst eine andere Entdeckung half, dem Ursprung dieser Auffaltungen und damit der Quelle der Dynamik des ganzen

Planeten auf die Spur zu kommen. Es handelte sich um die magnetischen Eigenschaften des Meeresbodens.

Genaue Messungen des Magnetfeldes links und rechts der ozeanischen Gebirgsrücken ergaben ein auffallend symmetrisches Muster von Streifen mit entgegengesetzter Magnetfeldrichtung. Offenbar hatte sich das Erdmagnetfeld mehrfach umgepolt, als hätte sich ein Stabmagnet gedreht. Und dieses Muster war überall entlang des ozeanischen Rückensystems zu finden. Wie das?

Kühlen geschmolzene Gesteine aus ihrem heißen Zustand ab, werden die eisenhaltigen Minerale durch das vor Ort herrschende Magnetfeld magnetisiert. Diesen magnetischen Zustand speichern sie für immer. Auf dem Meeresboden finden sich also magnetische Fossilien, die etwas über die Ausrichtung und Stärke des Erdmagnetfeldes zu der Zeit aussagen, zu der die Gesteine an die Oberfläche gelangten. Die Untersuchung der Streifenmuster am ozeanischen Rücken zeitigte denn auch ein erstaunliches Ergebnis: Je näher die Gesteine am Gebirgsrücken liegen, desto stärker sind sie in Richtung des heutigen Magnetfeldes magnetisiert. Mit zunehmendem Abstand von den Meeresgebirgen wechseln sich die Streifen aber mit anderen ab, die genau in die entgegengesetzte Richtung magnetisiert sind. Ähnliches ergab sich auch für Kontinentalgesteine: Dort verliefen große Basaltströme, die ebenfalls entgegengesetzte magnetische Ausrichtungen besaßen (Abb. 5).

Und was hat das nun alles mit Wegeners Theorie, der Kontinentalverschiebung, zu tun? Sehr viel! Denn diese Entdeckungen ließen sich wunderbar mit der Wegener'schen Hypothese erklären: Der Meeresboden weitet sich. Neue Kruste bildet sich am Meeresgrund, und zwar genau an den mittelozeanischen Rücken. Die dort nach oben dringende Lava breitet sich beiderseits des Rückens aus und »speichert« gewissermaßen die Magnetfeldrichtung des Ursprungsortes. Der ganze Meeresgrund erweist sich als ein einziges Museum, in dem alles ausgestellt ist, was der Erdwissenschaftler braucht. Die Geschwindigkeit, mit der der Meeresboden wächst, kennt man, also lässt sich das Alter der Streifen aus ihrer Entfernung zum Gebirgsrücken berechnen.

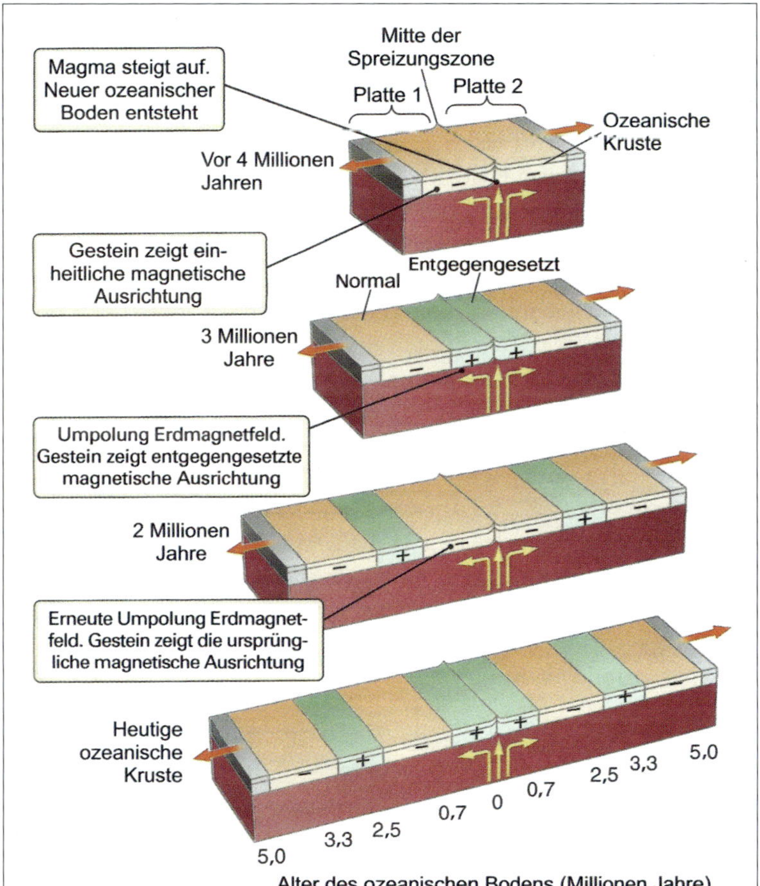

Abb. 5: Das in der Spreizungszone der ozeanischen Rücken aufsteigende Magma erkaltet zu neuer ozeanischer Kruste. Die Richtung des Erdmagnetfeldes zum Zeitpunkt der Krustenbildung bestimmt die magnetische Ausrichtung der Gesteine.

In der Regel wächst der Meeresboden um mehrere Zentimeter pro Jahr. Die Kontinente auf beiden Seiten der mittelozeanischen Rücken bewegen sich mit dieser Geschwindigkeit voneinander fort. Deshalb ersticken die Ozeane auch nicht unter den Sedimenten, sie sind geologisch jung, nur ungefähr 200 Millionen Jahre alt. Tatsächlich ist kein Ozean auf der Erde sehr viel älter. Die Kontinente sind im Vergleich dazu geradezu Methusalems mit ihren bis zu drei Milliarden Jahre alten Gesteinen.

Da die längs der Gebirgsrücken sich bildende Kruste nicht zu einer Erweiterung der Erdoberfläche führen kann (da ansonsten die Erde größer werden müsste), muss in dem Maße, wie neue Kruste entsteht, alte vernichtet werden. In den 60er-Jahren des letzten Jahrhunderts ging dann aus der Entdeckung der Meeresbodenspreizung und der Hypothese der Kontinentalverschiebung die neue Theorie der Plattentektonik hervor. Sie ist in ihrer Bedeutung für die Geowissenschaften zu vergleichen mit der Quantentheorie und der Relativitätstheorie in der Physik oder der Evolutionstheorie in der Biologie.

Jetzt gab es endlich ein Schema, auf dessen Grundlage sich die Vorgänge auf der Erdoberfläche verstehen ließen: Die äußere Erdkruste, bestehend aus mehreren Platten, bewegt sich auf dem oberen zähplastischen Erdmantel, auch Asthenosphäre genannt. Längs der mittelozeanischen Rücken entfernen sich die Platten voneinander. Trifft eine ozeanische Platte auf eine kontinentale Platte, so schiebt sich der Rand der Kontinentalplatte auf die ozeanische Platte, die in die Tiefe abtaucht. Der Rand der Kontinentalplatte aber wird zu Gebirgen emporgewölbt. So wurden zum Beispiel im Himalaja infolge des 75 Millionen Jahre währenden Aufpralls der Indischen Platte auf die Eurasische Platte fast 9000 Meter hohe Berge aufgetürmt. Trifft eine ozeanische Platte noch vor der Küstenlinie auf eine Kontinentalplatte, so entstehen Inselgirlanden; Japan ist das Resultat der hinabgerissenen Pazifischen Platte, die unter der Eurasischen Platte verschwindet.

Charakteristische Merkmale aufeinandertreffender Platten sind Vulkanismus und Erdbeben. Vergleicht man die Lage der Plattengrenzen mit der Verteilung der Erdbeben, so hat man einen direkten Beweis für die Richtigkeit der Hypothese der Kontinentalverschiebung – oder der Plattentektonik, wie sie heute genannt wird. Wobei das Wort »Tektonik« vom griechischen *tekton* stammt, das so viel wie »Zimmermann« oder »Handwerker« bedeutet. Die Platten bauen die Oberfläche des Planeten auf, sie bewegen sich und nicht die Kontinente.

So weit, so gut. Aber die Frage nach der Ursache, nach den Kräften, die die Platten bewegen, ist noch nicht geklärt.

Konvektion – Plattenspieler im Suppentopf

Was soll diese merkwürdige Überschrift besagen? Nun, sie trifft genau den Nagel auf den Kopf, einfacher kann man es nicht formulieren: ein Suppentopf, von unten beheizt, auf dem sich Platten bewegen. Das ist das Bild, das wir heute von den dynamischen Kräften haben, die die Erde in ihrem Inneren durchkneten und wovon die Plattenbewegungen so deutlich Kunde geben.

Wieder sind es die uns schon bekannten seismischen Wellen, aus deren Verhalten sich ablesen lässt, wie heiß und dicht das Material ist, das von ihnen durchlaufen wird. Die gesteigerte Empfindlichkeit der Messinstrumente sowie die kontinuierlich verbesserten Theorien der Seismologen bezüglich der Wellenausbreitung in zähplastischen Materialien ermöglichten schließlich noch genauere Untersuchungen des Erdinneren. Heute weiß man, wo die heißen Blasen sitzen, die nach oben treiben und dabei ganze Kontinente emporheben. Südafrika zum Beispiel wurde in den letzten 20 Millionen Jahren um fast 300 Meter angehoben. Man kennt auch die Stellen, wo sich ehemals heißes

Material abkühlt, absinkt und dabei große Landmassen mit sich in den Abgrund zieht: So stellt Indonesien den Rest eines untergegangenen Kontinents dar.

Die Kraft, die alles in Wallung hält, ist die Wärme des Erdkerns. Zwar kühlt sich die Erde ab, von außen nach innen, daneben wird aber durch den überall im Erdinneren stattfindenden radioaktiven Zerfall von Elementen wie Uran und Thorium Wärme frei, die von Konvektionsströmen zur Oberfläche transportiert und schließlich an die Atmosphäre abgegeben wird. Die Wechselwirkung zwischen dem heißen, von Konvektionsströmen durchzogenen Erdmantel und der kühleren, starreren Erdkruste ist die Ursache für die Plattentektonik (Abb. 6).

Die heißen aufsteigenden und kalten absinkenden Gesteinsströme bewirken aber nicht nur die strukturellen Veränderungen auf der Erdoberfläche, man vermutet, dass sie auch für den periodischen Zusammenbruch und anschließenden Neuaufbau des irdischen Magnetfeldes verantwortlich sind. Wie es dabei zu den Umpolungen des Magnetfeldes kommt, die sich in den Gesteinen der Meere wiederfinden, ist jedoch nach wie vor unklar.

Mindestens vier Milliarden Jahre schon wälzen die Konvektionsströme die Erdmasse um und kneten den Erdkörper regelrecht durch. Dabei hat sich die Erdoberfläche ständig gewandelt. Wie, davon wird noch die Rede sein.

Der Superkontinentzyklus

Was vor rund 90 Jahren den Experten noch völlig undenkbar erschien, ist heute in der Theorie der Plattentektonik gesichertes Wissen. Die Drift der Platten führte in geologischen Zeiten zur Verschmelzung von Landmassen und zu Superkontinenten, die ihrerseits wieder in Einzelteile zerbrachen. Geologische Zeugnisse lassen vermuten, dass es sich dabei um einen zyklischen Prozess handelt, der sich auch in Zukunft fortsetzen wird.

Vor etwa 180 Millionen Jahren begann der jüngste Superkontinent, Pangäa, die All-Erde, auseinanderzubrechen. Dazwischen öffneten sich neue Ozeane. Die Entstehung zunächst relativ seichter Meere auf Kosten des alten und tiefen Superozeans führte zu einem Anstieg der Meeresspiegel. Die Kontinente wurden teilweise überflutet. Vor etwa 80 Millionen Jahren hatte der Wasserstand seine maximale Höhe erreicht; mit zunehmendem Alter und dem Tieferwerden der neuen Ozeane sank er wieder. Die Erde bekam langsam ihr heutiges Gesicht.

Vor 180 bis 140 Millionen Jahren löste sich der nördliche Teil Pangäas, Laurasia, von dem südlichen Gondwana. Bald darauf zerfiel Gondwana in Südamerika, Afrika, Antarktika, Australien, Arabien, Neuguinea und Indien. Laurasia teilte sich in Nordamerika und Eurasien. Die das moderne Gesicht der

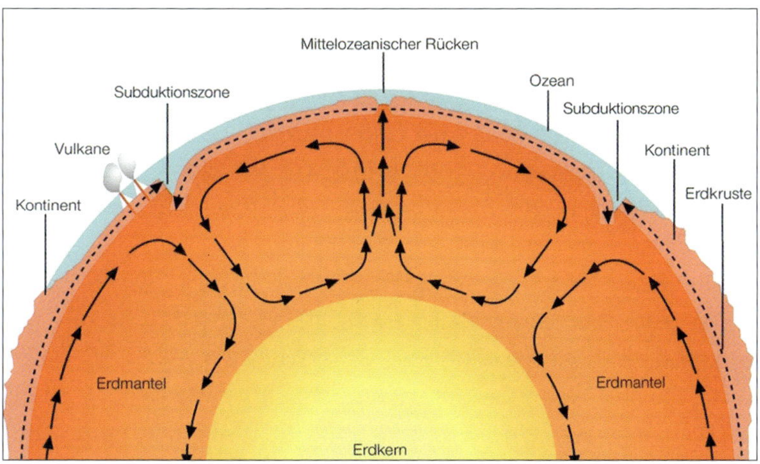

Abb. 6: Die Kontinentalplatten schwimmen wie Schiffe auf der unter der harten Erdkruste befindlichen plastischen Asthenosphäre. Die aus dem heißen Erdinneren aufsteigenden Konvektionsströme treiben die Verschiebung der Platten an.

Erde prägenden Kontinente waren schon vor rund 90 Millionen Jahren getrennt. Vor 45 Millionen Jahren erreichte dann Indien den asiatischen Kontinent, und das dazwischenliegende Meer schloss sich (Abb. 7). Zurzeit arbeitet Afrika an der Schließung des Mittelmeeres, das vermutlich schon einige Male ausgetrocknet war. Als Beweis dienen den Geologen die großen Salzablagerungen in Südfrankreich. Italien, Griechenland und Teile des Balkans gehören zur Afrikanischen Platte. Die Auswirkungen ihres Schubs in Richtung Europa kann jeder Wanderer und Bergsteiger in den Alpen bewundern, denn dieses Gebirge ist das Ergebnis des Zusammenstoßes der beiden kontinentalen Platten.

Und früher? Gab es vor Pangäa auch schon einmal getrennte Kontinente? Das ist nicht so einfach zu rekonstruieren, weil die alten Meeresböden fehlen. Die sind durch das Abtauchen unter die Kontinentalplatten schon längst wieder im Erdinneren verschwunden. Das heutige Modell eines Superkontinentzyklus stützt sich deshalb vor allem auf einander ergänzende kontinentale Befunde. Neben der Geschichte des Erdmagnetfeldes sind es vor allem ähnliche geologische Schichten auf verschiedenen Kontinenten, die uns Kunde geben von der Zeit vor Pangäa.

Aus der Verknüpfung von Gebirgsgürteln, die durch die jüngeren Plattenbewegungen getrennt wurden, lässt sich die Bildung Pangäas rekonstruieren. Vor etwa 400 Millionen Jahren vereinigten sich Laurentia, ein Kontinent, der einen großen Teil des heutigen Nordamerika umfasste, mit Baltica, dem heutigen Nord- und Osteuropa, zu Laurasia. Bei diesem Zusammenstoß entstand eine heute schon fast völlig verschwundene Gebirgskette, die von Nordskandinavien über Schottland und Irland bis nach Grönland reichte. Vor ungefähr 360 Millionen Jahren traf Laurasia auf Gondwana, den südlichen Superkontinent, der die heutigen Landmassen von Indien, Afrika, Südamerika, Australien und der Antarktis umfasste. Dabei bildeten sich zum Beispiel die Appalachen, ein Gebirgszug im Osten der USA.

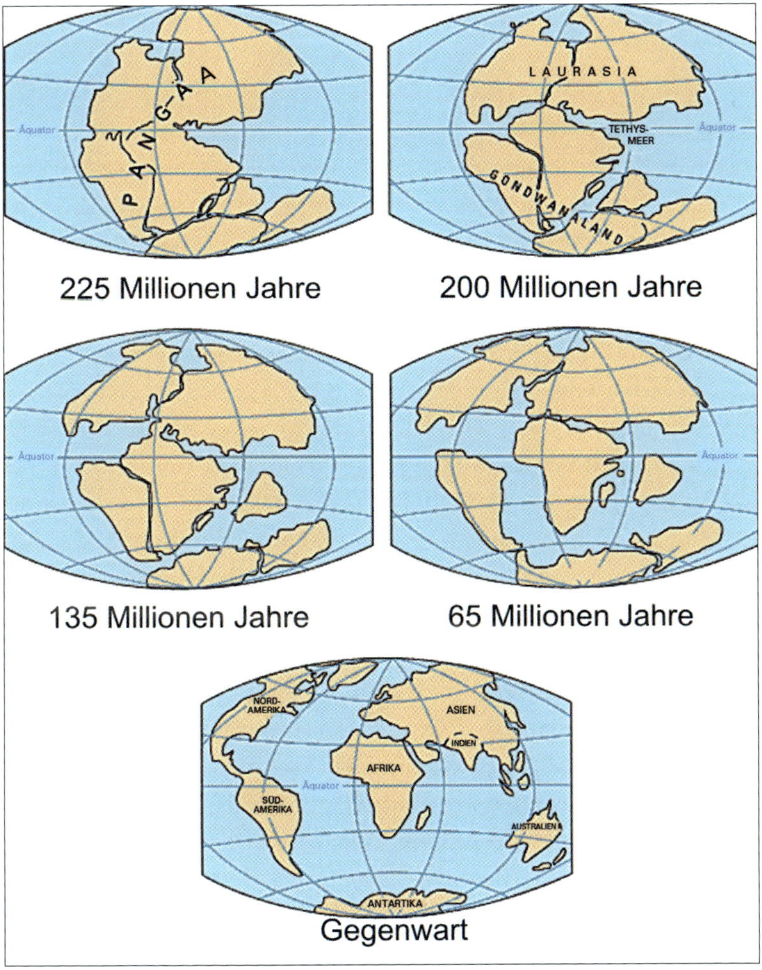

Abb. 7: Im Laufe der Jahrmillionen hat sich das Bild der Erdoberfläche durch die Verschiebung der tektonischen Platten grundlegend verändert.

Die Suche nach zusammengehörenden Teilen von Gebirgen, die vor mehr als 600 Millionen Jahren entstanden, ist noch viel schwieriger. Es gibt nur wenig freiliegendes Gestein aus dieser Zeit. Oft wurde das Material durch die gewaltigen Kräfte, die auf die Plattentektonik einwirken, umgeformt, ja geradezu verwandelt. Da die Datenlage für diese sehr entfernte Vergangenheit sehr dürftig ist, lassen sich nur vage Umrisse nachzeichnen.

Summa summarum aber ergeben die Altersbestimmungen verschiedenster Gesteine, die als Spuren kontinentaler Verschmelzungen und Brüche erhalten sind, dass Superkontinente schon seit mehreren Milliarden Jahren existieren. Offensichtlich bildet sich etwa alle 500 Millionen Jahre ein Superkontinent und driftet wieder auseinander. Das wird auch in Zukunft der Fall sein. Die Verschmelzung Afrikas mit der eurasischen Platte steht, geologisch gesprochen, kurz bevor: In 50 Millionen Jahren werden das Mittelmeer, das Schwarze Meer und das Kaspische Meer verschwunden sein. Ein riesiges Gebirge wird sich von Frankreich bis ins heutige Syrien erstrecken. Polen und Weißrussland werden zum »Alpenvorland«. Grönland wird sich auf die Reise in Richtung Kanada und Alaska begeben haben. Afrika wird allerdings einen Teil abgeben müssen: Der Ostafrikanische Graben wird sich vertiefen und eines Tages vom Indischen Ozean überflutet werden. Der Verschiebung der Arabischen und der Afrikanischen Platte in Richtung Eurasische Platte wird auch das Rote Meer zum Opfer fallen. Die Arabische Halbinsel wird sich mit dem Iran vereinigt haben. Derweilen driftet Nordamerika von Europa weg, in Richtung Asien. Südamerika schiebt sich in Richtung Norden und verschlingt dabei große Teile der Karibik. Kuba trifft auf Florida. Japan verschwindet, genauso wie Indonesien, das von Australien geschluckt wird. Der antarktische Kontinent entfernt sich vom Südpol in Richtung Argentinien. Eine völlig andere Welt wird sich dann geformt haben.

Das Gesicht unseres Mutterplaneten wird sich also auch in Zukunft ständig verändern. Mit der gleichen Geschwindigkeit, mit der unsere Fingernägel wachsen, schieben sich die Platten, getrieben von unterirdischen Konvektionsströmungen, über die Erdkugel.

Wir haben eine lange Reise hinter uns. Von den Anfängen des Sonnensystems vor viereinhalb Milliarden Jahren über die Entstehung des Planeten Erde bis hin zu seinen geologischen Wurzeln und seinem geologischen »Stoffwechsel«. Zu guter Letzt sind wir in der Zukunft gelandet, der Zeit in 50 Millionen Jahren. Ein beeindruckender Streifzug.

Ob in 50 Millionen Jahren auch noch menschliche Augen die Landkarte betrachten können, hängt allerdings weniger von der Erde selbst ab. Vielmehr sollten wir Menschen des 21. Jahrhunderts wieder etwas mehr von der Ehrfurcht und dem Respekt der antiken Völker beherzigen und den Planeten und seine Geschöpfe mit erhöhter Nachsicht und Vorsicht behandeln.

Der Mond

An den Mond

Füllest wieder Busch und Tal
Still mit Nebelglanz,
Lösest endlich auch einmal
Meine Seele ganz;

Breitest über mein Gefild
Lindernd deinen Blick,
Wie des Freundes Auge mild
Über mein Geschick.

Johann Wolfgang von Goethe

Für den Geheimen Rat in Weimar war der Mond ein freundlicher, fast väterlicher Begleiter, der sein Licht auf die Welt legt, der beruhigt. Keine Bedrohung geht vom Mond aus, sondern Ruhe und Stille. Knapp 200 Jahre später stehen zum ersten Mal zwei Menschen auf dem Mond, im Meer der Ruhe. Die beiden amerikanischen Astronauten Armstrong und Aldrin stellen wie Goethe fest, dass unser himmlischer Begleiter ein sehr ruhiger – wir würden heute sagen: ein toter – Ort ist: keine Atmosphäre, eine staubige, von zahllosen Kratern zernarbte Oberfläche und große, von Lavaströmen ausgefüllte Becken, die sogenannten Meere. Die beiden Astronauten und ihre nachfolgenden acht Kollegen bringen fast 400 Kilogramm Mondgestein mit. Abgesehen von den auf der Erde eingeschlagenen Meteoriten sind diese Steine das erste außerirdische Material, das Menschen direkt »begreifen« können. Entsprechend vorsichtig geht man damit um. Nur wenigen Wissenschaftlern ist es erlaubt, das Mondmaterial unter die Lupe zu nehmen. Sie entdecken bei ihren Analysen eine Geschichte, die nichts, aber auch gar nichts mit Ruhe und Stille zu tun hat – sie lesen aus den Mondsteinen die Geburt des Mondes ab, und die war turbulent und gewaltig.

Doch auch ohne Mondgestein in den Händen lässt sich Wichtiges über unseren Begleiter herausfinden. 200 Jahre nach der Entstehung von Goethes Gedicht »An den Mond« hat sich ein französischer Astronom die Frage gestellt: Was wäre, wenn es den Mond nicht gäbe? Was er herausfand, war äußerst interessant. Vermutlich würden wir ohne den Mond überhaupt nicht existieren. Also, es gibt viel zu erzählen über unseren allernächsten kosmischen Nachbarn – fangen wir an.

Kaum ein Himmelskörper hat die Menschheit so in seinen Bann gezogen wie der Mond. Am Tageshimmel ist zwar die Sonne die absolute Herrscherin, am nächtlichen Himmel ist jedoch »Frau Luna« die ungekrönte Königin (Abb. 8). Als Gottheit verehrt, von Poeten in zahllosen Gedichten und Liedern besungen und von Astrologen und Heilkundlern mit magischen Kräften bedacht, be-

Abb. 8: Der Mond von der Erde aus aufgenommen. Man erkennt deutlich die Einschlagkrater, die dunklen Tiefebenen der Mare und die hellen gebirgigen Hochflächen.

flügelt die Existenz des Mondes seit jeher unsere Fantasie. Wir wollen hier nicht darüber urteilen, inwiefern die dem Mond zugedachten Fähigkeiten real sind, ob es tatsächlich Auswirkungen auf den Lebensrhythmus der Menschen gibt, ob wirklich die Wäsche bei abnehmendem Mond sauberer wird als bei zunehmendem und ob nur bei Vollmond gesammelte Heilkräuter ihre Wirkung maximal entfalten können. Das überlassen wir besser denjenigen, die sich in der Mythologie und Sagenwelt auskennen. Uns interessiert mehr die moderne, naturwissenschaftliche Sicht des Mondes, die Auswirkungen seiner Existenz auf die Erde und seine Bedeutung für das Leben auf diesem Planeten. Vieles davon war auch schon unseren Vorfahren bekannt. Doch der Fortschritt in der Astronomie und ebenso die Raumfahrt haben das Wissen um unseren natürlichen Satelliten erweitert und ihn vielleicht seiner letzten Geheimnisse beraubt. Sehen wir uns also an, was es mit dem Mond auf sich hat, versuchen wir ein möglichst komplettes Bild vom Erdtrabanten zu zeichnen.

Betrachtet man unser Sonnensystem, so stellt man fest, dass die Zugehörigkeit eines Mondes zu einem Planeten keine Besonderheit darstellt. Mit Ausnahme von Merkur und Venus haben alle anderen Planeten natürliche Satelliten. Die Erde hat einen, der Mars zwei Winzlinge, Jupiter 67, Saturn 62, Uranus 27, Neptun 14 Monde, und auch der 2006 zum Zwergplaneten herabgestufte Pluto hat fünf Monde. Was den Erdmond gegenüber allen anderen Trabanten auszeichnet, ist seine im Verhältnis zur Erde sehr große Masse. Während die anderen Monde nicht über eine Masse hinauskommen, die bestenfalls rund einem Zehntausendstel jener ihres Planeten entspricht, ist der Erdmond mit etwa einem Achtzigstel der Erdmasse ungewöhnlich groß. Nur der Zwergplanet Pluto hat noch mehr zu bieten: Charon, Plutos Mond, bringt es auf circa ein Achtel der Masse des Zwergplaneten. Aus diesem Grund könnte man das System Pluto-Charon auch als Doppelzwergplanet bezeichnen.

Zurück zu unserem Trabanten. Was uns daran interessiert: Wie kam die Erde zu ihrem Mond? Was können uns die Mondgesteine darüber erzählen? Wie schon gesagt ist der Erdmond unverhältnismäßig massereich. So ein großer Mond steht der Erde eigentlich nicht zu, eher einem Riesenplaneten wie Jupiter, der rund 318-mal mehr Masse besitzt als die Erde. Außerdem stecken rund 83 Prozent des Gesamtdrehimpulses des Systems Erde-Mond allein in der Bahnbewegung des Mondes. Man nimmt deshalb an, dass der Erdmond auf eine andere Weise entstand als die übrigen Monde im Sonnensystem. Es gibt mehrere Theorien, die seine Entstehung zu erklären versuchen, aber nur eine kann die richtige sein. Heute glauben wir zu wissen, welche.

Die Entstehung des Mondes

Die älteste Theorie ist die sogenannte Fissionshypothese, 1878 erdacht von George Howard Darwin, dem Sohn von Charles Darwin. Nach seiner Vorstellung wurde der Mond durch Zentrifugalkräfte aus der noch jungen, zähflüssigen, schnell rotierenden Erde herausgerissen. Als Beweis führte Darwin Berechnungen zur Auswirkung der Gezeitenreibung an, auf die wir später noch eingehend zu sprechen kommen. Extrapoliert man ausgehend von den heutigen Verhältnissen zurück in die Frühzeit der Erde, so zeigt sich, dass sich unser Planet einst tatsächlich viel schneller gedreht haben muss und der Mond die Erde in wesentlich geringerem Abstand als heute umkreist hat. Einige Wissenschaftler favorisierten damals die Fissionshypothese auch deswegen, weil sich auf diese Weise das große »Loch« im Erdmantel, das der Pazifische Ozean ausfüllt, und damit auch die Trennung des amerikanischen Kontinents von Europa verstehen ließen. Mittlerweile hat sich diese Auffassung jedoch als unsinnig erwiesen. Die in den 20er-Jahren des 20. Jahrhunderts von

Alfred Wegener erarbeitete Theorie der Plattentektonik kann die Verschiebung der Kontinente und die Entstehung der Meere auf viel einleuchtendere Weise erklären. Ein weiterer Pfeiler, auf den sich die Fissionstheorie stützt, ist die bemerkenswerte chemische Ähnlichkeit der Erdkruste mit den Gesteinen des Mondes. Rätselhaft bleibt allerdings, woher der für eine Abspaltung nötige große Drehimpuls der Erde stammen sollte. Der heutige Gesamtdrehimpuls des Systems Erde-Mond ist nämlich kleiner als der, den die Erde für sich allein beansprucht haben müsste, damit sich eine Masse von der Größe des Mondes aufgrund der Zentrifugalkräfte hätte ablösen können. Zur Rettung der Fissionshypothese haben sich einige ihrer Verfechter überlegt, ob die Erde in ihrer Frühzeit nicht etwa durch viele mehr oder minder streifende Einschläge von Asteroiden Drehimpuls übertragen bekam und sich wie ein mit einer Peitsche angetriebener Brummkreisel immer schneller zu drehen begann, bis schließlich die für die Abspaltung nötige Rotationsgeschwindigkeit erreicht war. Trotz aller Widersprüche und mangels einer besseren Erklärung wurde die Abspaltungshypothese jedoch von der Wissenschaft nolens volens über lange Zeit akzeptiert.

Erst ab 1950 nahm dann die Diskussion zum Ursprung des Mondes wieder Fahrt auf. Angeregt durch die Modelle zur Entstehung von Planeten aus der Staub- und Gasscheibe um junge Sterne waren damals einige Wissenschaftler von der gemeinsamen, gleichzeitigen Entstehung von Erde und Mond in Gestalt eines »Doppelplaneten« überzeugt. Dieser Theorie widerspricht jedoch der unterschiedliche Aufbau von Erde und Mond. Hätte sich der Mond aus dem Material derselben Staubscheibe geformt, aus der auch die Erde stammt, dann müsste er auch einen der Erde entsprechenden großen Eisenkern besitzen. Aber davon ist nichts zu finden. Der irdische Eisenkern bringt rund 30 Prozent der gesamten Planetenmasse auf die Waage. Der Mond hat jedoch nur einen relativ kleinen eisenhaltigen Kern, der vermutlich nicht mehr als zwei Prozent seiner Gesamtmasse ausmacht. Schließlich bleibt bei diesem Modell auch ungeklärt, auf welche Weise das Erde-Mond-System seinen hohen Drehimpuls erhalten hätte.

Die dritte Theorie beruht auf der Idee, der Mond könnte doch ein ehemaliger Asteroid oder verirrter Kleinplanet gewesen sein, der der Erde zu nahe gekommen war und von ihr eingefangen wurde. Für diese sogenannte Einfanghypothese sprechen das im Sonnensystem ungewöhnliche Massenverhältnis Erde-Mond und der Mangel an Elementen mit relativ niedrigem Schmelzpunkt, die leicht in die Gasphase übergehen und sich verflüchtigen. Letzteres könnte darauf hindeuten, dass der Mond an einem anderen Ort als die Erde entstanden sein muss, und zwar näher an der Sonne. Dass das Einfangen eines so massereichen Körpers nicht unmöglich ist, wurde durch umfangreiche Computersimulationen bestätigt. Allerdings hätte das nur funktioniert, wenn der Mond im Vergleich zur Erde nicht zu schnell gewesen wäre. Wie es aber zu einer entsprechenden starken Abbremsung eines sich ursprünglich schnell bewegenden Asteroiden kommen konnte, bleibt im Dunkeln. Denkbar wäre, dass ein dritter, am Asteroiden vorbeifliegender massereicher Körper mit seiner Anziehungskraft dafür gesorgt hat.

Mittlerweile findet jedoch eine vierte Hypothese immer mehr Anhänger unter den Mondforschern, den Selenologen. Dieser Theorie zufolge ist der Mond das Ergebnis eines gigantischen kosmischen Unfalls. Entsprechend einem 1975 entwickelten Modell soll die Protoerde vor etwa viereinhalb Milliarden Jahren mit Theia, einem etwa zwei- bis dreimal so massereichen Körper wie der Mars, mit einer Geschwindigkeit von etwa vier Kilometern pro Sekunde kollidiert sein. Bei diesem Zusammenprall, der nicht frontal, sondern eher streifend abgelaufen sein soll, wurden große Teile der Erdkruste und des Einschlagkörpers in den Raum geschleudert. Ein Teil des Materials fiel wieder auf die Erde zurück, der Rest jedoch schwenkte ein in eine Umlaufbahn um die Erde und sammelte sich in einem Ring um unseren Planeten. In weniger als 10 000 Jahren verdichtete sich dieses Material dann zum Mond, der in einem Abstand von rund zehn Erdradien, also 60 000 Kilometern, die Erde umkreiste. Was die ehemals geringe Entfernung des Mondes auf der Erde bewirkte und warum der Mond heute viel weiter von der Erde entfernt ist, wird später noch erörtert.

Für diese Impakthypothese spricht vor allem der Mangel an Eisen, Nickel und Kobalt beim Mondmaterial. Bedenkt man, dass die schweren Elemente vornehmlich im Erdinneren konzentriert sind, bei dem Zusammenprall aber hauptsächlich Material aus dem an diesen Elementen armen Erdmantel abgerissen wurde, so erscheint der geschilderte Kollisionsverlauf plausibel. Anhand von Computersimulationen konnte man auch zeigen, dass sich der Mond bei einer streifenden Kollision Theias mit der Erde nur zu einem Teil aus dem Material der Erde gebildet haben kann. Mindestens 40 Prozent müssen vom Kollisionspartner stammen. Andererseits sollte die Erdkruste nur geringfügig mit dem Material des Impaktkörpers verunreinigt sein. Die Gesteine des Mondes sollten sich also deutlich von denen der Erdkruste unterscheiden. Schließlich lassen sich mit der Theorie des streifenden Aufpralls noch zwei weitere Phänomene erklären: nämlich der hohe Drehimpuls, der bei der Kollision sozusagen schlagartig übertragen worden wäre, und die Schrägstellung der Erdachse.

Dass sich in der Frühphase des Sonnensystems derartige Zusammenstöße häufiger ereignet haben, veranschaulichen zwei andere Planeten – Merkur und Venus. Merkur, der sonnennächste Planet, zeigt heute noch auf seiner Oberfläche die Wunden eines gewaltigen Einschlags an seinem Nordpol. Der Impakt war so heftig, dass praktisch der gesamte Planet erschüttert und die damals noch plastische Oberfläche ähnlich einem zusammengeknüllten Zellophanpapier förmlich zerknittert wurde. Diese »Knitter« haben sich in der erkaltenden Oberfläche bis heute erhalten. Und die Venus? Sie dreht sich ungewöhnlich langsam um die eigene Achse, eine Umdrehung dauert 243 Tage. Auch dafür ist vermutlich ein gigantischer Einschlag verantwortlich, der just so passierte, dass er den Planeten in seiner Eigendrehung abrupt abbremste.

So weit, so gut. Mittlerweile hat man jedoch die von den Apollo-Astronauten mitgebrachten Mondgesteine mit modernsten Methoden erneut analysiert. Entgegen den Ergebnissen der Computersimulationen eines streifenden Aufpralls unterscheiden sie sich praktisch nicht von den Gesteinen der Erde! Insbesondere die Isotope einiger Elemente – was man unter einem Isotop versteht, haben wir im Kapitel »Die Erde« erklärt – machen das deutlich. So weicht das Verhältnis der Isotope Titan-50 zu Titan-47 im Mondgestein nur um 0,0004 Prozent von dem in der Erdkruste ab. Ähnliches gilt auch für die Isotopenverhältnisse von Sauerstoff, Silizium, Chrom und Wolfram. Im Sonnensystem, insbesondere unter den Asteroiden, sind jedoch die Unterschiede der entsprechenden Isotopenverhältnisse im Allgemeinen bis zu 100-mal größer als die zwischen Erde und Mond. Dieser Befund rechtfertigt denn auch die Annahme, dass der Mond komplett aus dem Material der Erde entstanden ist. Mit dem Modell eines streifenden Aufpralls ist das nicht mehr vereinbar. Es sei denn, Theia hätte zufällig genau die gleiche Isotopenzusammensetzung gehabt wie die Erde. Doch das halten Mondforscher für äußerst unwahrscheinlich.

Um die neuen Erkenntnisse mit dem Einschlagszenario in Einklang zu bringen setzt man nun auf ein etwas geändertes Impaktmodell, bei dem zwei Planetenvorläufer annähernd gleicher Masse, sogenannte Protoplaneten, mit relativ geringer Geschwindigkeit frontal zusammenstoßen (Abb. 9). Die beim Crash umgesetzte Bewegungsenergie ist groß genug, um die beiden Körper aufzuschmelzen und das verflüssigte Material zu einem einheitlichen »Brei« zu vermischen. Eine Computersimulation zeigt, wie die beiden Körper zunächst zu einem länglichen Gebilde, der späteren Erde, verschmelzen und sich dann innerhalb weniger Stunden zwei wie Spiralarme aussehende Materiefahnen ablösen. Kurz darauf winden sich die Fahnen immer enger um die nun schon kugelförmige Erde, bis ihr Material sich

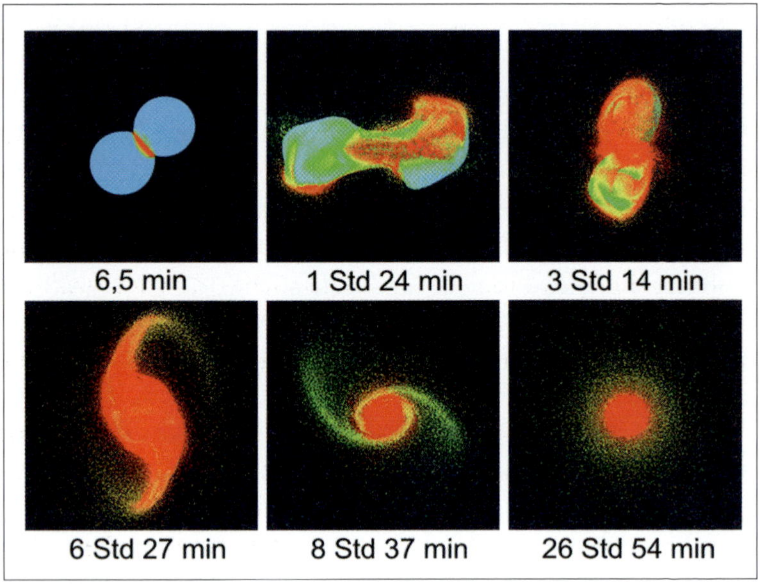

Abb. 9: Der Mond könnte das Ergebnis eines zentralen Zusammenstoßes zweier Protoplaneten ähnlicher Masse sein. Eine Computersimulation zeigt den wahrscheinlichen Kollisionsverlauf. Reihe oben von links nach rechts: Die Protoplaneten treffen aufeinander, wobei deren Bewegungsenergie in Wärme umgewandelt wird. Die aufgrund der hohen Temperatur verflüssigte Materie der Partner vermischt sich und formt längliche Gebilde. Reihe unten: Sechseinhalb Stunden nach der Kollision winden sich zwei Materiefahnen um die noch flüssige Protoerde. Schließlich formt sich daraus eine Materiescheibe, die sich später zum Mond verdichtet. Die Farben kennzeichnen die Temperatur: Blau entspricht etwa 2500 Kelvin, Rot circa 6500 Kelvin.

schließlich zu einer um das Gebilde rotierenden Scheibe anordnet. Innerhalb weniger tausend Jahre klumpt dann das Scheibenmaterial zum die Erde umkreisenden Mond zusammen. So könnte es gewesen sein. Vor allem erklärt dieses Szenario die große Ähnlichkeit der Gesteine von Erde und Mond: Beide entstammen ja einem gemeinsamen Materiepool.

Einige Mondforscher setzen noch auf ein etwas anderes Szenario. Anstelle der beiden großen, mit mäßiger Geschwindigkeit aufeinanderprallenden Protoplaneten von nahezu gleicher Masse könnte auch ein massearmer Körper mit hoher Geschwindigkeit frontal mit der noch jungen, rasch rotierenden Erde kollidiert sein. Am Ergebnis würde das letztlich nichts ändern. Da jedoch die Anzahl kleiner Asteroiden im Sonnensystem um ein Vielfaches größer ist als die von Protoplaneten ähnlicher Masse, ist ein Crash zwischen einem Asteroiden und der noch nicht voll ausgebildeten Erde viel wahrscheinlicher als einer zwischen zwei Protoplaneten. Welche der beiden Entstehungsgeschichten der Wirklichkeit näher kommt, ist gegenwärtig nicht zu entscheiden.

Auch was den Mond betrifft, ist noch lange nicht alles klar. Bisher haben wir immer nur von einem Mond gesprochen. Man kann jedoch nicht ausschließen, dass sich aus der Materiescheibe zunächst zwei oder noch mehr kleine Monde ausgeformt haben, die später miteinander kollidiert und zum jetzigen großen Mond verschmolzen sind. Noch spektakulärer wird die Sache, wenn man sich den Mond genauer ansieht. Auf der der Erde abgewandten Mondhalbkugel, der »Rückseite« des Mondes, ist die Mondkruste wesentlich dicker als auf der uns zugewandten. Außerdem ist die Rückseite des Mondes stark zerklüftet und mit Bergen gespickt, wogegen es auf der »Vorderseite« eher flach ist. Geht man von genau zwei ursprünglichen, die Erde umkreisenden Monden aus, so ließe sich dieser Befund eventuell erklären. Irgendwann sind die beiden Monde aus dem Takt geraten und miteinander kollidiert. Der kleinere der beiden ist dabei fast geschmolzen und sein Material hat sich über die uns abgewandte Mondhälfte verschmiert und zu Bergen aufgetürmt. Vielleicht war es so.

Wie das so ist bei Rekonstruktionen längst vergangener Ereignisse: Den genauen Ablauf wird man wohl nie eindeutig feststellen können, denn uns fehlen die Augenzeugen. Die Steine des Mondes sprechen nur indirekt zu uns. Sie sind stumme Zeugen. Aber man wird immer genauer wissen, wie es nicht gewesen sein kann. Je mehr Indizien gesammelt und analysiert werden, desto besser lässt sich der »Täterkreis« eingrenzen. Es ist schon bemerkenswert, was für eine Geschichte sich hinter der Entstehung des für uns so wichtigen Mondes verbirgt. Klar, irgendwie muss er ja entstanden sein, sonst wäre er ja heute nicht da. Aber dass er seine Herkunft höchstwahrscheinlich einer oder mehreren kosmischen Kollisionen verdankt, darauf muss man erst mal kommen. Natürlich wird die Erforschung des Mondes und vor allem seines Ursprungs weitergehen. Vielleicht werden in Zukunft ja wieder Menschen auf dem Mond landen und neue Gesteinsproben mit zur Erde bringen, die uns neue Einsichten in die Entstehungsgeschichte des Mondes liefern.

Der Mond im Detail

Doch zurück zu unserem Trabanten. Aus was besteht er eigentlich? Unter allen Himmelskörpern dürfte der Mond wohl am längsten und ausgiebigsten untersucht und erforscht worden sein. Seine mittlere Entfernung von der Erde konnte in der Antike bereits Ptolemäus ziemlich genau abschätzen: Mit 59 Erdhalbmessern verfehlte er den richtigen Wert von 384 405 Kilometern nur um rund zwei Prozent. Ab Mitte des 17. Jahrhunderts begannen dann Astronomen wie Galilei den Mond mit Fernrohren zu beobachten. Was sie sahen, war überraschend und enttäuschend zugleich: eine nahezu endlose Wüste, bedeckt mit einer zentimeterdicken dunklen Staubschicht und übersät mit unzähligen kleinen und großen, zum Teil sich sogar überlappenden Kratern. Diese exotische Landschaft ist das Ergebnis eines Millionen Jahre währenden Bombardements des noch jungen Mondes mit Meteoriten unterschiedlichster Größe und Masse. Da der Mond keine Atmosphäre besitzt und daher die durch den Beschuss aufgeworfenen Kraterwälle, Ringgebirge und Felsformationen nicht verwittern, findet man dort noch mehr als vier Milliarden Jahre alte Gesteine, die Auskunft über die Frühzeit des Sonnensystems geben können. Heute beschränkt sich die geologische Aktivität auf dem Mond auf gelegentliche Einschläge mehr oder minder großer Meteoriten. Die unzähligen Mikrometeoriten, die unentwegt auf dem Mond landen, tragen im Wesentlichen lediglich dazu bei, die Gesteine mehr und mehr zu pulverisieren und in grauen Staub, auch Regolith genannt, zu verwandeln. Ansonsten aber ist der Mond geologisch tot.

Der Mond hat einen Durchmesser von 3480 Kilometern, eine Masse von etwa einem Achtzigstel der Erdmasse, und seine mittlere Dichte ist mit 3,34 Gramm pro Kubikzentimeter nur rund 0,6-mal so groß wie die der Erde. Aufgrund seiner geringen Masse beträgt die Schwerkraft auf der Mondoberfläche lediglich ein Sechstel der irdischen Schwerkraft. Wir konnten in den frühen 70er-Jahren am Bildschirm verfolgen, wie die amerikanischen Astronauten richtig Spaß hatten, diese geringe Schwerkraft zu genießen. Ein guter Weitspringer könnte es auf dem Mond auf etwa 50 Meter bringen. Da der Mond für eine Umdrehung um seine Achse 27,32 Tage benötigt, also genauso lange wie für einen Umlauf um die Erde, kehrt er der Erde immer dieselbe Seite zu. Man bezeichnet das als »gebundene Rotation«. Auf den physikalischen Grund kommen wir noch zu sprechen.

Von der Erde aus betrachtet kann man etwas mehr als die Hälfte, nämlich rund 59 Prozent, der Mondoberfläche einsehen. Wie ist das möglich? Schuld daran ist die leicht elliptische, im »Wissenschaftssprech« exzentrisch genannte Bahn des Mondes um die Erde. Aufgrund dieser Bahnform schwankt der Abstand des Mondes von der Erde während eines Umlaufs zwischen 356 410 und 406 740 Kilometern. Wenn der Mond der Erde am nächsten, also im sogenannten Perigäum, steht, ist seine Bahngeschwindigkeit größer als im zur Erde entferntesten Punkt, dem Apogäum. Die Umlaufgeschwindigkeit ist also nicht konstant, wohl aber die Umdrehungsgeschwindigkeit des Mondes um die eigene Achse. Aus diesem Grund hinkt in Erdnähe die Rotation des Mondes etwas hinter der Bahngeschwindigkeit her, im Apogäum jedoch eilt sie etwas voraus. Von der Erde aus betrachtet sieht das so aus, als ob der Mond während eines Umlaufs nach beiden Seiten eine kleine Drehung ausführen würde, sodass er einmal etwas mehr von seiner linken und dann wieder etwas mehr von seiner rechten Seite präsentiert.

Für 59 Prozent sichtbare Mondoberfläche reicht das jedoch noch nicht aus. Hinzu kommt noch, dass der Mondäquator um rund 6,7 Grad gegen die Mondbahnebene geneigt ist. Während eines Umlaufs ist daher einmal mehr der Mondnordpol, dann wieder mehr der Südpol des Mondes der Erde zugekehrt, sodass man einmal etwas über den Nordpol, ein andermal etwas über den Südpol hinaus blicken kann. Natürlich sieht man von der Erde aus zu einem bestimmten Zeitpunkt nie mehr als genau die Hälfte der Mondoberfläche, da man von einer Kugel immer nur eine Hälfte sehen kann. Die 59 Prozent ergeben sich also erst über einen ganzen Umlauf hinweg.

Seine andere Seite, die bislang unbekannte Rückseite, die uns der Mond nicht zeigt, wurde im Oktober 1959 erstmals von der sowjetischen Raumsonde Luna 3 und später noch eingehender von den amerikanischen Luna-Orbiter-Sonden fotografiert.

Wer nun erwartet hatte, dort etwas anderes zu sehen als auf der Vorderseite, vielleicht gar von Mondmenschen bewohnte Städte, wurde herb enttäuscht: auch hier nur Grau in Grau und Krater an Krater.

Doch alle Erkenntnisse, die man von der Oberfläche des Mondes gewonnen hat, verblassen angesichts der authentischen Erfahrung der Menschen, die selbst auf dem Mond standen oder gar mit einem Mondauto auf ihm umherfuhren. Am 21. Juli 1969 um 3.56 Uhr betraten im Rahmen des Apollo-11-Programms als erster Mensch Neil Armstrong und kurz darauf Edwin Aldrin den Mondboden. Nach etwa zwei Stunden war ihre Mission schon wieder beendet, und die beiden Piloten kehrten zur Mondfähre »Eagle« zurück. Bei ihrem kurzen Aufenthalt auf dem Mond hatten sie eine Menge Gesteinsbrocken und auch Staub für spätere Untersuchungen in den irdischen Labors eingepackt. Sie hatten ewige Fußspuren im Mondstaub hinterlassen und als erste Menschen einen anderen Himmelskörper betreten. Trotz aller Kritik an diesem Projekt ist dieses Unternehmen vergleichbar mit den Entdeckungsfahrten eines Magellan oder Kolumbus – eine historische Tat, die für immer in den Geschichtsbüchern der Menschheit verzeichnet sein wird.

Während der folgenden Apollo-Missionen sammelten Astronauten rund 382 Kilogramm Mondmaterial und brachten es zur Erde. Die Gesteine wurden von Wissenschaftlern genauestens untersucht, und obwohl mittlerweile mehr als 40 Jahre vergangen sind, liefern verbesserte Analyseverfahren immer wieder neue Erkenntnisse, die nicht zuletzt dazu beitragen, Theorien zum Mond auf ihre Stichhaltigkeit zu überprüfen. Die Weiterentwicklung der Impakthypothese zur Entstehung des Mondes ist da ein gutes Beispiel.

Erscheinungsformen des Mondes

Dass sich das Gesicht des Mondes im Laufe eines Monats drastisch verändert, dürfte wohl schon jedem aufgefallen sein. Aber die wenigsten Menschen bemerken, dass es neben dem allmonatlichen Wechsel zwischen Voll- und Neumond noch andere Veränderungen im Erscheinungsbild des Mondes gibt. Wer jedoch weiß, wie sie zustande kommen, wird sie auch wiedererkennen und richtig zu deuten wissen. Wenden wir uns zunächst den Mondphasen zu (Abb. 10).

Der Wechsel zwischen Neu-, Halb- und Vollmond und wieder über den Halbmond zum Neumond ist uns allen bekannt und wiederholt sich alle 29,53 Tage. Aber wieso ändert sich das Aussehen des Mondes? Während der Mond um die Erde kreist, wird logischerweise immer nur die der Sonne zugewandte Seite beleuchtet, die andere Hälfte bleibt im Dunkeln. Steht der Mond zwischen Sonne und Erde, so ist nur die dunkle Hälfte sichtbar, oder besser gesagt: unsichtbar. 14 bis 15 Tage später steht dann der Mond auf der anderen Seite der Erde und zeigt uns nun seine von der Sonne voll angestrahlte Hälfte. Jetzt haben wir Vollmond. Gehen wir von hier wieder etwa sieben Tage zurück, was gleichbedeutend ist mit sieben Tagen nach Neumond, so befindet sich der Mond von der Erde aus betrachtet im rechten Winkel zur Verbindungslinie Sonne – Erde. In dieser Position sieht man jeweils die Hälfte sowohl von der erleuchteten als auch von der im Dunkeln befindlichen Mondhälfte. Die Mondscheibe erscheint nun als in eine helle und eine dunkle Hälfte geteilt. Diese Stellung bezeichnet man als Halbmond, genauer gesagt als zunehmenden Halbmond. Halbmond herrscht auch, wenn sich der Mond auf der dem zunehmenden Halbmond gegenüberliegenden Seite der Erde befindet; jetzt ist es jedoch ein abnehmender Halbmond. Im Unterschied zum zunehmenden

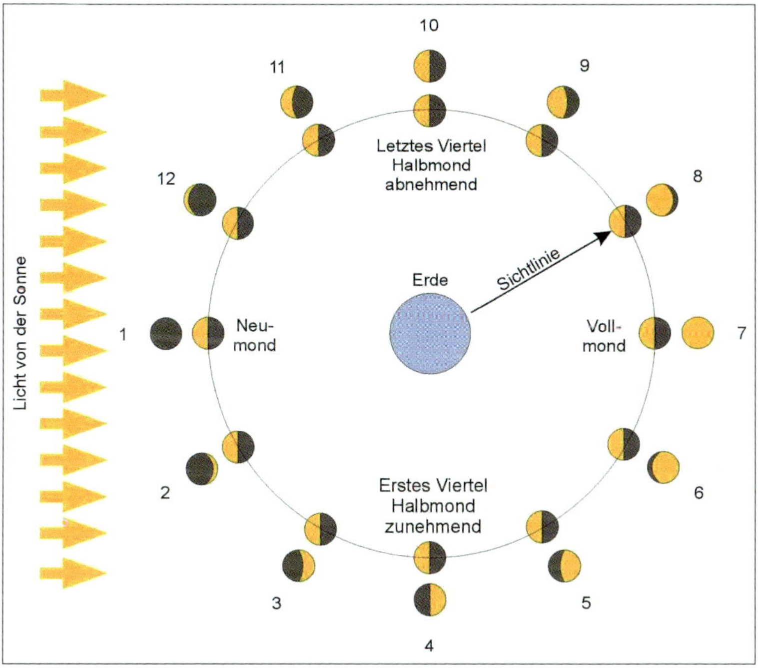

Abb. 10: Entstehung der Mondphasen. Innerer Kreis: Der gelbe Teil der kleinen Kreise steht für die von der Sonne beleuchtete Hemisphäre des Mondes. Äußerer Kreis: die je nach Position des Mondes von der Erde aus beobachtbaren Mondphasen.

Halbmond haben beim abnehmenden Halbmond die helle und die dunkle Hälfte ihre Plätze getauscht. In den Stellungen zwischen den Halbmonden und dem Neu- beziehungsweise Vollmond zeigt der Mond uns seine bekannte sichelförmige Gestalt.

Vielleicht ist Ihnen aufgefallen, dass wir schon mal behauptet haben, eine Umdrehung des Mondes um die Erde dauert 27,32 Tage – und nun sollen zwischen zwei aufeinanderfolgenden Neumonden plötzlich 29,53 Tage vergehen? Haben wir uns verrechnet? Keine Sorge: 27,32 Tage nach Neumond steht der Mond zwar relativ zur Erde exakt wieder an der gleichen

Stelle, nicht aber genau wieder zwischen Sonne und Erde, was ja die Voraussetzung für Neumond ist. Denn in den 27,32 Tagen hat sich nicht nur der Mond um die Erde gedreht, sondern auch die Erde ist ein kleines Stück weitergewandert auf ihrer Bahn um die Sonne. Damit der Mond wieder in die Position zwischen Sonne und Erde gelangt, muss er sich noch ein wenig weiter um die Erde bewegen. Das aber dauert, eben 29,53 minus 27,32, also 2,21 Tage. Aus diesem Grund unterscheiden die Astronomen auch zwischen dem sogenannten »siderischen« Monat mit 27,32 Tagen Dauer und dem »synodischen« Monat, der 29,53 Tage lang ist. Die Bewegung des Mondes lässt sich übrigens nicht exakt berechnen. Ursache hierfür sind die anderen Planeten: Sie »ziehen« mit ihrer Gravitationskraft immer ein wenig an unserem Trabanten. Obwohl diese Störungen gering sind, machen sie eine genaue Bahnbestimmung außerordentlich schwierig. Auch moderne Hochleistungscomputer haben daran bisher wenig ändern können.

An dieser Stelle passt es gut, kurz auf eine besonders spektakuläre Erscheinungsform des Mondes einzugehen: nämlich auf die Mondfinsternis (Abb. 11). Körper, die von einer Lichtquelle angestrahlt werden, werfen einen Schatten. Das gilt natürlich auch für Erde und Mond. Der Schatten, den die Erde wirft, reicht weit über die Mondbahn hinaus. Wie wir bei der Entstehung der Mondphasen gesehen haben, steht bei Vollmond der Mond, von der Sonne aus gesehen, genau hinter der Erde. In dieser Position sollte er sich eigentlich ganz im Schatten der Erde befinden, und statt Vollmond sollte man eine Mondfinsternis beobachten können. Nun ist aber, wie wir bereits wissen, die Mondbahn gegen die Ekliptik, die Bahn der Erde um die Sonne, geneigt, sodass der Erdschatten meist ober- oder unterhalb des Erdtrabanten verläuft, den Mond also nicht trifft. Nur in den Fällen, in denen Vollmond herrscht und der Mond sich genau in der Ebene der Ekliptik befindet, in der gleichen Ebene also, in der auch die Erde die Sonne umkreist, trifft der Erdschatten den Mond und bewirkt eine Mondfinsternis. Im Gegensatz zu den relativ kurzen Sonnenfinsternissen von nur einigen Minuten dauert eine Mondfinsternis bis zu dreieinhalb Stunden. Dass sich Mondfinsternisse so lange hinziehen, hat mit dem Größenverhältnis zwischen Erde und Mond zu tun. Die Erde wirft einen Schatten, der viel größer ist als der Mond. Es vergeht also relativ viel Zeit, bis der Mond durch den ausgedehnten Schatten gewandert ist.

Den Begriff »Mondfinsternis« darf man jedoch nicht allzu wörtlich nehmen. Der Mond wird nämlich bei diesem Ereignis fast nie völlig verdunkelt. Das Licht der Sonne, das an der Erde vorbeistreicht, wird beim Durchgang durch die Atmosphärenhülle gebrochen und in den Erdschatten gelenkt, sodass der Mond doch etwas Licht abbekommt. Zusätzlich wird Licht an den Luftmolekülen und Staubpartikeln gestreut, und zwar das blaue Licht stärker als das rote. Während also das blaue Licht in alle Richtungen gestreut wird, kommt das rote Licht gut voran und taucht den Mond in ein fahles Rot.

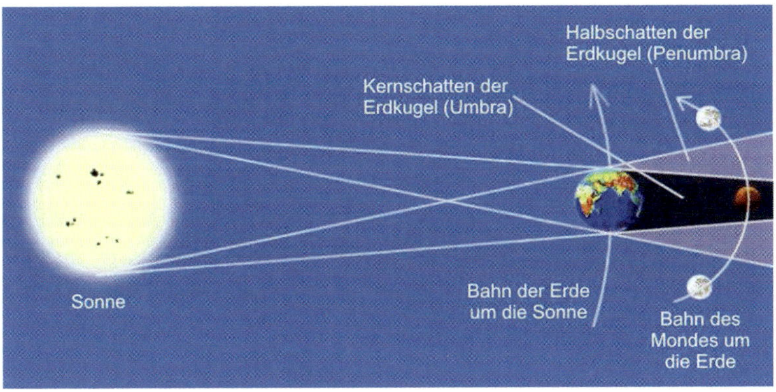

Abb. 11: Entstehung einer Mondfinsternis. Mondfinsternisse ereignen sich nur, wenn Vollmond herrscht und Sonne, Erde und Mond in einer gemeinsamen Ebene auf einer Linie zu liegen kommen.

Dehnen wir nun die Beobachtungsdauer etwas aus, wobei wir uns lediglich auf den Vollmond, die auffälligste Erscheinung unseres Trabanten, konzentrieren wollen. Vielleicht ist Ihnen aufgefallen, dass der Vollmond im Sommer deutlich tiefer am Horizont steht als im Winter. Dieses Auf und Ab hat zwei Ursachen. Zum einen ist die Umlaufbahn des Mondes gegen die Umlaufbahn der Erde um die Sonne, die sogenannte Ekliptik, um einen Winkel von rund fünf Grad gekippt. Die Durchstoßpunkte der Mondbahn durch die Ebene der Ekliptik bezeichnet man auch als Knotenpunkte und die Gerade, die die beiden Knoten verbindet, als Knotenlinie. Im Laufe von 18,6 Jahren dreht sich die Knotenlinie entgegen der Umlaufrichtung des Mondes einmal um 360 Grad. Neben der Neigung der Mondbahn ist auch – zweite Ursache – die Erdachse um 23,5 Grad gegen die Ekliptik geneigt (Abb. 12). Für die folgende Betrachtung ist noch der sogenannte Himmelsäquator von Bedeutung, die Projektion des Erdäquators an den Himmel. Die mit »Himmelsäquator« beschrifteten zwei Pfeile im oberen Teil der Abbildung 12 deuten die Ebene und die Neigung des Himmelsäquators gegen die Ekliptik zur Sommersonnwende am 21. Juni an (rechte Bildhälfte) sowie zum Zeitpunkt der Wintersonnwende am 21. Dezember (linke Bildhälfte). Die Position eines Sterns ist in diesem Koordinatensystem durch die sogenannte Deklination δ (Winkelabstand eines Gestirns zum Himmelsäquator) und den Stundenwinkel, der uns hier nicht interessiert, festgelegt. δ benennt also den Winkel, in dem der Stern über beziehungsweise unter der Ebene des Himmelsäquators steht. Objekte nördlich des Himmelsäquators haben eine positive Deklination (rechte Bildhälfte), solche südlich des Himmelsäquators eine negative (linke Bildhälfte).

Betrachten wir nun die Situation im Sommer, und zwar zur Sommersonnwende am 21. Juni (rechte Bildhälfte). Zu diesem Zeitpunkt hat die Sonne eine Deklination von +23,5 Grad. Ent-

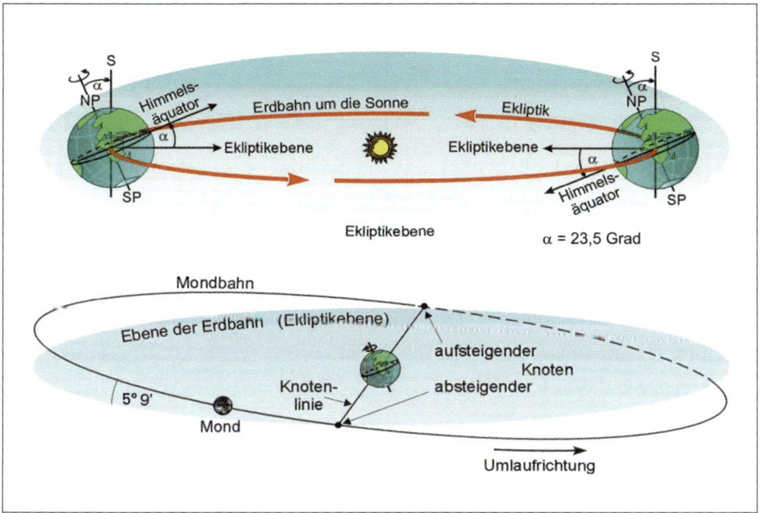

Abb. 12: Oben: Die jährliche Bahn der Erde um die Sonne bezeichnet man als Ekliptik und die Ebene, in der die Erdbahn verläuft, als Ekliptikebene. Die Erdachse ist um 23,5 Grad gegen eine Senkrechte zur Ekliptikebene gekippt. Im Sommer ist daher der Nordpol der Erde um den gleichen Winkel der Sonne zugewandt, im Winter entsprechend abgewandt. Dieser Wechsel ist die Ursache für die Jahreszeiten. Von der Sonne aus betrachtet steht der Vollmond (hier nicht eingezeichnet) hinter der Erde. Im Winter ist daher der Nordpol zum Vollmond hin-, im Sommer von ihm weggeneigt. Unten: Die Bahn des Mondes um die Erde ist gegen die Ekliptik geneigt. Die Verbindungslinie der Schnittpunkte der Mondbahnebene mit der Ekliptikebene bezeichnet man als Knotenlinie. Da sie sich in 18,6 Jahren einmal um 360 Grad dreht, wird die jahreszeitliche Höhenschwankung des Mondes in diesem Zeitraum durch eine zusätzliche Schwankung von bis zu plus/minus 5 Grad überlagert.

sprechend unserer Definition von δ heißt das: In diesem Fall steht die Sonne 23,5 Grad über dem Himmelsäquator. Da die Sonne von der Erde aus gesehen auf der Ekliptik entlangläuft, kann man auch von einer Deklination der Ekliptik sprechen. Betrachtet man nun den Himmel auf der von der Sonne abgewandten Seite der Erde, so kehren sich die Verhältnisse um. Dort beträgt die Deklination der Ekliptik –23,5 Grad. Auf dieser Seite steht auch der Vollmond, also von der Sonne aus gesehen in gerader Linie hinter der Erde. Da die Mondbahn jedoch gegen die Ebene der Ekliptik um 5 Grad gekippt ist, ist die Deklination des Vollmondes um diesen Betrag größer. Damit ergibt sich für den Mond ein δ von –23,5 Grad plus 5 Grad gleich –18,5 Grad.

Im Winter, am 21. Dezember (linke Bildhälfte), sieht die Sache anders aus. An diesem Tag hat die Ekliptik eine zum 21. Juni entgegengesetzte Deklination, also –23,5 Grad. Wiederum sind auf der der Sonne abgewandten Seite der Erde die Verhältnisse genau umgekehrt, sodass die Deklination der Ekliptik dort +23,5 Grad beträgt. Berücksichtigt man wieder die 5 Grad Neigung der Mondbahn gegen die Ekliptik, so beträgt die Deklination des Vollmondes zu diesem Zeitpunkt +28,5 Grad.

Das ist jedoch noch nicht alles. Da sich wie bereits erwähnt die Knotenlinie in 18,6 Jahren einmal um 360 Grad dreht, weist die Neigung der Mondbahn nach der Hälfte der Zeit, also nach 9,3 Jahren, genau in die entgegengesetzte Richtung. Waren vorher 5 Grad zu den Deklinationen hinzuzurechnen, so muss man sie jetzt abziehen. Demnach beträgt die Deklination des Mondes zur Sommersonnwende –23,5 Grad minus 5 Grad gleich –28,5 Grad und am 21. Dezember +23,5 Grad minus 5 Grad gleich +18,5 Grad.

Fassen wir zusammen: Im Sommer schwankt die Deklination des Vollmondes um einen Mittelwert zwischen –18,5 und –28,5 Grad, im Winter zwischen +18,5 und +28,5 Grad. Das gilt für alle Orte auf der Welt. Der Mittelwert jedoch, um den die Höhe des Mondes über dem Horizont des Beobachters schwankt, hängt von der geografischen Breite des Beobachtungsstandortes ab und berechnet sich aus 90 Grad minus geografische Breite. Für einen Beobachter auf dem 50. Breitengrad beträgt der Mittelwert demnach 90 Grad minus 50 Grad gleich 40 Grad. Ein Beobachter auf dem 50. Breitengrad sieht demnach im Sommer den Mond in einer Höhe zwischen mindestens 40 Grad minus 28,5 Grad = 11,5 Grad und maximal 40 Grad minus 18,5 Grad = 21,5 Grad über dem Horizont. Dagegen bewegt sich der Mond im Winter im Intervall zwischen 58,5 Grad und 68,5 Grad über dem Horizont. Im Sommer steht der Vollmond also deutlich tiefer als im Winter. Wer den gesamten Zyklus des Auf- und Abwärtswanderns des Vollmondes beobachten will, muss jedoch viel Geduld haben: mindestens 18,6 Jahre.

Zwei andere Variationen hinsichtlich Größe und Helligkeit des Mondes sind noch schwerer zu beobachten und am ehesten am Aussehen des Vollmondes zu erkennen. Beide haben ihre Ursache in der Elliptizität der Mondbahn und dem Umlauf der Erde um die Sonne. Wie wir aus Erfahrung wissen, erscheint uns ein Objekt umso kleiner, je weiter es entfernt ist. Physikalisch gesprochen heißt das, der Winkel, unter dem ein Beobachter ein Objekt sieht, verkleinert sich umgekehrt proportional mit dem Abstand des Objekts. Befindet sich nun der Mond zu einem gewissen Zeitpunkt gerade im Perigäum, also im geringsten Abstand zur Erde, so beträgt seine Entfernung 356 410 Kilometer. Ein halbes Jahr später ist die Erde auf ihrer Bahn so weit vorangekommen, dass sie nun genau auf der gegenüberliegenden Seite der Sonne steht. Jetzt haben sich die Verhältnisse umgekehrt. Nun hat der volle Mond mit 406 740 Kilometern den größten Abstand. Für die Größe des Mondes bedeutet das, dass er um 14 Prozent kleiner zu sein scheint als am erdnächsten Punkt, dem Perigäum.

Neben dieser scheinbaren Größenänderung des Mondes ändert sich seine Helligkeit auch real. Wie wir wissen, ist der Mond kein »Selbstleuchter«. Seine Leuchtkraft stammt aus der Reflexion des auftreffenden Sonnenlichts. Je näher der Mond zur Sonne steht, desto mehr Licht empfängt er von ihr und desto mehr Licht kann er folglich wieder zurückstrahlen. Den Unterschied der Bestrahlungsstärke des Mondes durch die Sonne aufgrund der Abstandsvariation Sonne – Mond kann man getrost vernachlässigen, da die Entfernungsänderung nur etwa 0,03 Prozent beträgt. Nicht zu vernachlässigen ist dagegen die Entfernungsänderung zur Erde, die zwischen Perigäum und Apogäum rund 12 Prozent ausmacht. Da sich am Ort des Beobachters die Intensität des vom Mond reflektierten Lichtes umgekehrt proportional zur Entfernung im Quadrat ändert, beträgt das Verhältnis der Helligkeiten zwischen Perigäum und Apogäum 406740 km/356410 km zum Quadrat = 1,3, der Unterschied in der Helligkeit also 30 Prozent. Diese Veränderung ist so groß, dass sie nicht zu übersehen sein sollte. Dass dennoch die Variationen hinsichtlich Größe und Helligkeit des Vollmondes kaum auffallen, beruht auf dem Fehlen von Vergleichsobjekten. Das menschliche Gehirn kann sich über einen längeren Zeitraum Größen oder Helligkeiten nur sehr schlecht merken. Aber genau das wäre nötig, um aktuelle Werte mit schon einige Zeit zurückliegenden vergleichen zu können. Einen Ausweg aus diesem Dilemma bietet die Fotografie beziehungsweise die Fotometrie. Aufnahmen des Vollmondes im Perigäum beziehungsweise Apogäum bestätigen dann auch sehr schön die angestellten Überlegungen.

Abschließend wollen wir noch auf eine Erscheinung des Mondes zu sprechen kommen, die im Gegensatz zur Größen- und Helligkeitsvariation wohl schon jedem aufgefallen ist. Es handelt sich hierbei um das Phänomen, dass uns der Mond knapp über dem Horizont viel größer erscheint als wenige Stunden später hoch am Himmel. Da sich in dieser kurzen Zeit am Abstand Erde – Mond praktisch nichts ändert, ist dieses Verhalten sicher nicht das Ergebnis einer Entfernungsänderung. Hier haben wir es mit einer Sinnestäuschung zu tun, die auch als Mondillusion bekannt ist, über deren Zustandekommen unter Wissenschaftlern jedoch noch keine Einigkeit herrscht.

Mittlerweile gibt es drei Erklärungen für dieses Phänomen.

Die erste beruht auf der sogenannten Ponzo-Illusion. Dabei werden zwei parallele, gleich lange horizontale Balken quer über zwei von unten nach oben aufeinander zulaufende Linien eingezeichnet (etwa über das Foto der Schienenstränge eines Bahngleises, siehe Abb. 13). Der Betrachter hat nun den Eindruck, dass der obere der beiden Balken nicht nur weiter weg, sondern auch länger ist als der untere. Der gleiche Effekt könnte auch die Mondillusion bewirken. Bei einem Blick auf den Mond am Horizont lassen Vordergrundobjekte wie Bäume und Häuser den Erdtrabanten weiter entfernt erscheinen als bei einem Blick in den Himmel, wo derartige Vergleichsobjekte fehlen. Wie bei der Ponzo-Illusion wirkt somit der weiter entfernte Mond größer. Obwohl zunächst ziemlich einsichtig, ist diese Erklärung doch nicht frei von Widerspruch, denn in der Regel scheint ein Objekt mit zunehmender Entfernung ja nicht größer, sondern immer kleiner zu werden.

Messungen haben denn auch ergeben, dass das Auge den Mond sowohl am Horizont als auch hoch am Himmel immer unter der gleichen Winkelausdehnung von rund einem halben Grad wahrnimmt. Das Bild des Mondes auf der Netzhaut ist also stets gleich groß. Dies hat zu der zweiten Theorie geführt, wonach der Mond am Horizont größer wirkt, weil er dort weiter entfernt zu sein scheint als in einer Position hoch am Himmel. Das wird damit erklärt, dass die meisten Menschen den Eindruck haben, als wäre der Himmel ein sehr weiter, aber flacher Dom, dessen Ränder in horizontaler Richtung viel weiter entfernt zu sein scheinen als die Kuppeldecke bei einem Blick senkrecht nach oben. Lässt man den Mond am Horizont beginnend immer am Rand dieses Doms entlang nach oben steigen, so verringert sich dabei scheinbar seine Entfernung zum Betrachter immer mehr. Da sich dabei aber seine Winkelausdehnung im Auge nicht ändert, muss ihn das Gehirn, das ja den flachen Dom und das gleichbleibend große Bild des Mondes auf der Netzhaut

Abb. 13: Als Ponzo-Illusion bezeichnet man die geometrisch-optische Täuschung, bei der zwei aufeinander zulaufende Linien eine räumliche Tiefe vorspiegeln, wodurch zwei gleich lange Querbalken unterschiedlich lang erscheinen.

in Einklang zu bringen versucht, zwangsläufig als kleiner werdend empfinden.

Eine dritte, völlig andere Erklärung stammt von Professor Don McCready. Seiner Meinung nach beruht die Mondillusion auf einer Eigenschaft des Auges, die unter dem Begriff »Akkommodationsmikropsie« beziehungsweise ihrem Gegenteil, »Akkommodationsmakropsie«, bekannt ist. McCready glaubt, dass der Eindruck der »Kleinheit« durch Aktivitäten der Augenmuskulatur verursacht wird. So wirkt zum Beispiel ein Objekt bestimmter Größe in einem festen Abstand kleiner, wenn das Auge auf eine geringere Entfernung als den Objektabstand akkommodiert ist (Akkommodationsmikropsie), und größer bei einer Fokussierung des Auges auf eine größere Entfernung (Akkommodationsmakropsie). Demgemäß entsteht die Mondillusion nach folgendem Schema: Betrachtet man den Mond am Horizont, so signalisieren weit weg befindliche Objekte wie Bäume dem Gehirn den Eindruck »sehr weit entfernt«. Dadurch fokussiert das Auge auf eine sehr große Entfernung, was bezüglich des Mondes am Horizont eine Akkommodationsmakropsie auslöst. Betrachtet man dagegen den Mond hoch am Himmel, so fehlen Vergleichsobjekte und das Auge fokussiert auf eine Entfernung nur wenige Meter vom Kopf entfernt, was zur Akkommodationsmikropsie führt und den Mond kleiner erscheinen lässt.

Welche Erklärung letztlich die richtige ist, vermögen wir an dieser Stelle nicht zu entscheiden. Dass es sich aber wirklich um eine Illusion handelt und nicht etwa um eine reale Größenänderung des Mondes, kann man leicht nachprüfen. Man muss den Mond nur fotografieren, einmal wenn er tief am Horizont steht und ein zweites Mal hoch am Himmel. Vergleicht man anschließend beide Bilder, so sieht man, dass sich an seiner Größe nichts geändert hat. Es geht aber noch einfacher. Stellen Sie sich mit dem Rücken zum Mond am Horizont, betrachten Sie ihn nach unten gebeugt durch Ihre Beine, und Sie werden bemerken: Plötzlich ist er gar nicht mehr größer. Kluge Leute erklären diesen Effekt damit, dass man bei dieser Betrachtungsweise das Umfeld, also die Bäume und Häuser, aus einer Perspektive sieht, die dem Gehirn fremd ist, sodass es deren Größe nicht mehr einschätzen kann.

Leben unter dem Mond

Dass der Mond das Leben auf der Erde auf mannigfache Weise beeinflusst, wird jedem bewusst, der einmal einen sogenannten Mondkalender zur Hand genommen hat. Diese von selbst ernannten Mondkundigen ausgearbeiteten Tabellen geben genaue

Anweisungen, was wo wann und wie zu tun beziehungsweise zu lassen ist, damit der Mensch im Einklang mit dem Mond lebt und dessen Kräfte nutzen kann. Das beginnt bei Hinweisen zur Tagesbeschaffenheit, zu Liebe, Beruf, Freizeit, Gesundheit, Körperpflege und endet mit den Themen Haushalt, Garten, Landwirtschaft und Heilkraft von Kräutern.

Es gibt kaum ein Gebiet, auf das der Mond sich nicht positiv oder negativ auszuwirken scheint. Das geht sogar so weit, dass für Gehaltsgespräche mit dem Chef günstige Tage und Zeiten aufgelistet werden. Mögen diejenigen, die diese Regeln befolgen, dabei auch hin und wieder ein Erfolgserlebnis haben, so drängt sich dennoch der Verdacht auf, dass hinter all dem weniger das eine oder andere Naturgesetz, sondern eher ein hohes Maß an Gewinnstreben steht oder die Hoffnung darauf, dass Glauben Berge versetzen kann. Aus diesem Grund wollen wir auch dieses unsichere Terrain schnell wieder verlassen und uns den sehr realen Einflüssen des Mondes auf das Geschehen und das Leben auf der Erde zuwenden.

Beginnen wir mit Ebbe und Flut. Wer schon mal am Meer war, dem ist aufgefallen, dass das Wasser im Sechsstundenrhythmus vom Ufer abläuft und dann wieder zurückkehrt. An der Ostsee merkt man davon kaum etwas, aber an der Nordsee oder am Atlantik kann die Höhe des Meeresspiegels beträchtlich schwanken. Für den Wechsel der Gezeiten ist wesentlich der Mond, im geringeren Ausmaß aber auch die Sonne verantwortlich. Untersuchen wir, was sich da tut.

Bisher haben wir immer gesagt, der Mond umrundet die Erde. Genau genommen ist das jedoch nicht richtig. Vielmehr dreht sich der Mond um den gemeinsamen Schwerpunkt von Erde und Mond. Aufgrund der im Verhältnis zum Mond großen Erdmasse liegt dieser Punkt noch innerhalb der Erde, rund 1700 Kilometer von der Oberfläche entfernt. Das heißt aber, dass sich auch die Erde um diesen Schwerpunkt dreht, auf einem Kreis mit einem Radius von 6378 Kilometern minus 1700 Kilometer gleich 4678 Kilometer. Infolge dieser Rotation erfahren sowohl die Erde als auch der Mond eine Zentrifugalkraft, die beide Körper auseinanderzutreiben versucht. Auf der Erde ist diese Zentrifugalkraft überall gleich groß und immer parallel zur Verbindungslinie Erde – Mond vom Mond weg gerichtet. Andererseits ziehen sich aber Erde und Mond aufgrund der Gravitation auch gegenseitig an. Der einzige Punkt der Erde, an dem sich Zentrifugal- und Gravitationskraft gegenseitig genau aufheben, ist der Erdmittelpunkt.

Konzentrieren wir uns jetzt auf zwei Punkte auf der Oberfläche der Erde, die auf der Verbindungslinie Erde – Mond liegen sollen. Punkt A sei auf der dem Mond abgewandten Seite der Erde, Punkt B auf der dem Mond zugewandten Seite. Punkt A hat also einen größeren und Punkt B einen kleineren Abstand zum Mond als der Erdmittelpunkt. Wie wir wissen, ändert sich die Anziehungskraft umgekehrt proportional zum Quadrat der Entfernung. Das heißt, die Anziehungskraft des Mondes ist im Punkt A kleiner und im Punkt B größer als im Erdmittelpunkt, der ja genau zwischen A und B liegt. Wenn sich aber, wie bereits erklärt, im Erdmittelpunkt die Zentrifugalkraft und die Anziehungskraft des Mondes genau aufheben, so kann das in den Punkten A und B nicht mehr gelten. Vielmehr ist im Punkt A die Zentrifugalkraft größer als die Anziehungskraft, im Punkt B ist es genau umgekehrt. Folglich entsteht im Punkt A eine Differenzkraft vom Mond weg und im Punkt B eine gleich große Differenzkraft in entgegengesetzter Richtung, also auf den Mond zu. Für später sollten wir uns noch merken, dass diese Differenzkräfte umgekehrt proportional sind zur dritten Potenz der Entfernung der sich gegenseitig anziehenden Körper, hier also des Mondes und der Erde (Abb. 14).

Aufgrund dieser gleich starken, aber in entgegengesetzte Richtung wirkenden Kräfte wird die starre Erdkruste um bis zu

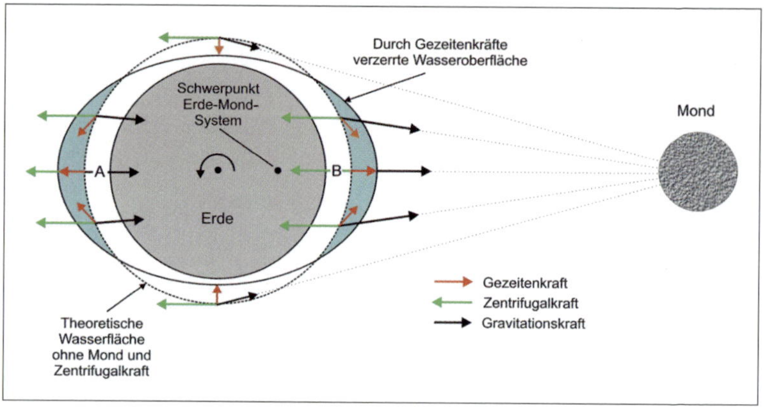

Abb. 14: Entstehung von Ebbe und Flut. Wie die Abbildung zeigt, ist infolge der Rotation der Erde um den gemeinsamen Schwerpunkt Erde-Mond die Zentrifugalkraft in allen Punkten der Erde gleich groß und immer vom Mond weg gerichtet. Die tägliche Rotation der Erde um ihre Achse spielt bei dieser Betrachtung keine Rolle. Im Erdmittelpunkt heben sich Gravitations- und Zentrifugalkraft gegenseitig auf. In allen anderen Punkten der Erde ist das nicht der Fall. Dort macht sich die Differenz von Gravitations- und Zentrifugalkraft als Gezeitenkraft bemerkbar.

30 Zentimeter angehoben. Befindet sich über A und B aber Wasser, das heißt, hat sich die Erde gerade so gedreht, dass A und/oder B im Meer liegen, wird der Wasserspiegel angehoben, und es entsteht ein Flutberg. Da Wasser aber flüssig ist und somit die Wassermoleküle leichter gegeneinander zu verschieben sind, fällt der Flutberg viel höher aus als die entsprechende Erhebung der starren Erdkruste.

Damit wäre die Ursache für die Flut geklärt. Was aber ist mit der Ebbe? Wenn in den Punkten A und B Flut herrscht, dann ist Ebbe an den Orten, die von A und B jeweils ein Viertel des Erdumfangs entfernt sind, also auf halber Strecke zwischen A und B. Eine genaue Analyse der dortigen Verhältnisse ergibt, dass hier nur eine Kraft in Richtung auf den Erdmittelpunkt übrig bleibt. Da das Wasser aber nicht in die Erde hineingedrückt werden kann, bleibt ihm nichts anders übrig, als in Richtung auf die Punkte A und B auszuweichen, sodass der Wasserspiegel an den um 90 Grad gegen A und B versetzten Punkten auf ein Minimum sinkt.

In erster Näherung bilden sich also die Flutberge immer auf den beiden Seiten der Erdoberfläche, die auf der Verbindungslinie Erde – Mond liegen, wogegen Ebbe an den dazu um 90 Grad versetzten Orten herrscht. Da sich die Erde aber in 24 Stunden einmal um ihre Achse dreht, die Flutberge aber immer zum beziehungsweise vom Mond weg ausgerichtet bleiben, wechseln sich an einem festen Ort im Laufe eines Tages Ebbe und Flut im Rhythmus von rund sechs Stunden ab.

Wenn wir uns soeben der Formulierung »in erster Näherung« bedient haben, so deswegen, weil wir bisher den Einfluss der Sonne auf die Gezeiten unterschlagen haben. Aufgrund der sehr viel größeren Masse der Sonne ist die Anziehungskraft, die die Sonne auf die Erde ausübt, 179-mal größer als die des Mondes. Man könnte also glauben, dass die Sonne auf der Erde 179-mal mächtigere Flutwellen hervorrufen muss als der Mond. Doch erinnern wir uns an das, was wir uns über die Differenzkräfte merken sollten: Sie sind umgekehrt proportional zur dritten Potenz der Entfernung der einander anziehenden Körper. Folglich schlägt die große Entfernung der Sonne von der Erde weitaus stärker zu Buche als die gegenüber dem Mond riesige Sonnenmasse. Die durch die Sonne ausgelösten Gezeitenkräfte sind daher nicht einmal halb so groß wie die vom Mond hervorgerufenen. Aus diesem Grund überlagern sich in den Mondflutwellen auch nur wesentlich schwächer ausgeprägte von der Sonne verursachte Flutberge. Das führt letztlich zu einer geringfügigen örtlichen und zeitlichen Verschiebung von Ebbe und Flut.

Dass sich die Erde unter den Flutbergen durchdreht, hat über längere Zeit hinweg einschneidende Konsequenzen. Bei diesem Vorgang flutschen die Wasserberge ja nicht völlig widerstandslos über die Erde, vielmehr entsteht dabei eine gewaltige Reibung. Und Reibung verbraucht Energie. Woher aber diese Energie nehmen? Nun, Reibung bremst Bewegung, und die Bewegung, die hier gebremst werden kann, ist die Rotation der Erde. Die Energie, die zur Überwindung der Reibung aufgebracht werden muss, stammt also aus der Umdrehungsenergie der Erde. Das heißt aber nichts anderes, als dass sich die Rotation der Erde im Laufe der Zeit zunehmend verlangsamt, der Tag wird länger. Die Abnahme der Rotationsgeschwindigkeit der Erde hat aber noch eine andere Ursache. Aufgrund der Reibung des Wassers werden die Flutberge ein klein wenig in Richtung der Erdumdrehung mitgeschleppt. Folglich befinden sich die aufgetürmten Wassermassen nicht mehr genau auf der Verbindungslinie Erde – Mond, sondern sind etwas in Richtung der Erddrehung gegen diese Linie versetzt. Die Gravitation des Mondes versucht nun das »Davonlaufen« der Wasserberge zu verhindern und bremst somit ebenfalls die Erde in ihrer Umdrehung. Andererseits wirken aber auch die Wassermassen über ihre Gravitation auf den Mond ein. Der hinkt ja, von der Position der Flutberge aus gesehen, auf seiner Bahn etwas nach. Das führt dazu, dass wiederum der Mond auf seiner Bahn um die Erde geringfügig beschleunigt wird. Wenn aufgrund dieser Vorgänge die Erde in ihrer Umdrehung immer langsamer wird, so bedeutet das aber auch, dass sie an Drehimpuls verliert. In einem geschlossenen System, wie es Erde und Mond bilden, kann Drehimpuls aber nicht verloren gehen. Was die Erde an Drehimpuls einbüßt, muss der Mond übernehmen. Das tut er, indem er sich zunehmend von der Erde entfernt und auf Umlaufbahnen mit immer größeren Radien steigt.

Wie groß sind denn nun diese Effekte wirklich? Was die Verlangsamung der Erdrotation betrifft, so scheint das zunächst kaum ins Gewicht zu fallen. In 100 Jahren wird der Tag nur um rund 1,6 Millisekunden länger. Aber in etwa 225 Millionen Jahren ist der Erdentag von 24 Stunden bereits auf 25 Stunden angewachsen. Und das geht immer weiter. Kommt die Erde also irgendwann mal ganz zum Stillstand, dreht sie sich irgendwann überhaupt nicht mehr? Auf diese Frage gibt es eine klare Antwort, und die lautet: Nein! Denn spätestens, wenn die Erde für eine Umdrehung genauso lange braucht wie der Mond für einen Umlauf um die Erde, ist das Spiel zu Ende. Von diesem Zeitpunkt an weist die Erde dem Mond immer die gleiche Seite zu, das heißt: Die Erde führt eine gebundene Rotation aus. Die Flutberge werden also nicht mehr gezwungen, über den ganzen Planeten zu schwappen, sondern verbleiben vielmehr für immer an ein und demselben Ort: genau auf der Verbindungslinie Erde – Mond. Damit entfallen auch die Kräfte, die vorher die Erde abgebremst und den Mond beschleunigt haben.

Jetzt wird auch verständlich, warum uns der Mond heute stets die gleiche Seite zuwendet. Was der Erde momentan widerfährt, hat natürlich auch der Mond erleiden müssen, aber in einem viel stärkeren Ausmaß. Durch die Gravitation der Erde wurden auch auf dem Mond Gezeiten hervorgerufen. Hier hat sich zwar nicht Wasser bewegt, sondern eben die Mondoberfläche gehoben und gesenkt. Aufgrund der großen Erdmasse waren die Gravitationskräfte viel stärker und somit auch der Bremseffekt ausgeprägter, sodass der Mond schon vor langer Zeit in eine gebundene Rotation gezwungen wurde, das heißt, er dreht sich während der Zeit, die er für einen Umlauf benötigt, einmal um seine Achse. In ferner Zukunft wird es ihm die Erde gleichtun, dann drehen sich beide während eines Mondumlaufs genau einmal um sich selbst.

Wenn die Erde in ihrer Rotation fortwährend gebremst wird, dann muss sie sich in der Vergangenheit auch mal schneller gedreht haben. Wie schnell, lässt sich aus Ablagerungen von Korallen und aus der Schichtung von Sedimenten erschließen. So hat im Zeitalter des Mittleren Devon, also vor rund 370 Millionen Jahren, ein Tag nur 22 Stunden gedauert. Das Jahr bestand damals also aus rund 400 Tagen. Noch etwas früher, vor etwa 900 Millionen Jahren, war der Tag nur etwa 18 Stunden lang, und ein Jahr bestand aus 487 Tagen. Wollen wir wissen, wie es in der Frühzeit der Erdgeschichte war, müssen wir rechnen. Theoretische Extrapolationen führen zu dem Ergebnis, dass die Erde vor gut zwei Milliarden Jahren für eine Umdrehung lediglich fünfeinhalb Stunden gebraucht haben soll. Wenn das stimmt, dann hat der Mond bis heute ganze Arbeit geleistet.

Um weiterspekulieren zu können, sollten wir jetzt endlich sagen, mit welcher Geschwindigkeit sich der Mond von der Erde entfernt. Zur Zeit sind es rund 3,8 Zentimeter pro Jahr. Früher war der Mond also näher an der Erde dran. Nach dem oben diskutierten Einschlagszenario hat sich der Mond in einem Abstand von etwa zehn Erdradien gebildet, also nur rund 60 000 Kilometer von der Erde entfernt! Was muss das für ein Himmel gewesen sein! Einschläge von Meteoriten auf der sich abkühlenden Mondoberfläche hätte man direkt beobachten können. Aber zu diesem Zeitpunkt gab es auf der Erde noch keine Augen, es gab noch nicht einmal Tiere. Einzig Einzeller schwebten durch die Meere. Für die Entwicklung von Leben war diese große Nähe vermutlich außerordentlich problematisch. Der geringe Abstand zwischen Erde und Mond müsste gewaltige Gezeitenkräfte hervorgerufen haben. Flutwellen von wahrhaft gigantischen Ausmaßen, die im Stundenrhythmus um die Erde rasten, waren wohl an der Tagesordnung. Aber der Mond bremste die Erde ab, er entfernte sich anfangs doch recht schnell von ihr, und das Leben konnte gedeihen.

Auch für diejenigen, die eventuell die Gnade der sehr, sehr späten Geburt genießen und erst in einigen Millionen Jahren auf die Welt kommen werden, ist die Tatsache, dass sich der Mond von der Erde entfernt, eine schlechte Nachricht. Wollen sie nämlich eine Sonnenfinsternis beobachten, wird die anders aussehen als heutzutage. Sonnenfinsternisse entstehen ja, wenn der Mond zwischen Sonne und Erde genau auf der Verbindungslinie zwischen beiden steht. Aufgrund der derzeitigen Entfernungsverhältnisse zwischen Sonne und Erde sowie zwischen Erde und Mond ist der scheinbare Durchmesser des Mondes noch größer als jener der Sonne. Für kurze Zeit kann sich also die Sonne vollkommen hinter dem Mond verstecken. Doch das wird nicht immer so bleiben. Der Abstand zwischen Erde und Mond wird ständig größer, an der Entfernung der Erde zur Sonne ändert sich, wenn überhaupt, praktisch nichts. Irgendwann kommt der Augenblick, da der scheinbare Durchmesser des Mondes für immer kleiner sein wird als jener der Sonne. Von diesem Moment an werden keine totalen, sondern nur noch ringförmige Sonnenfinsternisse beobachtet werden können.

Auch heute noch stecken im steten Wechsel von Ebbe und Flut gewaltige Energien. Die Kräfte, die durch das Auf und Ab und das Hin und Her der riesigen Wassermassen freigesetzt werden, haben im Laufe der Jahrmillionen das Bild der Erdoberfläche entscheidend mitgeprägt. Ebbe und Flut tragen wesentlich bei zur Formung der Küstenlinien, zur Verfrachtung enormer Mengen an Material, das dann an anderer Stelle wieder abgelagert wird, und zur Verwitterung der im Wirkungsbereich der Gezeiten gelegenen Gesteine. Die herrlichen Sandstrände mancher Urlaubsinseln sind nichts anderes als von der Gewalt des Wassers zerriebene Steinbrocken oder Muschelschalen. Und auch der Mensch bedient sich mittlerweile dieser scheinbar unerschöpflichen Energiequelle: Gezeitenkraftwerke liefern Strom für ganze Städte.

Wagen wir noch eine Hypothese zur Entstehung des Lebens. Zwar gibt man heute einer Theorie den Vorzug, die von einer Entstehung in den Tiefen der Meere ausgeht, in der Umgebung sogenannter *Black Smoker*, wo sehr heißes und nährstoffreiches Wasser aus Spalten am Meeresboden austritt. Dennoch könnten Ebbe und Flut dabei eine nicht unerhebliche Rolle gespielt haben. Wie der entscheidende Schritt von der unbelebten zur belebten Materie vor sich ging, wissen wir nicht. Als gesichert gilt jedoch, dass zunächst aus einfachen Molekülen infolge chemischer Reaktionen zunehmend komplexere organische Moleküle entstanden, die immer mehr Information trugen und sich schrittweise zu immer höherer Ordnung organisierten. Damit diese Prozesse stattfinden konnten, mussten zwei Bedingungen erfüllt sein: Zum einen musste die Konzentration der Ausgangsprodukte groß genug sein, damit es entsprechend häufig Zusammenstöße zwischen den Reaktionspartnern gab; zum anderen bedurfte es einer Energiequelle, damit die chemischen Reaktionen in Gang kamen. Wie die Gezeiten dazu beigetragen haben könnten, diese Voraussetzungen zu erfüllen, ist eine interessante Geschichte.

Bei Flut wird Land mit Meerwasser überschwemmt, das sich während der Ebbe wieder zurückzieht. In Senken und Kuhlen kann das Wasser aber nicht vollständig abfließen, sodass dort mehr oder minder große Teiche und Tümpel verbleiben – ideale »Brutstätten« für komplexe organische Moleküle. In diesen flachen Gewässern kann das ultraviolette Licht der Sonne bis zu den im seichten Wasser gelösten Molekülen und Mineralien vordringen, sie spalten und so die Reaktionspartner für den chemischen Aufbau komplexerer organischer Moleküle bereitstellen. Um eine hohe Reaktionsrate der chemischen Prozesse zu gewährleisten, muss auch die Konzentration der Ausgangsstoffe möglichst hoch sein. In der Zeit der Ebbe verdunstet ein Teil des Wassers, sodass die Konzentration der Lösung zunimmt. Die nachfolgende Flut schwemmt dann weitere Baustoffe in die Tümpel, welche die Konzentration nochmals erhöhen. Auf diese Weise könnte der stete Wechsel zwischen Ebbe und Flut über einen längeren Zeitraum die reaktionsfähigen Moleküle in dieser »Ursuppe« mehr und mehr angereichert haben.

Bei Flut wird natürlich wieder ein Teil des stehenden Wassers ins Meer zurückgespült, und mit ihm auch Moleküle, die bereits einen hohen Grad an Komplexität erreicht haben. Das ist insofern von Bedeutung, als auf diese Weise die Moleküle im tieferen Meerwasser dem Zugriff der zerstörerischen Ultraviolettstrahlung der Sonne entzogen werden. Wassertiefen von mehr als einem Meter absorbieren ultraviolettes Licht nahezu vollständig.

Auch die starke Brandung, die stellenweise bei Flut entsteht, könnte die für die chemischen Prozesse benötigte Energie geliefert haben. Die Gewalt der Wassermassen vermag Moleküle aufzubrechen, in ihre Bestandteile zu zerlegen und ermöglicht somit die Entstehung neuer, noch komplexerer Verbindungen. Andererseits prallen in den Brandungszonen die Reaktionspartner heftig zusammen. Die Energie, die in einem solchen Zusammenstoß steckt, könnte zur Verbindung der Moleküle genutzt werden. Zählt man alles zusammen, so kann man nicht ausschließen, dass Ebbe und Flut die Entstehung von Leben unterstützt haben.

Werfen wir zum Schluss noch einen Blick auf unser Klima. Der Wechsel der Jahreszeiten hat seine Ursache darin, dass die Erdachse nicht senkrecht, sonder um 23,5 Grad gekippt auf der Ebene der Ekliptik steht. Nähme dieser Winkel andere Werte an, so würden sich die Klimaverhältnisse insbesondere in den nördlichen und den südlichen Breiten stark verändern. Dass wir über relativ lange Zeiten von drastischen Klimavariationen verschont bleiben, verdanken wir nicht zuletzt unserem großen Mond. Mittels seiner großen Masse vermag dieser Himmelskörper die Erdachse im Raum zu stabilisieren. Besäße die Erde keinen Mond, so würde die Achsenneigung innerhalb eines relativ kurzen Zeitraums von etwa 1000 Jahren zwischen 15 Grad und etwa 32 Grad hin und her schwanken. Das hätte gravierende Auswirkungen auf das Klima. Eiszeiten und subtropische Bedingungen würden sich in kurzer Folge abwechseln.

Gäbe es den Mond nicht, so würde sich heute die Erde in knapp zehn Stunden einmal um ihre Achse drehen. Nur die

Sonne allein hätte die Erdrotationsdauer von anfänglich fünf bis sechs Stunden auf diesen Wert abgebremst. Manche mögen jetzt denken: Na gut, dann ist der Tag eben nicht länger. Aber das ist zu kurz gesprungen. Das Wetter auf einem Planeten hängt außerordentlich stark von dessen Rotationsperiode ab. Die Hoch- und Tiefdruckgebiete bewegen sich viel rascher, wenn der Planet schnell rotiert. Das wiederum hat zur Folge, dass die Windgeschwindigkeit stark zunimmt. Auf einer Erde mit zehn Stunden Tageslänge würden Stürme mit Windgeschwindigkeiten zwischen 400 und 500 Kilometern pro Stunde toben, und zwar ohne Unterlass. Derartige Orkane möchte man sich lieber nicht vorstellen. Für die Entwicklung des Lebens hätte das fatale Folgen gehabt. Vermutlich wäre das Leben in jeder Hinsicht sehr »platt«, denn nur flache Lebewesen könnten sich in einer Umgebung mit derart hohen Windgeschwindigkeiten behaupten.

Die naturwissenschaftlich einwandfrei nachgewiesenen Einflüsse des Mondes gehen also weit über das hinaus, was in Mondkalendern und entsprechenden Traktaten aufgelistet ist. Der Mond ist nicht nur unser nächster Nachbar, er hat auch wesentlich auf die Entwicklung des Lebens auf unserem Planeten Einfluss genommen. Gäbe es den Mond nicht, so würden auch wir vermutlich nicht existieren.

Und so beenden wir dieses Kapitel mit dem Schluss von Goethes Gedicht an den Mond:

Selig, wer sich vor der Welt
Ohne Hass verschließt,
Einen Freund am Busen hält
Und mit dem genießt,

Was, von Menschen nicht gewusst
Oder nicht bedacht,
Durch das Labyrinth der Brust
Wandelt in der Nacht.

Die Sonne

Früh, wenn Tal, Gebirg und Garten
Nebelschleiern sich enthüllen,
Und dem sehnlichsten Erwarten
Blumenkelche bunt sich füllen;

Wenn der Äther, Wolken tragend,
Mit dem klaren Tage streitet,
Und ein Ostwind, sie verjagend,
Blaue Sonnenbahn bereitet;

Dankst du dann, am Blick dich weidend,
Reiner Brust der Großen, Holden,
Wird die Sonne, rötlich scheidend,
Rings den Horizont vergolden.

Johann Wolfgang von Goethe

Offenbar ganz unter dem Eindruck eines wunderschönen Sonnenaufgangs schrieb Goethe dieses Gedicht an die Sonne. Mit großer Dankbarkeit empfing er die ersten Sonnenstrahlen, die das Dunkel der Nacht erhellen und die Nebelschwaden durch ihre Wärme auflösen. In diesem Gedicht verleiht Goethe dem Gefühl Ausdruck, dass die Sonne unsere Lebensspenderin ist, dass alle Vorgänge auf unserem Planeten letztlich auf die Sonne zurückgehen. Denkt man länger darüber nach, so sind sogar unsere Gedanken geronnene Sonnenenergie. Aber was ist die Sonne? Ist sie ein normaler Stern, einer wie die vielen anderen? Woraus besteht sie, und was geht in ihr vor? Oder anders gefragt: Woher nimmt sie die Energie, die sie so verschwenderisch abstrahlt?

Auf die Frage »Wie weit ist es bis zum nächsten Stern?« könnte ein Astronom antworten: »Nach Alpha Centauri sind es etwa 4,3 Lichtjahre, also rund 40 Billionen Kilometer.« Sucht man den zu unserem Sonnensystem nächstgelegenen Stern, so ist diese Antwort gewiss nicht falsch. Aber warum denn in die Ferne schweifen, wenn »die Gute« liegt so nah, sozusagen direkt vor unserer Haustür, nur rund 150 Millionen Kilometer von der Erde entfernt? Ein Stern, den wir auch tagsüber sehen, der unseren Tag erst zum Tag macht. Es ist die Sonne, der Stern, der täglich seine scheinbare Reise über den Himmel antritt, der uns wärmt und dem wir unsere Existenz und alles Leben auf der Erde verdanken (Abb. 15). Den wenigsten von uns ist diese

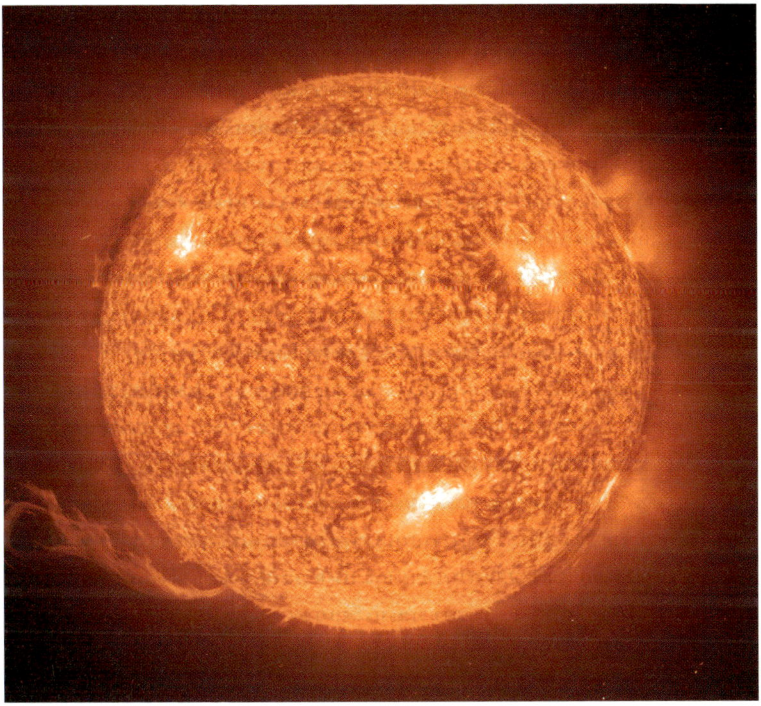

Abb. 15. Die Sonne: ein an seiner Oberfläche rund 5500 Grad Celsius heißer Gasball mit einem Durchmesser von rund 1,4 Millionen Kilometern, in dessen Innerem Wasserstoff zu Helium fusioniert wird. Gelegentliche Sonneneruptionen schleudern bis zu 10 Milliarden Tonnen Materie in den Raum hinaus.

unmittelbare Nähe zu einem in der Blüte seines Lebens stehenden aktiven Stern bewusst. Diese unmittelbare Nähe eines Himmelskörpers, in dem jede Sekunde eine Energiemenge freigesetzt wird, für deren Erzeugung auf der Erde 1000 Kernkraftwerke vom Typ Isar 2 rund neun Millionen Jahre laufen müssten.

Aber das ist bei Weitem noch nicht alles! Ohne die Sonne gäbe es keine Erde, gäbe es überhaupt keine Planeten, gäbe es das ganze Sonnensystem nicht. In einem Umkreis von rund sechs Milliarden Kilometern ist die Sonne der Ursprung allen Seins, sie ist die Nabe des riesigen Rades Sonnensystem. Sie bestimmt durch ihre Masse den Lauf der Planeten, und durch sie wird festgelegt, wie lange ein Jahr dauert. Die Sonne ist der dominante Himmelskörper, um den sich im wahrsten Sinne des Wortes alles dreht. Ist das nicht Grund genug, mehr über sie zu erfahren?

Der Weg zur Protosonne

Doch wo beginnen? Oder um mit Goethes *Faust* zu fragen: »Wo fass ich dich, unendliche Natur?« Am besten fangen wir ganz von vorne an, in einer Zeit, die mehr als viereinhalb Milliarden Jahre zurückliegt. Was geschah damals? Eine der gewaltigen Wolken aus Gas, Staub und einfachen Molekülen, die den Raum zwischen den Sternen in unserer Galaxis, der Milchstraße, ausfüllen, lieferte das »Baumaterial« für unseren Stern. Im Laufe einiger Millionen Jahre kollabierte die Wolke unter ihrer eigenen Schwerkraft, wurde immer kleiner und dichter, bis sie schließlich zu einer heißen, hell leuchtenden Gaskugel, unserer Sonne, »zusammengeschnurrt« war. Doch so einfach ist das nicht mit dem Kollabieren. Da gilt es zunächst ein paar Hindernisse zu überwinden, und auch später müssen noch viele komplizierte Prozesse ineinandergreifen, bis endlich der neue Stern, unsere Sonne, am Himmel steht. Was da im Einzelnen vor sich geht, wollen wir uns ansehen.

Interstellare Wolken drehen sich um eine Achse, das heißt, sie besitzen einen Drehimpuls. Beginnt die Wolke zu kollabieren, so rotiert sie immer schneller. Das gleiche Phänomen kann man auch bei einem Eiskunstläufer beobachten, der eine Pirouette dreht. Zunächst hat er die Arme zur Seite ausgestreckt, dann beginnt er immer schneller zu rotieren, während er die Arme an den Körper anlegt. Diese Drehbewegung ruft, wie bei einem Karussell, Zentrifugalkräfte hervor, die senkrecht zur Rotationsachse nach außen wirken und das Gas von der Wolke wegzuziehen versuchen. Ob es zu einer Verdichtung der Wolke kommt, hängt insbesondere davon ab, wie groß der Drehimpuls und damit die Zentrifugalkräfte sind. Ein zu großer Drehimpuls kann die Kompression der Gasmassen verhindern. Die Wolke muss also Drehimpuls loswerden. Nach einem ehernen Naturgesetz kann aber Drehimpuls nicht verloren gehen, er kann lediglich umverteilt werden. Wie funktioniert das? Die Wolke fragmentiert, das heißt, sie zerfällt in mehrere kleine Wolken, von denen jede einen Teil des ursprünglichen Drehimpulses übernimmt. Doch auch nach dieser »Schlankheitskur« ist den einzelnen Wolkenfragmenten noch immer etwas Drehimpuls verblieben. Für die weitere Umverteilung dieses lästigen »Anhängsels« sorgt nun die Reibung zwischen den Gasmolekülen. Insgesamt geht dadurch zwar kein Drehimpuls verloren, aber er wird in die Randbereiche der Wolke verschoben. Ist der Drehimpuls im Zentrum der Wolke schließlich ausreichend klein, so kann dort die Gravitation das Gas zu einem dichten Kern komprimieren.

Der Drehimpuls der Wolken nimmt auch Einfluss auf deren Gestalt. Zentrifugalkräfte zerren ja vornehmlich senkrecht zur Drehachse an dem Wolkenmaterial. Parallel zur Rotationsachse spürt das Wolkengas im Wesentlichen nur die Schwerkraft in Richtung auf das Massenzentrum der Wolke. Senkrecht dazu aber wirken Schwerkraft und Zentrifugalkraft. Die Wolke wird sich also vornehmlich parallel zur Rotationsachse zusammenziehen, weniger jedoch senkrecht dazu. Aufgrund dessen bildet sich um den verdichteten Gaskern schließlich eine mehr oder minder ausgeprägte Gasscheibe, in der der größte Teil des Drehimpulses steckt. Später wird dieser Teil von den Planeten, die sich aus dem Scheibenmaterial bilden werden, übernommen. In unserem Sonnensystem ist das besonders ausgeprägt: Während die Sonne rund 99,8 Prozent der Masse des gesamten Sonnensystems auf sich vereinigt, beträgt ihr Anteil am Drehimpuls nur 0,5 Prozent. Praktisch der gesamte Drehimpuls des Sonnensystems steckt in der Eigendrehung und im Bahndrehimpuls der Planeten.

Der Drehimpuls ist jedoch nicht der einzige Hemmschuh, der den Wolkenkollaps erschwert. Auch der innere thermische Druck, der von der Temperatur des Wolkengases abhängt, stemmt sich der in Richtung Massenzentrum gerichteten Gravitationskraft entgegen. Wie der englische Physiker Sir James Hopwood Jeans zeigen konnte, muss die Masse der Wolke über einer mit der Wolkentemperatur anwachsenden Grenzmasse liegen, um kollabieren zu können. Insbesondere kleinere Wolken müssen also erst mal abkühlen, damit sie zusammenfallen können. Dafür sorgen vor allem Stöße zwischen den Wolkenmolekülen. Die dabei frei werdende Energie wird zu einem gewissen Grad in Licht, in Photonen, umgewandelt. Solange das Wolkengas noch nicht sehr dicht ist, verlassen die Photonen die Wolke ungehindert und entziehen ihr Energie: Die Wolke wird kälter. Meist sind Wolkentemperaturen von 10 bis maximal 20 Grad Celsius über dem absoluten Nullpunkt nötig, damit die Gravitation die Oberhand gewinnen kann.

Als dritte Kollapsbremse fungieren den Wolken eingeprägte Magnetfelder. Zieht sich die Wolke zusammen, so werden auch die internen Magnetfelder komprimiert. Die Folge ist ein magnetischer Druck, der der Gravitation entgegenwirkt. Wie beim Drehimpuls kann ein Abbau der Magnetfelder im Zentrum der Wolke beziehungsweise eine Verlagerung in die Außenbereiche den nach außen gerichteten Druck reduzieren. Die Modelle, wie das funktioniert, sind noch umstritten. Letztlich zeigt uns aber die Natur, dass es möglich ist.

Wie geht es nun weiter? Dominiert schließlich die nach innen gerichtete Gravitation die nach außen wirkende Zentrifugalkraft sowie den thermischen und den magnetischen Druck, dann steht dem Wolkenkollaps nichts mehr im Wege. Der Zentralbereich der Wolke schrumpft und wird immer heißer. Nach grob gerechnet einigen hunderttausend Jahren hat sich dort das Gas zu einem sogenannten Protostern, dem Vorläufer unserer Sonne, verdichtet. Aus der umgebenden Scheibe fällt weiteres Gas auf den Protostern und lässt dessen Masse anwachsen (Abb. 16). Unter dem Einfluss der mit dem Massenzuwachs größer werdenden Gravitationskraft verdichtet sich auch der Kern des Sterns immer mehr. Schließlich wird der Protostern durch den Aufprall der Gasmassen und die zunehmende Verdichtung so weit aufgeheizt, dass er zu leuchten beginnt. In diesem Stadium bezieht der Protostern seine Leuchtkraft ausschließlich aus der Umwandlung von Gravitationsenergie in Strahlung. Ein Protostern, dessen Masse der unserer Sonne entspricht, erreicht eine Leuchtkraft, die sechs- bis sechzigmal so hoch sein kann wie die der Sonne. Da jedoch das abgestrahlte Licht nahezu

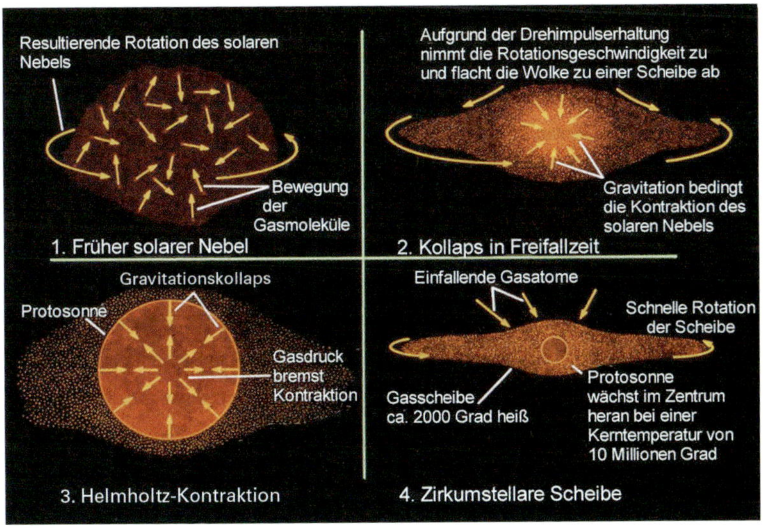

Abb. 16: Stationen der Entstehung der Sonne aus einer protosolaren Gas- und Staubwolke.

vollständig von dem immer noch relativ dichten, den Protostern einhüllenden Wolkengas absorbiert wird, ist er noch nicht zu sehen. Lediglich die durch die Strahlung aufgeheizte Gashülle leuchtet intensiv im infraroten Bereich des elektromagnetischen Spektrums und verrät den Sternvorläufer. Erst nachdem das umgebende Gas nach rund einer Million Jahren größtenteils auf den jungen Stern »abgeregnet« ist, kann dessen Licht die ausgedünnte Hülle durchdringen.

Blicken wir kurz zurück. Ist die Wolke wirklich ohne äußere Hilfe kollabiert? Untersuchungen an Meteoriten haben da Erstaunliches zutage gefördert. Meteoriten sind auf die Erde gefallene Überbleibsel von Asteroiden, die beim Eintritt in die Erdatmosphäre nicht völlig verdampft sind. Andererseits sind Asteroiden der »kleinteilige« Schutt, der gleichzeitig mit unserem Sonnensystem entstand. Folglich spiegeln Meteoriten die materielle Zusammensetzung der einstigen Wolke wider. Interessant sind vor allem die sogenannten Chondrite, die Überbleibsel primitiver Asteroiden. Man geht davon aus, dass sich ihre ursprüngliche Zusammensetzung unverändert erhalten hat und sie sich darin praktisch nicht von derjenigen der Sonne unterscheiden. In den Chondriten hat man nun, eingeschlossen in kleine Blasen, einen Überschuss an Zerfallsprodukten einiger radioaktiver Isotope, insbesondere von Aluminium-26 und Eisen-60, gefunden. Diese Isotope entstehen ausschließlich im alles vernichtenden Inferno einer Supernovaexplosion und werden mit der Explosionswolke weit in das interstellare Gas hinausgeschleudert. Dass man nun die Zerfallsprodukte dieser Isotope in Meteoriten entdeckt hat, kann man nur mit der Explosion einer Supernova in unmittelbarer Nähe der im Entstehen begriffenen Sonne erklären. Einige Forscher sind der Meinung, dass die Explosion einen bereits gut ausgebildeten dichten Sternkern und die ihn umgebende Gasscheibe getroffen hat. Andere vermuten, dass die Schockwelle der Explosion den Kollaps der Gaswolke erst ausgelöst hat. Je nachdem kommen die Wissenschaftler zu unterschiedlichen Ergebnissen hinsichtlich Entfernung und Masse des Vorläufersterns der Supernova. Im ersten Fall soll es sich um einen 25-Sonnenmassen-Stern in einer Entfernung von nur 0,7 bis einem Lichtjahr gehandelt haben, im zweiten gehen die Forscher von einem Sternvorläufer im Bereich von 20 bis 40 Sonnenmassen aus, der rund 16 Lichtjahre entfernt zur Supernova heranreifte. Wie auch immer: Es muss eine nahe Supernovaexplosion gewesen sein, die unserer Sonne auf die Beine geholfen und das Scheibengas mit schweren Elementen angereichert hat.

Und noch etwas ist interessant: Vermutlich ist unsere Sonne gemeinsam mit vielen anderen Sternen in einem großen Sternverband entstanden. Dieser Schluss drängt sich auf, wenn man berücksichtigt, dass derart massereiche Sterne wie der Supernovavorläufer sehr selten sind. Erst wenn ein ausgedehntes Gebiet interstellaren Gases viele Sterne hervorbringt, ist die Wahrscheinlichkeit groß, dass einer davon entsprechend massereich ausfällt. Und da massereiche Sterne nur ein kurzes Leben führen, explodiert dieser eine bereits in einer Supernova, wenn alle anderen noch in den Kinderschuhen stecken. Heute zieht unsere Sonne recht einsam ihre Bahn um das Zentrum der Milchstraße. Ihre ehemals zahlreichen Brüder und Schwestern haben sich mittlerweile in den Weiten der Galaxis verloren.

Noch ein paar Worte zur Leuchtkraft. Wir haben erfahren, dass der Protostern sein Licht aus Gravitationsenergie, auch potentielle Energie genannt, gewinnt. Doch was hat man unter diesem Begriff zu verstehen? Potentielle Energie ist gleich der Arbeit, die zu leisten wäre, wollte man den Stern gegen seine Gravitationskraft aufblähen, also den gegenseitigen Abstand seiner Atome vergrößern. Andererseits wird diese Energie frei, wenn der Stern, wie unser Protostern in der Phase zunehmender Verdichtung, schrumpft. Erstaunlicherweise wird dabei nur die Hälfte der gewonnenen Energie in Strahlung umgewandelt, die andere Hälfte verbleibt als thermische Energie im Stern und heizt ihn auf. Das bedeutet: Obwohl der Stern beim Schrumpfen Energie in Form von Strahlung verliert, wird er immer heißer! Eine paradoxe Situation.

Doch die Strahlung kann den Stern aufgrund seiner relativ hohen Dichte nicht problemlos durchdringen. Irgendwie muss aber die frei werdende Energie abgeführt werden, da der Stern sonst ja explodieren würde. Ist das durch Strahlung nicht oder nur eingeschränkt möglich, wählt die Natur einen Weg, der uns aus der Küche bestens bekannt ist. Wenn man Wasser in einem Kochtopf zum Sieden bringt, wird die Wärme vom Boden nach oben transportiert, indem heiße Wasserblasen aufsteigen, an der Oberfläche abkühlen und wieder nach unten sinken. Es brodelt also richtig in unserem Topf. Man bezeichnet diesen Vorgang als Konvektion. Auf diese Weise wird der ganze Topfinhalt kräftig durchgemischt. Irgendwann ist jedoch der Energietransport allein durch Konvektion nicht mehr ausreichend effektiv. Folglich bildet sich zusätzlich zur Konvektionszone eine sogenannte radiative Zone aus, in der die Energie mittels Strahlung in Form von Photonen transportiert wird. Bei Sternen im Massenbereich um eine Sonnenmasse liegt diese Zone unterhalb der Konvektionszone.

Ein Stern wird geboren

Bevor wir unsere Protosonne auf ihrem Weg zu einem »vollwertigen« Stern begleiten, wollen wir uns noch über ihren Aufbau Klarheit verschaffen. Aus was besteht sie denn? Nun, wir haben erfahren, dass sie aus einer Gaswolke hervorgegangen ist, die unter ihrer eigenen Schwerkraft kollabiert ist. Die Gaswolke wiederum setzte sich zusammen aus Wasserstoffatomen, deren Kerne bereits in einem Bruchteil der ersten Sekunde nach dem

Urknall entstanden sind, und aus Helium, das sich etwa drei Minuten später bei der sogenannten primordialen Nukleosynthese gebildet hat. Daneben entstanden noch eine verschwindende Menge Deuterium und nochmals deutlich weniger Lithium. Folglich gab es damals im Universum praktisch nur Wasserstoff und Helium im Massenverhältnis drei zu eins. Die gleiche Komposition haben auch die Wolken des interstellaren Mediums. Die Protosonne, als Kind dieser Wolke, besteht nach Masse somit vornehmlich zu 75 Prozent aus Wasserstoff und zu 25 Prozent aus Helium.

Mit dieser Information können wir die weitere Entwicklung verfolgen. Der Protostern wird also immer kompakter und heißer, der Druck im Stern nimmt weiter zu. Schließlich ist die Materie so weit verdichtet, dass die Kerntemperatur etwa 15 Millionen Grad erreicht. Bei dieser Temperatur und dem immensen Druck starten zwischen den Kernen der Wasserstoffatome, den Protonen, die Fusionsprozesse, denen der Stern seine enorme Leuchtkraft verdankt. Im Detail durchtunnelt zunächst ein Proton die Barriere der abstoßenden Ladung eines anderen Protons und vereinigt sich mit ihm zu Deuterium, einem Isotop des Elements Wasserstoff. Aus der Verbindung mit einem weiteren Proton entsteht sodann Helium-3, ein Isotop des Elements Helium, und schließlich verschmelzen zwei Helium-3-Kerne zu Helium-4, wobei zwei Protonen frei werden. Als Ergebnis der Reaktionskette haben sich vier Protonen zu einem Heliumkern zusammengefunden. Diesen Vorgang bezeichnen Astrophysiker als Wasserstoffbrennen (Abb. 17). Welche Menge an Protonen dabei pro Sekunde in unserer Sonne zu Helium »verbrannt« wird, darauf kommen wir noch zu sprechen.

Mit dem Einsetzen des Wasserstoffbrennens ist aus dem Protostern endlich ein vollwertiger Stern geworden, der je nach Größe seiner Anfangsmasse eine Million bis zu 100 Milliarden Jahre von seinem Wasserstoffvorrat zehren kann. Der Strahlungsdruck, den dieser Vorgang im Sterninneren bewirkt, stabilisiert von jetzt an den Stern gegen die Gravitation und verhindert einen weiteren Kollaps. Was unsere Sonne betrifft, so sind von ihrer Geburt bis zum Einsetzen der Fusionsprozesse etwa 40 Millionen Jahre vergangen. Wie wir noch sehen werden, ist das eine relativ kurze Zeit im Vergleich zu der Spanne, in der die Sonne nun gleichmäßig ihren enormen Vorrat an Wasserstoff aufzehren wird.

Schauen wir uns das Wasserstoffbrennen, aus dem die Sonne die Energie für das tagein, tagaus verschwenderisch abgestrahlte Licht und den Strom schneller, elektrisch geladener Teilchen gewinnt, noch etwas genauer an. Wie gesagt: Aus vier Protonen entsteht ein Heliumkern. Vier Protonen haben eine Masse von 4,0313 Atomgewichtseinheiten, der Heliumkern hat eine Masse von 4,0026 Atomgewichtseinheiten. Man sieht sofort: Da fehlt doch was! Der Heliumkern ist um 0,71 Prozent leichter als die vier Protonen. Was ist da passiert? Bei der Vereinigung der vier Protonen wird Bindungsenergie frei. Diese Energie ist gleichbedeutend mit der Energie, die man aufwenden müsste, um den Heliumkern wieder in seine Bestandteile zu zerlegen. Nach Einsteins berühmter Formel ist Energie gleich Masse multipliziert mit dem Quadrat der Lichtgeschwindigkeit. Rechnet man damit den Massenverlust von 0,71 Prozent in Energie um, so ergibt sich ein Wert von 26,731 MeV (ein MeV ist die Energie, die ein Elektron gewinnt, das durch eine Spannung von einer Million Volt beschleunigt wird) oder rund 4,3 Billionstel Joule. Zur Veranschaulichung dieser Größe sei angemerkt, dass eine Energie von 4,185 Joule erforderlich ist, um ein Gramm Wasser um ein Grad Celsius zu erwärmen. Absolut gesehen sind diese 4,3 Billionstel Joule also nicht gerade viel, die da bei einem – wohlgemerkt bei einem einzigen – Fusionsvorgang frei werden, aber es ist rund zehnmal so viel, wie sich aus allen anderen möglichen Fusionsprozessen gewinnen lässt.

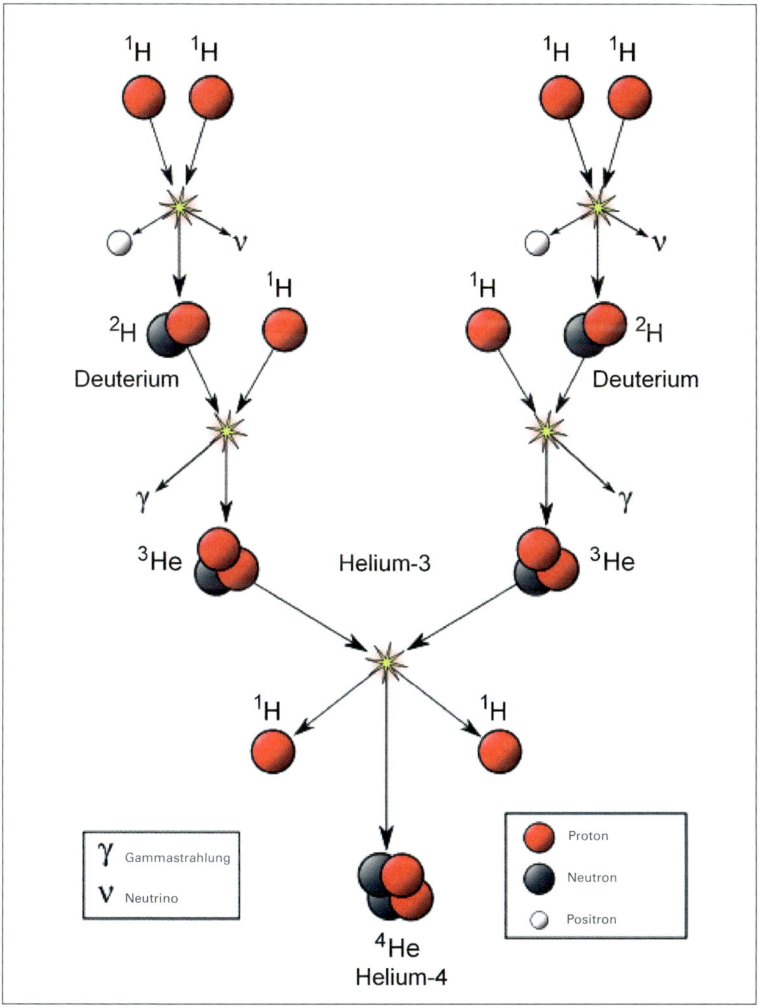

Abb. 17: Die Sonne gewinnt ihre Energie durch die Fusion von Wasserstoff zu Helium. In einem ersten Schritt verschmelzen dabei zwei Protonen (Wasserstoffkerne) zu Deuterium und mit einem weiteren Proton zu Helium-3. Schließlich vereinigen sich zwei Helium-3-Kerne zu Helium-4. Die bei den Reaktionen entstehenden Gammaquanten verlieren bei ihrer Wanderung durch den Sonnenkörper zunehmend an Energie und verlassen die Sonne in Form von sichtbarem Licht und Wärmestrahlung.

Diese Energie muss nun aber irgendwo verblieben sein. Frage: Wer hat sie? Einen gewissen Prozentsatz tragen Neutrinos davon, nahezu lichtschnelle Teilchen geringer Masse, die bei dem Fusionsprozess entstehen und den Stern ungehindert verlassen. Der Rest entfällt auf hochenergetische Photonen, sogenannte Gammaquanten. Im Gegensatz zu den Neutrinos können sich die Gammaquanten aber nicht einfach auf Nimmerwiedersehen aus dem Stern verabschieden, dazu ist die Sternmaterie zu dicht. Unsere Sonne strahlt ja auch keine Gammaquanten ab, sondern hauptsächlich sichtbares Licht sowie infrarotes in Form von Wärme. Gelangten die Gammaquanten ungehindert an die Oberfläche des Sterns, so wäre das für uns und das Leben insgesamt ziemlich unangenehm. Gammaquanten sind so energiereich, dass sie binnen Kurzem alles Leben zerstören.

Wenn nun aber das Gammaquant nicht an der Oberfläche der Sonne erscheint, dann muss auf seinem Weg dorthin wohl irgendeine Verwandlung mit ihm vor sich gegangen sein. In der Tat werden diese Quanten fortwährend an den Elektronen der Sternmaterie gestreut, von Ionen absorbiert und wieder reemittiert. Bei jedem dieser Vorgänge gibt das Quant ein wenig Energie an den jeweiligen Reaktionspartner ab, sodass das Photon, das aus solch einem Prozess hervorgeht, energieärmer ist, also eine größere Wellenlänge besitzt als das ursprüngliche Photon. Taucht das Photon schließlich an der Oberfläche des Sterns auf, so hat es so viel Energie verloren, dass aus dem ehemaligen Gammaquant ein energiearmes Photon aus dem Bereich des sichtbaren beziehungsweise des infraroten Lichts geworden ist.

Aber der Weg aus dem Inneren des Sterns ist weit und beschwerlich. Streuung und Reemission sind nicht gerichtet. Das heißt, das Photon wird fortwährend zwischen Elektronen und Ionen hin und her geschubst, einmal in Richtung Oberfläche, dann wieder zur Seite oder gar zurück zum Zentrum. Auf diese Weise folgt das Photon einem langen Zickzackweg, bis es endlich den Stern verlassen kann. Man bezeichnet diese Bewegung auch als *random walk*. Klar, dass das nicht so schnell geht, wie wenn das Photon auf gerader Linie aus dem Sterninneren entweichen könnte. Bei der Sonne dauert es rund zwei Millionen Jahre! Mit anderen Worten: Das Licht, das die Sonne heute abstrahlt, ist bereits vor etwa zwei Millionen Jahren bei der Kernfusion im Zentrum des Sterns entstanden.

Kommen wir noch einmal zurück auf die beim Wasserstoffbrennen gewonnene Energie. Wir wissen: Wenn vier Protonen zu einem Heliumkern verschmelzen, wird eine Energie von 4,3 Billionstel Joule freigesetzt. Die Leuchtkraft der Sonne beträgt rund 385 Billionen Billionen Watt, das heißt, pro Sekunde strahlt die Sonne 385 Billionen Billionen Joule ab. Um diese gewaltige Energiemenge zu erzeugen, muss die Sonne in jeder Sekunde rund 600 Millionen Tonnen Wasserstoff zu 595 Millionen Tonnen Helium fusionieren! Die Massendifferenz von fünf Millionen Tonnen – genau gerechnet sind es nur 4,278 Millionen Tonnen – verliert die Sonne pro Sekunde in Form von Strahlung. Da stellt sich sogleich die Frage: Wie lange kann die Sonne das durchhalten? Nun, die Gesamtmasse der Sonne beträgt rund 2000 Billionen Billionen Tonnen. Davon sind rund 1500 Billionen Billionen Tonnen Wasserstoff. Wenn also pro Sekunde 600 Millionen Tonnen davon für die Erzeugung von Helium verbraucht werden, dann würde es rund 80 Milliarden Jahre dauern, bis aller Wasserstoff verbrannt ist. Allerdings wird die Sonne das Wasserstoffbrennen schon deutlich früher beenden, denn das für die Kernverschmelzung ausreichend heiße Zentrum der Sonne umfasst nur etwa zehn Prozent des gesamten Wasserstoffvorrats. Damit reduziert sich die Zeit, in der die Sonne im Stadium des Wasserstoffbrennens verharren kann, auf rund acht Milliarden Jahre.

Ein Blick zurück

Im Nachhinein betrachtet fügt sich alles wunderbar zusammen. Wie die Sonne ihre Energie gewinnt, ist heute gut verstanden. Doch das war nicht immer so. Noch Mitte des 19. Jahrhunderts hatte man keine Ahnung von den Vorgängen in einem Stern. Einer der ersten Vorschläge zur Energie der Sonne stammte von Robert Mayer. 1846 spekulierte er darüber, ob die Sonne vielleicht von außen mit Energie versorgt wird. Wenn pro Jahr, so seine Überlegung, zwei Billionen Tonnen Meteoriten auf die Sonne donnern, dann könnte man mit der umgesetzten Bewegungsenergie der auftreffenden Körper die Sonnenwärme erklären. Heute würde man dieser Theorie entgegenhalten: Wo um Himmels willen sollen all diese Meteoriten herkommen? Außerdem müsste die Sonne aufgrund dieses Dauerbombardements an Masse stetig zunehmen. Das wiederum hätte Auswirkungen auf ihre Gravitationskraft, die ja nicht zuletzt auch die Bahnradien der Planeten bestimmt. Die aber haben sich nachweislich seit einigen hundert Jahren nicht verändert.

Da damals auch die Zusammensetzung der Sonne noch nicht bekannt war, konnte der Physiker Hermann von Helmholtz 1854 sogar über einen Energiegewinn aus der Verbrennung von Wasserstoff und Sauerstoff zu Wasser spekulieren. Nach seinen Berechnungen sollte die Sonne damit ihren Bedarf an Energie für rund 3000 Jahre decken können. Kurz darauf kamen Sir William Thomson und Helmholtz diesen 3000 Jahren mit der Idee, die Sonne könnte doch ihre Gravitationsenergie für die Strahlung verwenden, schon ziemlich nahe. Wie bereits erwähnt wird Gravitationsenegie frei, wenn sich ein Stern unter seiner eigenen Gravitation zusammenzieht und dichter wird. Das kann so lange gehen, bis der Stern dermaßen kompakt geworden ist, dass eine weitere Kontraktion nicht mehr möglich ist. Auf diese

Weise könnte die Sonne ihre heutige Leuchtkraft über rund 20 Millionen Jahre aus dieser Energiequelle speisen. Da Sir William Thomson später noch einmal geadelt wurde – er durfte sich dann Lord Kelvin nennen –, spricht man heute von der Kelvin-Helmholtz-Zeitskala und meint damit die Zeitspanne, in der ein Stern Gravitationsenergie durch Kontraktion gewinnen kann.

Inzwischen hatten jedoch Geologen das Alter der Erde genauer bestimmt. Sie fragten sich: Wie lange dauert es wohl, bis ein Fluss ein Tal gegraben hat? Wie viel Zeit ist erforderlich, bis die Sedimentschichten des Meeresbodens ihre heutige Dicke erreicht haben? Bei diesen Überlegungen kam man auf Zeitspannen von einigen hundert Millionen Jahren. 1858 erschien dann Darwins umwälzendes Werk *Über den Ursprung der Arten durch natürliche Zuchtwahl*. Aus seinen Erkenntnissen schloss auch Darwin auf Lebensentwicklungszeiten von Hunderten von Millionen Jahren. Schließlich führte die Entdeckung der natürlichen Radioaktivität zu Verfahren, die eine relativ genaue Datierung der Gesteine ermöglichten. Das Alter von Gesteinen, die bereits Fossilien enthielten, wurde auf ein bis drei Milliarden Jahre bestimmt! Die Sonne musste also mindestens während dieser Zeit schon geschienen haben. Damit war auch die Kelvin-Helmholtz-Zeit um Größenordnungen zu kurz.

1926 schließlich hatte der Astrophysiker Sir Arthur Eddington die zündende Idee: Er behauptete, dass nur die Umwandlung von Masse in Energie, gemäß Einsteins berühmter Formel $E = mc^2$, als Energiequelle infrage kommen könne, und er nahm an, dass Wasserstoff in Helium umgewandelt wird. Die Prozesse, die dieser Umwandlung zugrunde lagen, konnte er allerdings nicht beschreiben, da zu dieser Zeit die Kernphysik noch in den Kinderschuhen steckte.

Die Sonne im Detail

Die Sonne beleuchtet die Erde aus einer Entfernung von 149,6 Millionen Kilometern, und im Vergleich zu unserem Planeten ist sie wahrlich riesig. Ihr Durchmesser beträgt rund 1,4 Millionen Kilometer, und aus ihrer Masse ließen sich 328 000 Planeten von der Masse der Erde formen. Wie schon erwähnt hat sie eine Leuchtkraft von rund 385 Billionen Billionen Watt. Auf der Erde, oberhalb der Atmosphäre, entfallen davon auf einen Quadratmeter 1370 Watt. Damit könnte man knapp 14 Glühlampen zu je 100 Watt brennen lassen. Würde man diese Energie über einen Tag hinweg speichern, so ist das so viel, wie in drei Litern Heizöl steckt.

Was die Zusammensetzung der Sonne anbelangt, so ist sie ein heißer Plasmaball, bestehend aus rund 73 Prozent Wasserstoff, 25 Prozent Helium und etwa zwei Prozent schwereren Elementen. Der Begriff »Plasma« steht für ein heißes, ionisiertes Gas, bei dem die Elektronen nicht mehr an die Atomkerne gebunden sind, sondern sich frei bewegen können. Wie wir noch sehen werden, kann es in einem Plasma, insbesondere in Gegenwart von Magnetfeldern, zu spektakulären Erscheinungen kommen. Die Oberflächentemperatur der Sonne beträgt 5777 Kelvin (0 Kelvin entspricht minus 273,16 Grad Celsius, der tiefsten physikalisch sinnvollen Temperatur), sodass das Maximum der abgestrahlten Energie im Bereich des sichtbaren Spektrums liegt.

Ihr innerer Aufbau ist jedoch nicht homogen. Grob unterscheidet man drei Zonen: Da ist zunächst die sogenannte Kernzone, in der die schon geschilderte Verschmelzung von Wasserstoff zu Helium stattfindet. In diesem Fusionsreaktor herrschen eine Temperatur von etwa 15 Millionen Grad und ein Druck, der dem 200-Milliardenfachen des Atmosphärendrucks auf der Erdoberfläche entspricht. Dieser innere Bereich hat einen

Durchmesser von etwa 280 000 Kilometern. Die Energie, die hier freigesetzt wird, muss nach außen befördert werden. In der den Kern umhüllenden 350 000 Kilometer dicken Strahlungstransportzone geschieht dies durch Strahlung. Hauptsächlich übernehmen hier Photonen den Energietransport. Je näher man nun der Sonnenoberfläche kommt, desto ineffektiver wird jedoch dieses Verfahren. Infolgedessen schaltet die Sonne um auf die schon bekannte Konvektion zur Weiterleitung der Energie. In der über der Strahlungstransportzone liegenden rund 210 000 Kilometer mächtigen Konvektionszone brodelt es daher wie in einem Kochtopf. Blasen erhitzter Materie steigen nach oben, kühlen dort ab und sinken wieder zurück in die Tiefe (Abb. 18).

Vom Zentrum zum Rand der Sonne fallen Temperatur und Druck kontinuierlich ab. Jetzt wird auch verständlich, warum der Sonne nicht ihr gesamter Wasserstoffvorrat, sondern lediglich etwa zehn Prozent davon für die Kernfusion zur Verfügung stehen. Nur in der Fusionszone im Zentrum der Sonne sind Druck und Temperatur so hoch, dass das Wasserstoffbrennen zünden kann. Weiter draußen ist es einfach zu kalt. Wenn aber in diesem inneren Bereich der gesamte Wasserstoff aufgebraucht ist, kann aus der Strahlungstransportzone kein neuer Wasserstoff zugeführt werden, weil sich Kernfusions- und Strahlungstransportzone nicht durchmischen. Das könnte ausschließlich mittels Konvektion erfolgen, die aber findet nur im Außenbereich der Sonne statt. Sind also die zehn Prozent Wasserstoff aufgebraucht, ist das Spiel der Kerne zunächst beendet. Was dann passiert, werden wir noch besprechen.

Der Konvektionszone schließt sich die sogenannte Photosphäre an. Diese Schicht ist nur etwa 100 Kilometer dick und markiert den Rand der Sonne. Von der Photosphäre werden etwa 99 Prozent der gesamten Sonnenenergie abgestrahlt. Sie ist es, die die Sonne so hell leuchten lässt, als wären dort rund eine Million 100-Watt-Birnen pro Quadratmeter entflammt. Das

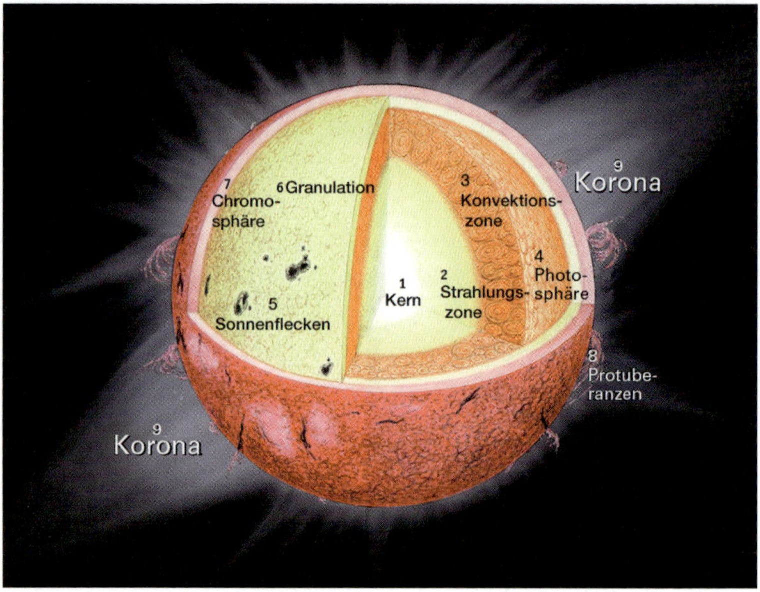

Abb. 18: Innerer Aufbau der Sonne mit nach außen schießenden Protuberanzen und der rund eine Million Grad heißen Korona.

Brodeln in der Konvektionszone dringt sogar bis an die Oberfläche der Photosphäre durch. Mit guten Fernrohren lassen sich die einzelnen, dicht an dicht liegenden aufsteigenden Zellen direkt beobachten – eine Struktur, die man auch als Granulation bezeichnet. Die Ränder der einzelnen Granulen sind deutlich dunkler. Hier hat sich die Materie bereits so weit abgekühlt, dass sie wieder in die Tiefe abzusinken beginnt.

Oberhalb der Photosphäre erstreckt sich die Chromosphäre, die schließlich in die äußerste atmosphärische Schicht der Sonne, die Korona, übergeht, die bis zu mehreren Sonnenradien in den Weltraum hinausreicht. Chromosphäre und Korona sind normalerweise nicht sichtbar, da sie von der Leuchtkraft der Photosphäre völlig überstrahlt werden. Bei einer totalen Sonnenfinsternis ist das jedoch anders. Für kurze Zeit leuchtet jetzt die

Chromosphäre als roter Ring auf, und die Korona erscheint als bläulich-weißer Strahlenkranz um die abgedeckte Sonnenscheibe. Die Dichte des Koronaplasmas ist außerordentlich gering, eine Million Kubikmeter Gas wiegen nur etwa zehn Gramm. Und was die Temperatur anbelangt, so werden dort Werte von mehreren Millionen Grad gemessen. Nun sagt uns aber die Physik, dass bei derart hohen Temperaturen ein Körper im Röntgenbereich strahlt, in einem Wellenlängenbereich, den wir mit unseren Augen nicht wahrnehmen können. Und dennoch geraten bei einer Sonnenfinsternis die Beobachter insbesondere über den faszinierenden Anblick der Korona in Verzückung. Wieso sieht man sie trotzdem? Schuld daran sind hauptsächlich die Elektronen. An ihnen wird das von der Photosphäre ausgehende Licht in alle Richtungen gestreut und gelangt so in unser Auge. Die Korona borgt sich also gewissermaßen sichtbares Licht von der Photosphäre, um sich selbst darstellen zu können.

Apropos Temperatur: Da tun sich in der Chromosphäre und der Korona merkwürdige Dinge. Während die Temperatur vom Kern der Sonne bis zur Photosphäre auf 5500 Grad Celsius stetig sinkt, steigt sie in der Chromosphäre wieder an. Das ist so ähnlich, als würde es über einer mäßig warmen Herdplatte immer heißer, je weiter man sich von ihr entfernt. Die Temperatur erhöht sich auf 10 000 bis 20 000 Grad in einer Höhe von etwa 12 000 Kilometern über der Photosphäre. Aber damit noch nicht genug! In der Korona schnellt sie sogar auf mehrere Millionen Grad hoch. Dieser enorme Temperaturanstieg ist eine Folge des starken Magnetfeldes der Sonne. Schauen wir uns einmal an, was es damit auf sich hat.

Normalerweise verhält sich das Magnetfeld wie ein Dipol: Die Feldlinien verlaufen wie bei einem Stabmagneten in Schleifen vom Nord- zum Südpol der Sonne. Da jedoch die Sonne kein starrer Körper ist, sondern ein Gasball, der sich außerdem noch dreht, und zwar am Äquator etwas schneller als an den Polen, werden die Feldlinien verzerrt. Am Äquator eilen sie der Position an den Polen voraus und werden so mehr und mehr aufgewickelt und verdrillt. Hinzu kommt noch die schon bekannte Konvektion, welche die an die Materie gebundenen Magnetfeldlinien an die Oberfläche treibt, sodass sie an manchen Stellen die Schicht der Photosphäre durchstoßen. Dort bilden sich die bereits von Galilei entdeckten Sonnenflecken. Normalerweise erscheinen sie paarweise. Der eine Partner bildet den magnetischen Nordpol. Hier tritt das Magnetfeld nahezu senkrecht aus der Sonne aus, spannt sich in einer bogenförmigen Schleife zum anderen Partner, dem magnetischen Südpol, und läuft dort wieder nahezu senkrecht in die Sonne hinein. Das Magnetfeld kann dort bis zu 1000-mal stärker sein als das irdische. Da das Magnetfeld die Konvektion behindert, die Wärme also an diesen Stellen deutlich schlechter aus dem Sonneninneren abtransportiert werden kann, sind diese Flecken kälter und erscheinen daher gegenüber ihrer Umgebung nahezu schwarz. Trotzdem sind sie immer noch 3500 bis 4500 Grad heiß. Könnte man die Flecken isoliert von ihrer Umgebung betrachten, so erschienen sie aber immer noch rund zehnmal heller als der Vollmond. Sonnenflecken sind also, was die Turbulenzen in der Photosphäre anbelangt, die Orte größerer Ruhe. An der Bewegung der Sonnenflecken konnte man übrigens erstmals erkennen, dass die Sonne rotiert: Sie drehen sich nämlich mit der Sonne mit.

Die Anzahl der Sonnenflecken ändert sich zyklisch. Beginnend mit einem Sonnenfleckenminimum, einem fleckenlosen Zustand der Sonnenoberfläche, wächst ihre Zahl im Laufe von durchschnittlich fünfeinhalb Jahren kontinuierlich auf einen Maximalwert, um dann im darauffolgenden gleich langen Zeitraum praktisch wieder auf null zurückzugehen. Ein Fleckenzyklus dauert also rund elf Jahre. Zwischen den Flecken zweier aufeinanderfolgender Maxima besteht jedoch ein Unterschied. Bildet beim ersten Maximum der in Rotationsrichtung der Sonne gesehen vordere Fleck eines Paares den Nordpol des Magnetfeldes, so ist beim sich anschließenden Maximum ein solcher Fleck mit dem magnetischen Südpol verknüpft. Das Magnetfeld der Sonne muss sich also zwischenzeitlich umgepolt haben. Erst nach weiteren elf Jahren ist wieder der Zustand der ursprünglichen Polarität erreicht.

Übrigens bringen nicht alle Stellen auf der Sonnenkugel Flecken hervor. Generell beobachtet man zwei Fleckenzonen beiderseits des Sonnenäquators, die sich im Laufe einer Fleckenperiode in gesetzmäßiger Weise verschieben. Zu Beginn des Fleckenzyklus tauchen die Fleckenpaare in kleineren Gruppen etwa 30 bis 35 Grad nördlich und südlich des Sonnenäquators auf und verschieben sich während der folgenden Jahre immer näher in Richtung Äquator. Zur Zeit des Fleckenmaximums liegen sie etwa in Breiten von 17 bis 18 Grad. Anschließend nähern sie sich noch weiter dem Äquator an, um dann zur Zeit des darauffolgenden Minimums bei einer Breite von etwa fünf Grad zu verschwinden. Einmal entstandene Sonnenflecken überdauern jedoch keinen ganzen Fleckenzyklus. Ihre Lebenserwartung ist begrenzt und schwankt zwischen Stunden und mehreren Monaten. Es sind also immer neue Flecken, die man auf ihrer Wanderung aus den Regionen höherer Breiten hin zum Sonnenäquator beobachten kann.

Auch die Anzahl der Sonnenflecken während eines Maximums ist nicht immer gleich. Einmal sind es mehr, ein andermal weniger. Es gab sogar Zeiten, in denen die Sonne fast gar keine Flecken hervorbrachte. Das sogenannte Maunder-Minimum von 1645 bis 1715 war so eine Periode sehr geringer Sonnenaktivität. Das kann sich auch auf das Klima und das Wetter unseres Planeten auswirken. So haben astronomische und klimatische Aufzeichnungen ergeben, dass das Maunder-Minimum mit einer Zeit deutlich kälterer Witterung zusammenfiel, die auch »Kleine Eiszeit« genannt wurde. Untersuchungen an Baumringen haben ergeben, dass die Erde während der letzten 1000 Jahre drei Minima (1280–1350, 1450–1550 und Maunder) durchlebt hat und solche vermutlich auch in Zukunft erleben wird. Leider lässt sich ein solares Fleckenminimum nicht vorhersagen. Während der langen Zeitspanne von 1500 bis 1850 waren die mittleren Temperaturen in Nordeuropa viel niedriger als heute, wobei der kälteste Abschnitt mit dem Maunder-Minimum zusammenfiel. Zu Zeiten der größten Kälte breiteten sich die Gletscher aus, es kam zu Missernten und Hungersnöten. Die Kanäle von Venedig froren zu, und die Londoner fuhren mit Kutschen über die vereiste Themse. Andererseits war es zwischen 1100 und 1250 so warm, dass Grönland von den Wikingern besiedelt werden konnte.

Doch wenden wir uns wieder der Sonne zu. In der Nachbarschaft der Flecken geht es in der Regel ziemlich unruhig zu. Hier bilden sich die sogenannten Sonnenfackeln, die *Flares*, und die zum Teil gigantischen Protuberanzen. Sonnenfackeln entstehen in unmittelbarer Umgebung der Sonnenflecken. Dabei handelt es sich um mehrere, gegenüber dem Umfeld um etwa 2000 Grad heißere Granulen. Ihre Ausdehnung ist auf wenige tausend Kilometer beschränkt. Beobachten kann man sie am besten am Rand der Sonnenscheibe. Häufig vereinen sich solche Gebiete spontan zu Mikroflares, die für die Dauer einer Sekunde kurz aufblitzen. Gelegentlich aber verschmelzen ganze Fleckengruppen zu einer Fläche, die sich über mehrere Tausendstel der Sonnenscheibe erstrecken kann. Dann flammt urplötzlich eine gewaltige Eruption großer Helligkeit auf, ein Flare, der bis in die oberen Schichten der Sonne reichen kann. In wenigen Minuten breitet sich die Explosion entlang konzentrierter Magnetfelder aus und setzt dabei enorme Mengen gespeicherter magnetischer Energie frei, die die Temperatur auf Gebieten von einer Größe wie der Erde auf Millionen Grad hochtreibt. Derartige Ausbrüche sind stets begleitet von einer intensiven Strahlung im gesamten Bereich des elektromagnetischen Spektrums, also von harter Röntgenstrahlung bis hin zu langen Radiowellen.

Protuberanzen schließlich können sowohl klein als auch sehr groß ausfallen. Am Sonnenrand sind sie bei einer Sonnenfinsternis gut als lang gestreckte, wolkenartige Gebilde zu erkennen. Man unterscheidet sogenannte stationäre und aufsteigende beziehungsweise eruptive Protuberanzen. Stationäre Protuberanzen halten sich oft monatelang, ohne ihre Gestalt wesentlich zu verändern. Dabei handelt es sich um relativ kühle Plasmafilamente, die auf einem Magnetfeldteppich in der Koronaatmosphäre der Sonne schweben. Derartige stationäre Plasmawolken können sich über Bereiche von 200 000 Kilometern ausdehnen und in Höhen von bis zu 100 000 Kilometern hinaufreichen. Gelegentlich werden die Protuberanzen jedoch ohne äußere Vorzeichen schlagartig auf Geschwindigkeiten von bis zu 600 Kilometern in der Sekunde beschleunigt. Solche eruptiven Protuberanzen steigen dann bis in Höhen von ein bis zwei Millionen Kilometern auf und fallen, den Magnetfeldlinien der Sonne folgend, in gewaltigen Bögen wieder auf diese zurück. Manchmal sind die beschleunigten Gasmassen so schnell, dass sie sogar das Schwerefeld der Sonne nicht mehr halten kann und sie in den interplanetarischen Raum hinausschießen (siehe Abb. 15, links unten).

Ursache für all diese Erscheinungen sind die im Bereich der Sonnenflecken verwirbelten und komprimierten Magnetfelder.

Dort erreicht die magnetische Feldstärke sehr hohe Werte. Kommen sich Gebiete entgegengesetzter Feldrichtung zu nahe, so kann es zu einem magnetischen Kurzschluss kommen, wobei gewaltige elektrische Ströme fließen. Diese wiederum heizen das elektrisch leitende Plasma wie die Wendel einer Glühlampe auf. Folglich dehnt sich das Plasma schlagartig aus. Die Magnetfelder verhindern aber, dass es in alle Richtungen davonschießt, da sich geladene Teilchen nur parallel zu den Feldlinien ungehindert bewegen können. Somit bleiben die Plasmaströme in den magnetischen Röhren gefangen, die sich bogenförmig um die ganze Sonne spannen.

Nach diesem langen Exkurs in die »magnetische Welt« der Sonne können wir endlich auch die Frage beantworten, warum es in der Chromosphäre und noch viel mehr in der Korona der Sonne immer heißer wird. Wir haben es ja gerade gesehen: Die elektrischen Ströme, die beim Zerfall der Magnetfelder entstehen, heizen gemeinsam mit der von Mikroflares freigesetzten Wärme die ionisierten Gase auf. Aber warum erreicht gerade in der Korona die Temperatur Werte von bis zu einigen Millionen Grad? Der eisige Weltraum, dessen Temperatur lediglich wenige Grad über dem absoluten Nullpunkt liegt, grenzt doch unmittelbar an die oberste atmosphärische Schicht der Sonne. Das ist wohl richtig. Aber ein Plasma kann Energie nur mittels Stoß- und Rekombinationsprozesse sowie in Gegenwart eines Magnetfeldes über Synchrotronprozesse abgeben. Damit die ersten beiden Prozesse ablaufen können, müssen sich die Teilchen sehr nahe kommen und zusammenstoßen. Aber genau das passiert im Gas der Korona nicht. Bei der außerordentlich geringen Dichte der Korona begegnen sich die Teilchen – die Atomkerne und die Elektronen – praktisch nie und können somit auch nicht miteinander in Wechselwirkung treten. Bleiben nur noch die energiereichen Photonen der Synchrotronstrahlung, die die Korona ungehindert verlassen können. Sie entstehen immer dann, wenn elektrisch geladene Teilchen, beispielsweise Elektronen, beschleunigt werden. Die entsprechende Beschleunigung erfahren die Teilchen, indem sie von den Magnetfeldern auf spiralförmige Bahnen um die Magnetfeldlinien gezwungen werden. Doch was durch Synchrotronstrahlung verloren geht, ist insgesamt zu wenig Energie, um die Temperatur der Korona merklich abzusenken.

Trotz dieser umfangreichen Palette an Sonnenaktivitäten sind wir noch nicht am Ende. Zusätzlich zu all diesen Ereignissen emittiert die Sonne noch einen steten Strom von Partikeln, den sogenannten Sonnenwind. Hierbei handelt es sich um geladene Teilchen, vornehmlich Protonen und Elektronen, die von der Sonnenkorona abströmen und mit einer Geschwindigkeit von etwa 500 Kilometern in der Sekunde bis an die äußersten Grenzen des Sonnensystems fegen. Die Emission dieser Korpuskularstrahlung ist häufig auch mit dem Auftreten großer Flares verknüpft. Bei derartigen Auswürfen können bis zu zehn Milliarden Tonnen Plasma in den Raum hinausgeschleudert werden. Die Geschwindigkeit dieser Teilchen ist noch höher und kann Werte von bis zu 2000 Kilometern in der Sekunde erreichen. Ein derartiger Teilchenstrom erreicht schon einen Tag nach seiner Emission die Erde und wechselwirkt dort mit dem irdischen Magnetfeld und den Molekülen der Atmosphäre. Magnetische Stürme, die den Funkverkehr auf der Erde und die Verbindung zu Satelliten nachhaltig beeinflussen oder ganz lahmlegen können, sind die Folge. In extremen Fällen induzieren diese Stürme starke elektrische Ströme in der Erde beziehungsweise in den Ozeanen, die mitunter ganze Anlagen zur Übertragung elektrischer Energie außer Funktion setzen. Aber wo Schatten ist, ist im wahrsten Sinne des Wortes auch Licht. Die schöne Seite dieser Ereignisse zeigt sich uns auf der Erde in Form der wunderbaren farbigen Lichtvorhänge, der Polarlichter. Die durch die hochenergetischen Teilchen angeregten Atmosphärenmoleküle geben ihre

Energie wieder ab, indem sie in allen Farben des Regenbogens aufleuchten. Insbesondere in den hohen Breiten unserer Erde erstrecken sich solche Farbenspiele oft über den ganzen Himmel.

Wie geht es weiter?

Zusammengefasst bietet uns die Sonne mit dem, was sich in und auf ihr tut, einen ganzen Katalog an spektakulären und höchst erstaunlichen Prozessen. Dennoch ist sie ein ganz normaler Stern, ein typischer Vertreter der Mehrzahl der Sterne in unserem Universum. Zum gegenwärtigen Zeitpunkt verbrennt sie ruhig und gleichmäßig ihren Wasserstoff, so wie sie es schon seit rund viereinhalb Milliarden Jahren tut. Zwar hat sie im Laufe dieser Zeit ihre Leuchtkraft um rund 40 Prozent gesteigert, aber ansonsten ist nichts Wesentliches passiert. Doch irgendwann kommt der Moment, wenn die schon erwähnten zehn Prozent ihres Wasserstoffvorrats im Kern der Sonne aufgebraucht sein werden und nichts mehr zum »Verbrennen« da ist – der Augenblick, in dem der nukleare Ofen zwangsläufig ausgehen muss. Nach Berechnungen der Astronomen ist dieser Zeitpunkt in etwa vier Milliarden Jahren erreicht. Ist dann schlagartig Schluss? Wird dann das Licht einfach ausgeknipst? Wird es dann bitterkalt, und eine ewige Eiszeit bricht über die Erde herein? Anhand von Erkenntnissen, die in der Astronomie durch die intensive Erforschung der Sterne und insbesondere der Sonne im Laufe der Zeit gewonnen wurden, können wir auf diese Fragen ziemlich präzise Antworten geben (Abb. 19).

In den rund acht Milliarden Jahren des gleichmäßigen Wasserstoffbrennens weitet sich die Kernbrennzone geringfügig aus und erschließt dadurch zusätzlichen Wasserstoff für die Kernverschmelzung. Folglich erhöht sich die Temperatur, die Sonne dehnt sich etwas aus, und ihre Leuchtkraft nimmt leicht zu. War

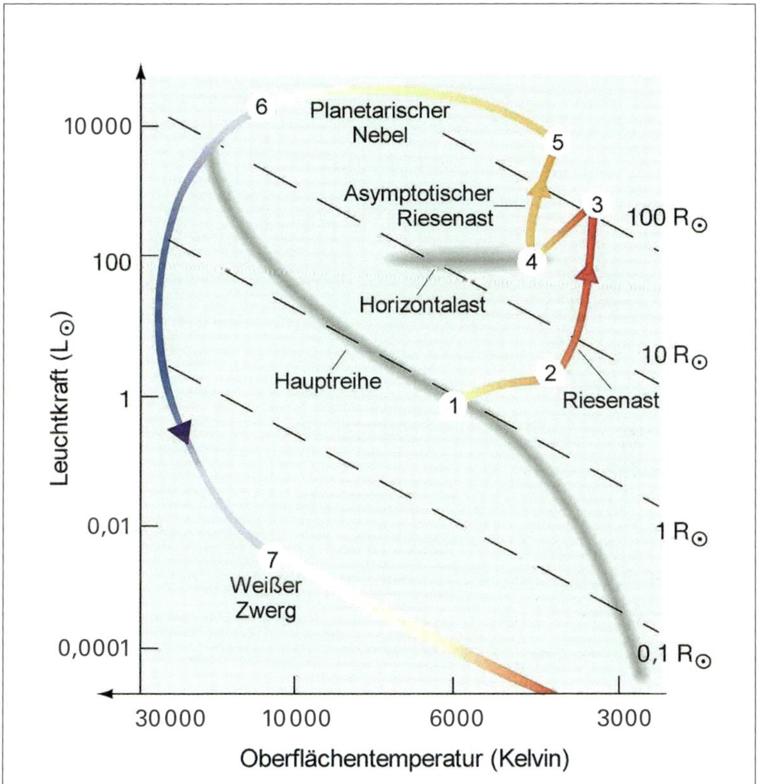

Abb. 19: Entwicklung eines Sterns einer Sonnenmasse im sogenannten Hertzsprung-Russell-Diagramm. Am Punkt 1 verlässt der Stern die Hauptreihe, auf der er 8 bis 10 Milliarden Jahre Wasserstoff zu Helium verbrannt hat. Im Abschnitt 1–2 bläht sich der Stern zunächst zu einem Unterriesen und dann (Abschnitt 2–3) zu einem Roten Riesen auf. Am Ende des Riesenastes (Punkt 3) zündet das Heliumbrennen. Im Abschnitt 3–4 fusioniert der Stern Helium zu Kohlen- und Sauerstoff. Anschließend (Abschnitt 4–5) bläht sich der Stern zu einem noch größeren Roten Riesen auf. Am Ende des asymptotischen Riesenastes (Punkt 5) beginnt der Stern seine Hüllen abzuwerfen (Abschnitt 5–6), die sich zu einem Planetarischen Nebel formen. Übrig bleibt ein Weißer Zwerg (Punkt 7), der im Laufe von Milliarden Jahren zu einem Schwarzen Zwerg auskühlt. An diesem Diagramm lassen sich zu jedem Zeitpunkt der Sternentwicklung die Leuchtkraft, der Radius und die Oberflächentemperatur des Sterns ablesen.

unsere Sonne zu Beginn ihres Lebens nur etwa 5500 Grad Celsius heiß und strahlte mit einer Leuchtkraft von etwa 70 Prozent der heutigen Kapazität, so wird sie am Ende ihres Lebens im Vergleich zu heute rund 70 Prozent größer sein und mit der doppelten Leuchtkraft strahlen. Für die Erde bleibt diese Entwicklung nicht ohne Folgen. In etwa einer Milliarde Jahren wird es hier so warm sein, dass es keine Winter mehr gibt. Die Meere werden so viel Wasser verdunsten, dass sich der Wasserdampfanteil der Atmosphäre erhöht und deren Durchlässigkeit für Infrarotstrahlung sinkt. Das wiederum verstärkt den Treibhauseffekt, und die Erde heizt sich auf. Schließlich wird es hier so heiß wie auf der Venus. Leben wird dann auf der Erde nicht mehr möglich sein.

Aber das wäre erst der Anfang eines wahrhaft atemberaubenden Szenarios. Wenn schließlich der Wasserstoffvorrat in der Kernbrennzone ganz aufgebraucht und zu Helium fusioniert ist, lässt auch der Strahlungsdruck nach, und die Gravitation gewinnt wieder mal die Oberhand. Der Kernbereich bricht jetzt zusammen, und erneut wird Gravitationsenergie freigesetzt. In einem engen Bereich um den Kern schnellt dadurch die Temperatur dermaßen in die Höhe, dass der dort vorhandene Wasserstoff zündet und nun in einer Kugelschale um den Kern zu fusionieren beginnt. Aufgrund dieses Energiezuwachses verändert sich das Erscheinungsbild der Sonne drastisch. Im Zeitraum von rund 100 Millionen Jahren entwickelt sie sich zu einem sogenannten Unterriesen. Bei zunächst nahezu konstanter Leuchtkraft des Sterns bläht sich die Sternhülle auf etwa den doppelten Durchmesser auf.

Dieser Zustand ist jedoch nur von kurzer Dauer. Von nun an beschleunigt sich die Entwicklung rapide. Der Stern bläht sich nochmals auf einen rund 100-mal größeren Durchmesser auf, wobei seine Leuchtkraft um den Faktor 1000 anwächst und die Oberflächentemperatur auf 3500 Grad sinkt. Fortan leuchtet die Sonne nicht mehr hellgelb, sondern tiefrot. In diesem Stadium ist die Sonne aus einer Entfernung von rund 1600 Lichtjahren noch mit bloßem Auge zu sehen. Sie wächst zu einem Roten Riesen heran, der sich weit über die Bahn des Planeten Merkur hinaus ausdehnt.

Ist damit das Ende der Fahnenstange erreicht? Keineswegs! Denn während sich die äußere Hülle aufbläht, schrumpft erneut die Kernzone. Verantwortlich dafür ist wie immer die Gravitation. Und wiederum erhöhen sich Temperatur und Dichte. Doch das hat schnell ein Ende. Die Kontraktion des Kerns stoppt, wenn der Druck des entarteten Elektronengases der Gravitation die Waage halten kann. Diesen Satz müssen wir erst einmal »übersetzen«. Zunächst möchte man glauben, die Elektronen im Kern ließen sich so nahe zusammenrücken, dass sie sich schließlich berühren. Doch die Gesetze der Quantenmechanik erlauben das nicht. Man muss sich das so vorstellen: Der Raum, den die Elektronen einnehmen, ist in Quantenzellen wachsender Energie unterteilt, ähnlich wie ein Konzertsaal in die aufsteigenden Reihen der Sitze. Die Gesetze der Quantenmechanik verlangen nun, dass jede Quantenzelle nur von insgesamt zwei Elektronen besetzt werden kann, die sich aber in ihrem Spin, das heißt in ihrer Drehrichtung um die eigene Achse, voneinander unterscheiden müssen. Kommt nun ein drittes Elektron hinzu, so ist diese Zelle bereits besetzt, und das Teilchen muss auf einen Zustand höherer Energie ausweichen. Das ist dann ungefähr so, als bestünden die Reihen im Konzertsaal nur aus je einem Doppelsitz. Nehmen wir an, der Saal sei nicht voll gefüllt und die Zuhörer würden sich zunächst gleichmäßig auf alle Sitze verteilen. Plötzlich wird die Musik immer leiser, was der Kontraktion des Kerns im Stern entsprechen soll. Um noch etwas zu hören, rücken die weiter hinten sitzenden Besucher näher an das Orchester heran. Da sich niemand dem anderen auf den Schoß hocken kann, können die Zuhörer nicht beliebig eng zusammenrücken, sondern müssen mit den Doppelplätzen in immer höher gelegenen Reihen vorliebnehmen. Der »Druck«, den die bereits besetzten Reihen auf die noch nach Plätzen Suchenden ausüben, verhindert, dass die Hörer sich noch mehr auf den Leib rücken. Das Gleiche geschieht bei den Elektronen des Kerns: Die Gravitation versucht zwar den Kern immer weiter zusammenzupressen, aber die Elektronen können nicht näher zusammenrücken und üben somit einen Gegendruck aus. Wenn beide Drücke gleich groß sind, kommt die Kontraktion des Kerns zum Stillstand.

Nun könnte man glauben, wenn der Kern nicht mehr weiter kollabieren kann, wird auch keine Gravitationsenergie frei, und der Zentralbereich des Sterns kann nicht weiter aufgeheizt werden. Doch dem ist nicht so! Denn da ist noch die brennende Wasserstoffschale, die den Kern umgibt. Diese liefert ausreichend Energie, um das Zentrum immer weiter aufzuheizen. Die große Wärmeleitfähigkeit der sehr dichten Kernmaterie ist dabei sehr hilfreich. Summarisch wird der Kern also doch zunehmend heißer. Ist schließlich eine Temperatur von etwa 100 Millionen Grad erreicht, so zündet eine weitere Kernreaktion. Jetzt wird sogar das Helium zu Kohlenstoff und Sauerstoff fusioniert. In dieser Phase verbrennt der Stern seinen ganzen Heliumvorrat im Kern bei gleichzeitigem Wasserstoffbrennen in einer Schale um den Kernbereich.

Schließlich ist auch das Helium im Kern verbrannt, und wie nach dem Wasserstoffbrennen kommt noch einmal die Gravitation ins Spiel. Der Kern schrumpft erneut, und die Hülle bläht sich noch mehr auf. Im Bereich um die Kernzone ist es nun so heiß geworden, dass dort auch das zuvor in der Wasserstoffbrennschale erzeugte Helium zündet, sodass sich nun auch eine heliumbrennende Schale zusätzlich zur Wasserstoffbrennschale entwickelt. Im Stern findet nun ein Zweischalenbrennen statt. Diese Prozesse liefern so viel Energie, dass die Leuchtkraft nochmals um den Faktor 2,5 bis 10 steigt. In dieser Phase wächst die

Sonne zu einem noch größeren Roten Überriesen heran, der sich fast bis zur Umlaufbahn der Erde ausdehnt. Nun wird auch die Venus von der Sonne verschluckt. Dieser gesamte Vorgang erstreckt sich über lediglich eine Million Jahre.

Während der Entwicklungsphasen zum Roten Riesen beziehungsweise Überriesen bläst die Sonne über Sternwinde einen Großteil ihrer Hülle ins All. Vornehmlich dieser Massenverlust, der ungefähr ein Drittel der gesamten Sonnenmasse ausmacht, ist dafür verantwortlich, dass der Kern nicht weiter aufgeheizt wird. Wenn die Wasserstoffschale immer mehr davonweht, geht natürlich auch die Heizleistung zurück. Übrig bleibt der aus Kohlenstoff und Sauerstoff bestehende Kern, umgeben von einer Schale, in der Helium zu Kohlenstoff verschmolzen wird, und einer weiteren, dünnen wasserstoffbrennenden Schale. Das Material, das der Stern bereits abgeblasen hat, sammelt sich in einer riesigen Wolke aus Wasserstoff, angereichert mit Helium, Kohlenstoff, Sauerstoff, Stickstoff und Neon, um diesen Sternrest. Der immer noch vom Stern ausgehende Wind wirkt wie ein Schneepflug und schiebt diese Wolke zu einer dünnen, oft kugelförmigen Schale zusammen. Durch das noch kurzfristig weiterlaufende Zweischalenbrennen und die beim Aufprall von nicht abgeblasenem Hüllengas auf den Kern frei werdende Gravitationsenergie wird der Kern nochmals auf Werte um 100 000 Grad aufgeheizt. Ist eine Schwelle von etwa 30 000 Grad erreicht, werden die Atome der umgebenden Gaswolke zum Leuchten angeregt. Ab diesem Augenblick strahlt die abgeblasene Kugelschale intensiv im sichtbaren und ultravioletten Bereich des elektromagnetischen Spektrums, und ein neuer sogenannter Planetarischer Nebel taucht am Himmel auf (Abb. 20).

Von nun an ist der Energiegewinn aus dem verbliebenen Zweischalenbrennen zu gering, um den Kern nochmals entscheidend aufzuheizen. Die Temperatur im Kerninneren steigt somit nicht mehr auf einen Wert, wie er für ein Kohlenstoffbrennen

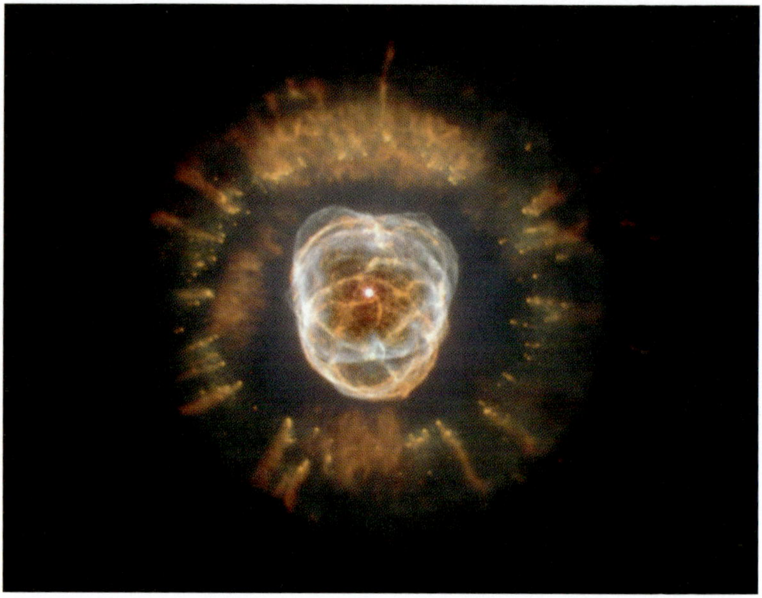

Abb. 20: Der rund 10 000 Jahre alte Planetarische Nebel NGC 2392, aufgrund seines Aussehens auch Eskimonebel genannt, wurde 1787 von William Herschel entdeckt. Im Zentrum des Nebels erkennt man den Weißen Zwerg, dessen Temperatur noch rund 40 000 Grad beträgt. NGC 2392 ist nur einer von vielen Planetarischen Nebeln unterschiedlichster Gestalt.

nötig wäre. Der Fusionsofen erlischt also endgültig. Wenn dann nach etwa 10 000 Jahren auch der Brennstoff für das Zweischalenbrennen ausgegangen ist, bleibt nur noch ein Kohlenstoff-/Sauerstoffkern übrig, den man auch als Weißen Zwerg bezeichnet. Sein Durchmesser beträgt nur einige tausend Kilometer, seine Dichte rund eine Tonne pro Kubikzentimeter und seine Masse etwa 0,6 bis 0,7 Sonnenmassen. Da keine weiteren Kernfusionsprozesse mehr stattfinden, kühlt von nun an der Weiße Zwerg über einen Zeitraum von einigen Milliarden Jahren mehr und mehr aus. Die ältesten Weißen Zwerge, die man entdeckt hat, haben gerade noch eine Temperatur von rund 4000 Grad.

Von dem einst so prächtigen Stern verbleibt letztlich nur noch ein kalter, toter Aschehaufen.

Das ist das vorhersehbare Ende unserer heute noch so stolzen Sonne. Sollte die Menschheit die nächsten ein bis zwei Milliarden Jahre überdauern, so müsste sie sich spätestens vor Ablauf des Wasserstoffbrennens in der Sonne Gedanken machen, wie sie ihren Planeten verlassen und wohin sie vor der ins Riesenhafte wachsenden sengenden Sonne fliehen kann. Die Erde wird ja schon am Ende des Wasserstoffbrennens kein gastlicher Ort mehr sein, und erst recht nicht, wenn sich die Sonne zu einem Roten Riesen aufbläht. Dann wird sie mit großer Wahrscheinlichkeit in der Glut des Riesen völlig vernichtet. Bis zu diesem Zeitpunkt ist jedoch noch eine Menge Zeit. Man kann nur hoffen, dass die Menschheit diese Spanne vernünftig zu nutzen weiß.

Das Sonnensystem

Das Bekannte ist endlich, das Unbekannte unendlich.
Geistig stehen wir auf einem Inselchen inmitten eines
grenzenlosen Ozeans von Unerklärlichem.
Unsere Aufgabe ist es, von Generation zu Generation
ein klein wenig mehr Land trockenzulegen.

Thomas Huxley

Bereits lange vor Christi Geburt haben sich die griechischen Philosophen und Astronomen mit der Frage beschäftigt, welches System den beobachteten Bewegungen unserer Sonne und der Planeten zugrunde liegen könnte. Erstaunlicherweise wurden schon damals Modelle diskutiert, die nicht die Erde, sondern andere Himmelskörper in den Mittelpunkt des Kosmos stellten. So war beispielsweise Herakleides Pontikos (um 388–310 v. Chr.) der Ansicht, die Sonne und alle Planeten kreisten um ein unsichtbares Zentralfeuer. Etwas später entwickelte Aristarchos von Samos (um 310–250 v. Chr.) sogar eine Theorie, der zufolge die Planeten einschließlich der Erde die Sonne als Mittelpunkt umkreisen sollten. Obwohl diese Vorstellungen den tatsächlichen Verhältnissen schon sehr nahe kamen beziehungsweise sie recht genau beschrieben, setzten sie sich nicht durch. Vermutlich waren theologische Aspekte verantwortlich dafür, dass nicht sein konnte, was nicht sein durfte: dass der Mensch mitsamt seiner Erde nicht mehr im Zentrum des Universums stehen würde.

Die zu dieser Zeit allgemein akzeptierte Auffassung, wie sie insbesondere von Eudoxos, Kallipos und Aristoteles vertreten wurde, sah dagegen die Erde, umkreist von den Planeten, im Zentrum des Geschehens. Um 190 v. Chr. wurde diese Theorie eines geozentrischen Weltbildes vom griechischen Astronomen Hipparchos weiter präzisiert, indem er erstmals von exzentrischen Bahnen der Planeten um die Erde ausging. Vollends zum Dogma geriet diese Weltanschauung schließlich, als etwa 140 n. Chr.

der griechische Astronom Ptolemäus (um 100–170 n. Chr.) in einem Handbuch das gesamte astronomische Wissen der Antike zusammenfasste. In seiner Abhandlung *Mathematikes syntaxeos biblia XIII* kombinierte er im Wesentlichen die Ansichten von Hipparchos mit seinem eigenen astronomischen Weltbild und schuf so ein Standardwerk, das für anderthalb Jahrtausende als Bibel der Astronomie galt.

Laut Ptolemäus' Theorie ruht die Erde im Zentrum einer rotierenden Fixsternsphäre, welche die Sterne trägt und innerhalb derer die Planeten um die Erde wandern. Der Beobachtung, dass die Planeten sich anscheinend einmal schneller und dann wieder langsamer bewegten und dass einige für kurze Zeit sogar rückwärtszulaufen schienen, trug Ptolemäus mit einer ausgefeilten Epizyklentheorie Rechnung. Um nicht vom damaligen Ideal des Kreises abrücken zu müssen, ließ er die Planeten auf Kreisbahnen laufen, wobei die Mittelpunkte der Kreise selbst wieder auf größeren, konzentrischen Kreisen die Erde umrundeten. Auf diese Weise vollführten die Planeten zwar recht wunderliche Tänze, aber Beobachtung und Theorie stimmten dadurch gut überein.

Zu Beginn der Renaissance wurden die Zweifel am geozentrischen Weltbild jedoch immer lauter. Nikolaus Kopernikus (1473–1543) tat dann als Erster den entscheidenden Schritt hin zu einem heliozentrischen Weltbild, indem er die Bahnen der Planeten neu berechnete und anhand theoretischer Überlegungen das komplizierte Ptolemäische System als falsch erkannte. Aus Furcht, des Ketzertums bezichtigt zu werden, wagte er es jedoch nicht, seine Thesen zu veröffentlichen. Schließlich fasste er 1508 seine Ergebnisse in seinem *Commentariolus* zusammen, verteilte davon aber nur einige Exemplare an gute Freunde. 1616 wurde sein Werk dann auch prompt von der römischen Kurie auf den Index der verbotenen Bücher gesetzt. Erst 1822 wurde dieser Bann wieder aufgehoben.

Seine Aussage, dass entgegen dem geozentrischen System die Sonne anstelle der Erde im Mittelpunkt aller Bewegungen und Planeten steht, war jedoch nicht mehr zu widerlegen. Da aber Kopernikus die Planeten noch immer auf Kreisbahnen die Sonne umrunden ließ, war es auch ihm nicht möglich, bei der Beschreibung der Planetenbewegungen auf Epizyklen zu verzichten. Dieses Problem konnte erst durch Johannes Kepler (1571–1630) beseitigt werden, der erkannte, dass die Planeten auf elliptischen Bahnen um die Sonne laufen. Doch Kopernikus' Leistung wird dadurch nicht geschmälert. Ihm gebührt die Ehre, erstmals die dreifache Bewegung der Erde, die Eigenrotation, ihren Umlauf um die Sonne und die Präzessionsbewegung der Erdachse, klar erkannt und formuliert zu haben. Kopernikus brachte das zum Ausdruck, indem er sagte, »dass alles, was wir an Bewegung bei der Sonne beobachten, durch die Drehung der Erde und ihren Umlauf um die Sonne entsteht. Was bei den Wandelsternen als Rückgang und erneutes Vorrücken erscheint, ist nur von der Erde aus gesehen so. Allein ihrer Bewegung sind viele verschiedenartige Erscheinungen am Himmel geschuldet.« In diesem Sinne kann Kopernikus auch als Begründer der modernen Astronomie gelten.

Das Sonnensystem heute

Heute bezweifelt niemand mehr, dass im Zentrum des gesamten Systems die Sonne steht. In diesem heißen Gasball sind mehr als 99 Prozent der Gesamtmasse des Sonnensystems vereinigt. Das restliche knappe Prozent verteilt sich auf acht Planeten, die die Sonne auf mehr oder weniger elliptischen Bahnen umrunden.

Traditionsgemäß unterteilt man das Sonnensystem in Planeten, Satelliten (Monde), Asteroiden, Kometen und Meteoroiden. Die Planeten wiederum treten in zwei Gruppen auf, als sogenannte terrestrische Planeten und als Gasplaneten. Terrestrische Planeten sind im Aufbau der Erde relativ ähnlich und bestehen aus gesteinsartigem Material und Metallen. Ihre Dichte ist relativ hoch, ihre Oberfläche fest und die Anzahl ihrer Monde gering. Zu dieser Gruppe gehören die vier näher zur Sonne befindlichen Planeten Merkur, Venus, Erde und Mars. Jupiter, Saturn, Uranus und Neptun zählen zu den Gasplaneten (Abb. 21). Sie umkreisen die Sonne in deutlich größeren Entfernungen als die vier terrestrischen Planeten. Wie der Name schon andeutet, bestehen Gasplaneten im Wesentlichen aus Gas, und zwar vornehmlich aus Wasserstoff und Helium. Die Dichte von Gasplaneten ist gering, sie drehen sich relativ schnell um ihre Achse, und ihre Atmosphäre ist sehr tief geschichtet. Heute hat

Abb. 21: Darstellung des Sonnensystems mit der Sonne im Zentrum und – von innen nach außen – den terrestrischen Planeten Merkur, Venus, Erde und Mars (rechts im Bild) und im größeren Abstand zur Sonne den Gasriesen Jupiter, Saturn, Uranus und Neptun (links oben). Am Bildrand links oben umläuft der Zwergplanet Pluto die Sonne. Im Asteroidengürtel zwischen Mars und Jupiter ziehen etwa 90 Prozent aller bisher bekannten Asteroiden ihre Bahn um die Sonne.

man auch über die bislang unbekannte Zusammensetzung des Zwergplaneten Pluto genauere Daten: Er besteht zu 70 Prozent aus Gestein und zu 30 Prozent aus Wassereis.

Einschließlich des Planeten Neptun hat unser Sonnensystem einen Radius von rund viereinhalb Milliarden Kilometern. Jenseits des Neptun schließt sich der Kuipergürtel an, ein ringförmiges Reservoir von Planetoiden, Asteroiden und Kometen, das sich bis auf etwa siebeneinhalb Milliarden Kilometer – was dem 50-fachen Abstand Erde – Sonne entspricht – ausdehnt. Wenn wir die Oort'sche Wolke noch hinzurechnen, einen kugelförmigen Bereich um die Sonne, angefüllt mit Kometen aus der Entstehungszeit des Sonnensystems, dann reicht unser Sonnensystem gar bis etwa 14 Billionen Kilometer – oder anders ausgedrückt: rund anderthalb Lichtjahre – in das All hinaus.

Um die gewaltigen Distanzen etwas anschaulicher zu machen, seien im Folgenden einmal alle Größen auf den einmilliardsten Teil ihres ursprünglichen Wertes verkleinert. Dann hat die Erde gerade noch einen Durchmesser von 1,3 Zentimetern, ist also so groß wie eine Weinbeere, die der Mond im Abstand von ungefähr 35 Zentimetern umkreist. Die Sonne kommt in diesem Maßstab auf einen Durchmesser von 1,50 Meter und ist rund 150 Meter von der Erde entfernt. Jupiter und Saturn schrumpfen auf Grapefruit- beziehungsweise Orangengröße und umkreisen die Sonne in 750 beziehungsweise 1500 Meter Abstand. Uranus und Neptun schließlich werden zu Zitronen und sind drei beziehungsweise viereinhalb Kilometer von der Sonne entfernt. Ein Mensch wäre auf dieser Skala gerade mal so groß wie ein Atom, und der Abstand zum nächsten Stern betrüge mehr als 40 000 Kilometer.

Das Alter unseres Sonnensystems lässt sich anhand von auf der Erde gefundenen Meteoriten auf schätzungsweise 4,57 Milliarden Jahre datieren. Dabei geht man davon aus, dass es sich bei Meteoriten um vagabundierende Überbleibsel aus der Entstehungsphase des Sonnensystems handelt, die zur selben Zeit wie die Sonne und die Planeten entstanden sind. Die Methode, mit der man das Alter dieser Meteoriten bestimmen kann, beruht auf dem Zerfall radioaktiver, im Meteoriten enthaltener Elemente. Je älter das Gestein, desto größer ist auch der Anteil des aus einem radioaktiven Element entstandenen nicht radioaktiven Zerfallsprodukts, des Tochterelements. Kennt man den Zeitraum, in dem die Hälfte einer radioaktiven Substanz zerfällt (die sogenannte Halbwertszeit), so muss man lediglich im Meteoriten das Mengenverhältnis zwischen dem beim Zerfall entstandenen Tochterelement und dem noch nicht zerfallenen Mutterelement bestimmen, um das Alter berechnen zu können.

Elliptische Umlaufbahnen

Wie schon erwähnt umrunden die Planeten die Sonne auf mehr oder weniger elliptischen Bahnen. Eine Ellipse ist der geometrische Ort aller Punkte, für die die Summe der Abstände von zwei gegebenen festen Punkten immer gleich groß ist. In einem dieser sogenannten Brennpunkte steht die Sonne. Die Linie, die durch die beiden Brennpunkte von einem Scheitelpunkt der Ellipse zum gegenüberliegenden verläuft, bezeichnet man auch als die große Achse der Ellipse. Ein Planet, der die Sonne auf einer elliptischen Bahn umkreist, verändert also laufend seinen Abstand zur Sonne. Der Mittelwert aus der kleinsten und der größten Entfernung zur Sonne entspricht der halben Länge der großen Ellipsenachse, oder mit anderen Worten: der großen Halbachse der Ellipse. Wird also dieser Wert angegeben, so ist das gleichbedeutend mit einer Aussage über die mittlere Entfernung des Planeten von seinem Stern (Abb. 22).

Die Form einer Ellipse, ob sie lang gestreckt ist oder eher einem Kreis ähnelt, ist durch die sogenannte Exzentrizität ε der

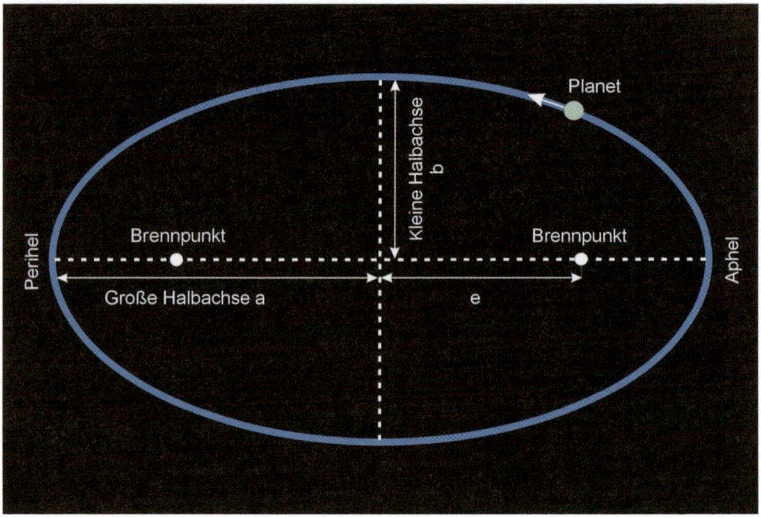

Abb. 22: Die Planeten ziehen auf elliptischen Bahnen um die in einem der zwei Ellipsenbrennpunkte liegende Sonne. Das Verhältnis der Strecken e zur großen Halbachse a heißt Exzentrizität der Ellipse. Ist diese Größe gleich 0, so fallen die beiden Brennpunkte zusammen und die Ellipse entartet zu einem Kreis.

Ellipse (ε = Verhältnis zwischen dem Abstand vom Mittelpunkt der Ellipse zu einem der Brennpunkte und der großen Halbachse) festgelegt: Bis zu einem ε von 0,3 sind Ellipsen mit dem bloßen Auge kaum von Kreisen zu unterscheiden. Ist ε gleich null, so fallen die beiden Brennpunkte zusammen, und die Ellipse geht über in einen Kreis.

Die Planeten des Sonnensystems

Trotz vieler Gemeinsamkeiten in der Gruppe der terrestrischen Planeten beziehungsweise der Gasplaneten unterscheiden sich die einzelnen Himmelskörper doch beträchtlich voneinander.

Die charakteristischen Eigenschaften der Planeten wollen wir uns auf den folgenden Seiten etwas genauer ansehen.

Merkur

Der kleinste der vier terrestrischen Planeten ist aufgrund seines geringen mittleren Abstandes von »lediglich« 57,9 Millionen Kilometern zur Sonne nur schwer zu erkennen, da er von der hellen Sonne überstrahlt wird. Die Bahn, die er beschreibt, ist nach astronomischem Maßstab mit einer Exzentrizität von 0,21 schon deutlich elliptisch. Seine Oberfläche ist zum Teil regelrecht zerknittert wie geknautschtes Zellophanpapier. Vermutlich stammen diese Oberflächenfaltungen von frühen Meteoriteneinschlägen auf den noch heißen und noch plastischen »Rohplaneten«. Ins Auge fällt vor allem ein großer Einschlagkrater mit einem Durchmesser von rund 1550 Kilometern: *Caloris Planitia*, auch »Hitzebecken« genannt. In den Anfängen der Planetenbeobachtung war man der Meinung, der Merkur würde sich nicht drehen. Mittlerweile weiß man jedoch, dass er dreimal um die eigene Achse rotiert, während er zwei Umläufe um die Sonne absolviert. Eine Umdrehung dauert rund 59 Tage. Auf diese Weise sind beliebige Orte auf dem Merkur jeweils über lange Zeit der Sonne zugewandt und dann wieder abgewandt. Dadurch steigt die Temperatur auf der Tagseite auf bis zu 425 Grad Celsius und sinkt auf der Nachtseite auf minus 180 Grad. Aufgrund dieser hohen Temperatur und seiner geringen Masse von wenig mehr als fünf Prozent der Erdmasse kann Merkur keine Atmosphäre halten. Mittlerweile wurde Merkur von zwei Raumsonden besucht: 1974/75 von der Sonde »Mariner 10« und 2011 von dem Orbiter »Messenger«. Im Dezember 2025 soll die Sonde »BepiColombo« in eine Umlaufbahn um den Merkur einschwenken.

Venus

Anders als der Merkur verfügt unser Morgen- und Abend-»Stern« sehr wohl über eine Atmosphäre. Sie besteht überwiegend aus Kohlendioxid und dichten Schwefelsäurewolken, die einen direkten Blick auf die Venusoberfläche verhindern. Die Abtastung der Oberfläche mit Radarstrahlen liefert jedoch ein gutes Abbild der Oberflächenstrukturen. Der Druck an der Oberfläche ist rund 90-mal so groß wie auf der Erde. Ein Großteil der Venusoberfläche ist von mächtigen Lavaflüssen bedeckt. Aus Daten der ESA-Sonde »Venus Express« lassen sich sogar Hinweise auf aktive Vulkane ableiten. Ähnlich wie auf der Erde finden sich auch auf der Venus kaum kleine Krater. Vermutlich verglühen kleinere Meteoroiden vollständig in der dichten Atmosphäre, ehe sie die Oberfläche erreichen und dort einen Einschlagkrater verursachen könnten. Mit einer Exzentrizität von nur 0,007 umrundet die Venus auf einem nahezu perfekten Kreis im Abstand von rund 108 Millionen Kilometern die Sonne. Für eine Umdrehung um ihre Achse benötigt die Venus volle 243 Tage. Außerdem dreht sie sich retrograd, das heißt mit Blick auf ihren Nordpol im Uhrzeigersinn, während die anderen Planeten gegen den Uhrzeigersinn rotieren. Die Temperatur auf der Oberfläche schwankt dabei zwischen 120 und 450 Grad Celsius. Schuld an dieser Hitze ist weniger die kontinuierliche Bestrahlung durch die Sonne infolge der langen Rotationsperiode, sondern eher ein galoppierender Treibhauseffekt aufgrund des hohen Kohlendioxidgehalts der Atmosphäre. Wasser ist auf der Venus nicht zu finden. Aufgrund der hohen Temperaturen ist es längst in den interplanetaren Raum verdampft. Da die Venus mit einem Durchmesser von rund 12 000 Kilometern nahezu die gleiche Größe aufweist wie die Erde sowie auch hinsichtlich ihrer Masse, ihrer Dichte und ihrer chemischen Zusammensetzung der Erde sehr ähnlich ist, wurde sie lange Zeit als deren Schwesterplanet angesehen (Abb. 23).

Erde

Da dieser Planet bereits im Kapitel über die Erde ausführlich vorgestellt wurde, können wir uns an dieser Stelle eine eingehende Betrachtung ersparen. Erwähnen sollte man jedoch, dass die Erde, ähnlich wie die Venus, die Sonne auf einer nahezu kreisförmigen Bahn umrundet. Was uns aber bis vor einigen Jahren nicht vergönnt war, ist ein Blick aus dem All auf unseren »Blauen Planeten«. Seitdem jedoch künstliche Satelliten und Raumsonden die nähere Umgebung der Erde erforschen, ist auch das möglich geworden, und man kann nur sagen: Es lohnt sich!

Anders als Merkur und Venus wird die Erde auch von einem natürlichen Satelliten, dem Mond, umkreist. Für uns ist er neben der Sonne der hellste Himmelskörper. Da der Mond für eine Umdrehung um seine Achse genauso lange braucht wie für einen Umlauf um die Erde, was man auch als »gebundene Rotation« bezeichnet, ist von der Erde aus immer nur dieselbe Seite des Mondes zu sehen. Die durch Krater stark zernarbte Ober-

Abb. 23: Die vier terrestrischen Planeten im Größenvergleich.

fläche des Mondes wurde in dessen Frühzeit wesentlich durch ein intensives Bombardement mit Meteoroiden und Asteroiden geformt. Da der Mond keine Atmosphäre besitzt, finden hier auch keine Verwitterungsprozesse statt, sodass Oberflächenstrukturen auf Dauer erhalten bleiben. Wie bereits im Kapitel »Der Mond« beschrieben, ist dieser Trabant der Erde sehr wahrscheinlich aus einer Kollision der jungen Erde mit einem anderen Himmelskörper hervorgegangen. Wie der Zusammenstoß im Detail ablief, ist jedoch umstritten.

Mars

Der Mars, der vierte und letzte der terrestrischen Planeten, ist neben der Erde wohl der am intensivsten untersuchte Planet des Sonnensystems. Insbesondere die Marsroboterfahrzeuge »Spirit«, »Opportunity« und »Curiosity« haben viele Kilometer auf dem Mars zurückgelegt und dabei Hunderte Bilder und eine Unmenge Daten zur Beschaffenheit des Mars und zu dessen Atmosphäre zur Erde gefunkt.

Im Vergleich zur Erde ist die Atmosphäre des Mars ausgesprochen dünn. Der Druck auf der Marsoberfläche beträgt weniger als ein Prozent des irdischen Atmosphärendrucks. 95 Prozent der Atmosphäre sind Kohlendioxid, der Rest setzt sich zusammen aus Argon, Stickstoff und Spuren von Sauerstoff und Wasserdampf. Die mittlere Temperatur auf dem Mars liegt bei etwa minus 55 Grad Celsius. Im Winter fällt sie auf ungefähr minus 130 Grad Celsius, im Sommer erreicht sie auf der Tagseite 27 Grad.

Die Umlaufbahn des Mars ist mit einer Exzentrizität von 0,09 geringfügig elliptischer als die der Erde. Der mittlere Abstand zur Sonne beträgt 228 Millionen Kilometer. Sein rötliches Aussehen verdankt der Planet hauptsächlich dem hohen Anteil an Eisenoxid in seiner Kruste. Neben der Erde zeigt der Mars die vielfältigsten Oberflächenstrukturen aller Planeten. Über einer teilweise sehr alten, von Kratern übersäten Oberfläche erheben sich Berge bis zu einer Höhe von 24 Kilometern, und ein System von 4000 Kilometer langen und bis zu sieben Kilometer tiefen Kanälen durchzieht die Ebenen. Außerdem gibt es eindeutige Hinweise auf frühe und noch ablaufende Erosionsprozesse, die zu ausgedehnten Flut- und Flusssystemen geführt haben. 1976 funkte die »Viking«-Sonde Bilder zur Erde, auf denen Formationen zu erkennen sind, die wie Küstenlinien aussehen. Auch die Marssonde »Global Surveyor« lieferte aufgrund ihres verbesserten Auflösungsvermögens überraschende Bilder. Einmal sind kleine, anscheinend ausgetrocknete Bachläufe zu erkennen, dann wieder terrassenförmige Strukturen, wie sie sich bilden, wenn Sedimente auf dem Meeresboden abgelagert werden. Man vermutet, dass dort einst Wasser oder verflüssigtes Kohlendioxid floss. Dass es noch Wasser auf dem Mars gibt, beispielsweise als Eis im Permafrostboden beziehungsweise auf den Polkappen, gilt mittlerweile als gesichert. Dennoch hat man bislang an der Oberfläche des Mars kein fließendes Wasser entdeckt.

Außer den geologischen Untersuchungen gilt das besondere Augenmerk der Marsroboter der Suche nach belebten Strukturen auf dem Mars. Primitive Formen von Leben wie Einzeller oder auch Mikroben könnten in Anwesenheit von Wasser existieren. Doch bisher (Stand März 2014) haben weder die vielen Marsorbiter noch die auf dem Mars gelandeten Roboter »Phoenix«, »Spirit«, »Opportunity« und »Curiosity« einen eindeutigen Hinweis auf Leben erbracht. Vielleicht gelingt das ja mit dem von der Europäischen Weltraumorganisation ESA und der russischen Roskosmos für 2020 geplanten Rover »ExoMars«. Die US-Weltraumbehörde NASA geht da noch einen Schritt weiter: Wie NASA-Chef Charles Bolden anlässlich einer Konferenz an der George Washington University bekannt gab, hat für die NASA ein bemannter Flug zum Mars 2030 absolute

Priorität. Ob die Pläne auch zur Ausführung gelangen, wird sich zeigen.

Jupiter

Im fünffachen Abstand der Erde von der Sonne treffen wir auf den Planeten Jupiter, den ersten der vier riesigen Gasplaneten unseres Sonnensystems. Wenn uns schon die terrestrischen Planeten Merkur, Venus und Mars reichlich fremd vorkommen, so ist das erst recht beim Jupiter der Fall, dessen Masse mit 318 Erdmassen rund doppelt so groß ist wie die vereinigte Masse aller übrigen Planeten des Sonnensystems. Jupiter besitzt keine feste Oberfläche. Er besteht fast ausschließlich aus Wasserstoff und Helium mit Spuren von Methan, Wasser und Ammoniak. Mit einem Massenanteil von 75 Prozent Wasserstoff und 25 Prozent Helium entspricht Jupiter ziemlich genau der Zusammensetzung der urzeitlichen Gaswolke, aus der das gesamte Sonnensystem entstand.

Im Zentrum Jupiters vermutet man einen Kern aus gesteinsartigem Material mit einer Masse von circa 10 bis 15 Erdmassen. Den Kern umhüllt eine dicke Schale aus metallischem, leitfähigem, flüssigem Wasserstoff (ionisierter Wasserstoff unter einem Druck von mindestens vier Millionen Bar), die den Hauptanteil der Jupitermasse ausmacht. Zur Oberfläche hin nimmt der Druck dann immer mehr ab, sodass die äußeren Schichten des Jupiters aus flüssigem und schließlich aus gasförmigem Wasserstoff und Helium gebildet werden. Diese oberflächennahen Gasschichten sind hochgradig turbulent. In den einzelnen Atmosphärenbändern, die man aufgrund ihrer unterschiedlichen Braunfärbung gut von der Erde aus erkennen kann, werden Windgeschwindigkeiten von bis zu 550 Kilometern pro Stunde ermittelt. Die Energie für diese Turbulenzen wird nur zu einem geringen Anteil durch die Sonneneinstrahlung gedeckt, den Hauptanteil liefert die innere Wärme des Planeten. Bekanntester

Ausdruck dieser Turbulenzen ist der sogenannte Rote Fleck, ein riesiger ovaler Zyklon, rund 25 000 Kilometer lang und 12 000 Kilometer breit.

Überraschenderweise strahlt Jupiter mehr Energie in den Raum ab, als ihm durch die Sonneneinstrahlung zugeführt wird. Man könnte glauben, dass dies auf Kernfusionsprozesse in seinem Inneren, ähnlich wie auf der Sonne, zurückzuführen ist. Doch um die Fusion von Wasserstoff zu Helium zum Laufen zu bringen, besitzt der Jupiter zu wenig Masse, sodass der Druck in seinem Inneren zu klein und die Temperatur mit rund 20 000 Kelvin zu niedrig ist. Der Energieüberschuss kommt vielmehr durch eine langsame, aber stetige Kontraktion des Gasballs zustande. Die dabei frei werdende Gravitationsenergie wird in Form von Wärme abgestrahlt.

Mit einem Teleskop kann man erkennen, dass Jupiter von vielen Monden umkreist wird. Von den insgesamt 67 Trabanten sind 16 alte Bekannte, die übrigen wurden erst nach und nach gefunden. Die vier größten, Ganymed, Kallisto, Europa und Io, entdeckte bereits 1610 der italienische Physiker und Astronom Galileo Galilei, und dementsprechend heißen sie auch die Galilei'schen Monde. Mittlerweile haben einige von ihnen das besondere Interesse der Astronomen geweckt und die Spekulationen um außerirdisches Leben angeheizt.

Aufgrund seiner beträchtlichen Masse ist auch Jupiters Anziehungskraft auf andere Körper entsprechend groß. Daher wirkt er wie ein Staubsauger auf die im Sonnensystem vagabundierenden Kometen, Asteroiden und Meteoroiden. Wir werden darauf am Beispiel des Kometen Shoemaker-Levy noch zu sprechen kommen.

Ein anderer Parameter Jupiters hat Bedeutung für das gesamte Sonnensystem: Die Bahn, die der Planet um die Sonne beschreibt, unterscheidet sich mit einer Exzentrizität von 0,048 kaum von einem Kreis. Damit ist sichergestellt, dass die anderen

Planeten dem Jupiter nie so nahe kommen, dass seine gewaltige Anziehungskraft ihre Bahnen um die Sonne verzerrt oder gar einen Planeten aus dem Sonnensystem katapultiert. Durch Jupiter werden die Planetenbahnen sozusagen stabilisiert, und eine Störung des regelmäßigen Tanzes um die Sonne ist auf lange Sicht nicht zu befürchten. Wie wir im Folgenden noch diskutieren werden, ist jedoch nicht sicher, ob das immer so bleibt (Abb. 24).

Saturn

In rund zehnfachem Erdabstand zur Sonne umkreist Saturn, der zweitgrößte Planet, die Sonne. Auch Saturn ist ein reiner Gasplanet, sodass Aufbau, Zusammensetzung und Energiehaushalt praktisch identisch sind mit den Verhältnissen auf Jupiter. Trotz seiner rund 95-fachen Erdmasse ist seine Dichte geringer als die von Wasser. Da sich Saturn in rund zehneinhalb Stunden einmal

Abb. 24: Die Gasplaneten des Sonnensystems im Größenvergleich zur Erde und dem Zwergplaneten Pluto.

um seine Achse dreht, ist er aufgrund der Zentrifugalkraft an den Polen deutlich abgeplattet. Der polare und der äquatoriale Radius unterscheiden sich um etwa elf Prozent voneinander. Auffälligstes Merkmal ist ein Ringsystem in der Äquatorialebene des Saturn. Es besteht aus zwei sehr ausgeprägten Ringen, die voneinander durch die sogenannte Cassini'sche Teilung getrennt sind, und einem dritten, schwächeren Ring. Der Durchmesser des Ringsystems beträgt schätzungsweise 250 000 Kilometer, die Dicke jedoch nur anderthalb Kilometer. Das bedeutet, dass in den Ringen insgesamt relativ wenig Masse enthalten ist. Würde man aus den Ringen einen einzelnen Masseklumpen formen, so käme dabei lediglich ein Körper mit einem Durchmesser von etwa 100 Kilometern heraus. Obwohl die Ringe von der Erde aus betrachtet völlig gleichmäßig erscheinen, bestehen sie aus unzähligen einzelnen einen Zentimeter bis einige zig Meter großen Klumpen aus Wassereis und vereistem Gestein, die alle auf eigenen Bahnen den Saturn umrunden.

Ähnlich wie Jupiter hat auch Saturn etliche natürliche Satelliten, nach dem letzten Stand insgesamt 62. Zwischen einigen dieser Monde und dem Ringsystem kommt es zu ziemlich komplexen Gezeitenwechselwirkungen. Insbesondere die sogenannten »Schäferhundmonde« Atlas, Prometheus und Pandora scheinen dafür verantwortlich zu sein, dass die Ringe nicht mit der Zeit auseinanderfallen. Und von Mimas, einem weiteren Mond, glaubt man, dass durch ihn die Materiallücke in der Cassini'schen Teilung verursacht wird. Auch der Ursprung der Ringe liegt noch im Dunkeln. Vermutlich stammen sie von auseinandergebrochenen größeren Satelliten. Überhaupt ist das gesamte Ringsystem trotz intensiver Beobachtungen noch nicht in allen Einzelheiten erforscht.

Noch ein paar Worte zur Raumsonde »Cassini«, der die Astronomie eine Menge neuer Erkenntnisse zu Saturn, seinem Ringsystem und seinen Monden verdankt. Knapp sieben Jahre nach ihrem Start im Oktober 1997 erreichte »Cassini« im Juli 2004 den Planeten. Bis Juni 2008 umrundete sie 74-mal Saturn, wobei sie 44-mal am Saturnmond Titan vorbeiflog. Höhepunkt der Mission war die Landung der mitgeführten Sonde »Huygens«, die sich am 25. Dezember 2004 von »Cassini« löste und am 14. Januar 2005 an einem Fallschirm durch die Atmosphäre des Mondes Titan zu Boden sank und dabei laufend Daten zur Erde funkte. Da »Cassini« 2008 noch keine Ermüdungserscheinungen zeigte, hat man ihre Mission für weitere Erkenntnisse über die Monde des Saturn verlängert und sie schließlich im September 2017 kontrolliert auf Saturn stürzen lassen.

Uranus und Neptun

Diese beiden letzten Gasplaneten umrunden in etwa 19- beziehungsweise 30-fachem Erdabstand die Sonne. Mit einem Radius von 25 559 beziehungsweise 24 746 Kilometern sind sie annähernd gleich groß. Obwohl bei beiden die innere Schicht aus metallischem, flüssigem Wasserstoff fehlt, sind sie ansonsten in Aufbau und Zusammensetzung den Gasplaneten Jupiter und Saturn sehr ähnlich. Im Wesentlichen bestehen beide aus gesteinsartigem Material und Eis, vermischt mit rund 15 Prozent Wasserstoff und etwas Helium. Während Neptun vermutlich einen Gesteinskern hat, sind bei Uranus Gestein, Eis und Gas eher homogen über sein ganzes Volumen verteilt. Die Atmosphäre beider Planeten besteht zu 83 Prozent aus Wasserstoff, zu 15 Prozent aus Helium und zu etwa zwei Prozent aus Methan. Bei Neptun sind die bei Gasplaneten auftretenden atmosphärischen Turbulenzen besonders ausgeprägt. Auf ihm werden Windgeschwindigkeiten von bis zu 2000 Kilometer pro Stunde gemessen. Im Widerspruch zur Regel, nach der die Rotationsachse der meisten Planeten nahezu senkrecht auf ihrer Bahnebene steht, tanzt Uranus hier aus der Reihe. Seine Achse liegt fast parallel zu dieser Ebene. Folglich wird der Planet durch die Sonne an den Polen stärker aufgeheizt als am Äquator. Dennoch ist seine Temperatur in den äquatorialen Zonen höher als an den Polen, ein Mechanismus, der bis jetzt noch einer Erklärung harrt.

Auch diese beiden Planeten müssen nicht ohne eigene Monde leben: 27 sind es bei Uranus und 14 bei Neptun.

Pluto

Zunächst: Pluto zählt nicht mehr zu den Planeten. 2006 hat ihn die Internationale Astronomische Union (IAU) zum Zwergplaneten degradiert. Der Grund: So wie Pluto umkreisen viele, zum Teil sogar größere Objekte als Pluto die Sonne jenseits des Neptuns als sogenannte Trans-Neptun-Objekte (TNO). Damit stand man vor der Wahl, entweder auch diese Objekte in den Stand von Planeten zu erheben, was zu einer unabsehbaren »Planetenschwemme« geführt hätte, oder Pluto als Zwergplaneten fortan der Gruppe der TNOs zuzurechnen, die die Sonne im Kuipergürtel umlaufen. Vermutlich konnte die IAU leichter auf ein Mitglied verzichten, als viele andere zu »adoptieren«.

Pluto ist unter den bisher beschriebenen Mitgliedern des Sonnensystems das am wenigsten erforschte und rätselhafteste Objekt. Er ist am weitesten von der Sonne entfernt und mit einem Durchmesser von nur 2274 Kilometern deutlich kleiner als selbst der kleinste Planet, der Merkur. Da seine Umlaufbahn stark elliptisch ist, kommt er zeitweise der Sonne näher als der weiter innen liegende Neptun. Während die Bahnen aller anderen Planeten nahezu in einer Ebene verlaufen, ist Plutos Bahnebene deutlich, nämlich um 17 Grad, gegen diese gemeinsame Ebene geneigt. Auch die Zusammensetzung Plutos ist nicht genau bekannt. Man vermutet, dass er aus einer Mischung von rund 30 Prozent Wassereis und 70 Prozent gesteinsartigem Material aufgebaut ist. Über die Atmosphäre des Planeten weiß man praktisch nichts. Wahrscheinlich ist sie extrem dünn und setzt sich hauptsächlich aus Stickstoff, Kohlenmonoxid und

Methan zusammen. Wie bei Uranus liegt auch Plutos Rotationsachse nahezu parallel zur Bahnebene der übrigen Planeten, und die Oberflächentemperatur erreicht nur Werte zwischen minus 235 und minus 210 Grad Celsius. Ungeachtet seiner geringen Masse besitzt auch Pluto fünf Monde. Charon, der größte unter ihnen, ist kurioserweise mit 1172 Kilometer Durchmesser halb so groß wie Pluto. Man vermutet daher, dass Charon, ähnlich wie der irdische Mond, durch den Aufprall eines massereichen Körpers auf Pluto entstanden sein könnte.

Vielleicht kann die Raumsonde »New Horizon«, die im Januar 2006 von der NASA auf die Reise zum Pluto geschickt wurde, für neue Erkenntnisse von diesem Objekt sorgen. Im Juli 2015 soll sie beim Pluto ankommen.

Planetoiden

Neben diesen verhältnismäßig großen Trabanten, die um die Sonne ziehen, tummeln sich noch eine ganze Menge kleinerer und kleinster Objekte von unregelmäßiger Gestalt im Sonnensystem. Im Unterschied zu den massereichen Planeten bezeichnet man sie als Asteroiden, als Planetoiden oder auch Kleinplaneten. Gegenwärtig – Stand März 2014 – kennt man 634 757 Asteroiden, von denen 390 221 eine Nummer und einen Namen tragen. Die Gesamtmenge der Asteroiden schätzen die Astronomen jedoch auf mehrere Millionen, wovon wiederum etwa die Hälfte größer ist als eineinhalb Kilometer. Trotz dieser enormen Menge bringen diese Objekte zusammengenommen nicht mehr als einige Tausendstel der Erdmasse auf die Waage.

Der bevorzugte Aufenthaltsort dieser Planetoiden ist der sogenannte Asteroidengürtel zwischen den Umlaufbahnen der Planeten Mars und Jupiter. Im Bereich der zweifachen bis zur dreifachen Entfernung Sonne – Erde bewegen sich 90 Prozent der Asteroiden. Die meisten dieser Körper sind nahezu rabenschwarz, reflektieren nur wenige Prozent des Sonnenlichts und setzen sich im Wesentlichen aus Kohlenstoff zusammen. Ein kleinerer Anteil leuchtet jedoch relativ hell und besteht aus gesteinsartigem Material oder ist ziemlich reich an Metallen. Einige verändern sogar laufend ihre Helligkeit, während sie sich um ihre Achse drehen.

Die bekanntesten und größten Asteroiden sind Ceres, Pallas und Vesta mit Massen von immerhin rund einem Zehntausendstel der Erdmasse und einer Ausdehnung von mehreren hundert Kilometern. Zwei andere Asteroiden, Gaspra und Ida, bekamen im Oktober 1991 beziehungsweise August 1993 Besuch von der Raumsonde »Galileo«, die auf ihrem Weg zum Jupiter in nur 1600 Kilometer Entfernung an Gaspra und in 3600 Kilometer Abstand an Ida vorbeiflog. Gaspra, der Kleinere der beiden, hat Abmessungen von rund 18 × 10 × 9 Kilometern. Ida ist mit 56 × 24 × 21 Kilometern etwa doppelt so groß. Auf den gestochen scharfen Bildern, die »Galileo« von diesen Trabanten zur Erde gefunkt hat, kann man deutlich die ziemlich zernarbten, mit Einschlagkratern übersäten Oberflächen erkennen. Ida hat sogar einen eigenen 1,6 × 1,4 × 1,2 Kilometer großen Mond mit dem griechischen Namen für Daumen: Dactyl (Abb. 25).

Inzwischen sind noch andere Asteroiden von Raumsonden angeflogen worden. So näherte sich die Sonde »Deep Space« im Juli 1999 bis auf 28 Kilometer dem Asteroiden Braille. Die Sonde »NEAR Shoemaker« erreichte 2000 den Asteroiden Eros und schwenkte in einen zeitweise nur 50 Kilometer über dem Asteroiden verlaufenden Orbit ein. Elf Monate später landete »NEAR« sogar auf Eros. Und im September 2005 setzte die japanische Sonde »Hayabusa« auf dem Kleinkörper Itokawa auf, um Staub von der Oberfläche des Asteroiden in einem Probenbehälter zu sammeln. Kurze Zeit später löste sich die Sonde wieder von dem Asteroiden, begleitete ihn zunächst rund zwei

Jahre auf seinem Weg durchs All und begann schließlich im April 2007 mit dem Rückflug zur Erde. Im Juni 2010 landete die Rückkehrkapsel schließlich weich in Australien.

Von besonderem Interesse sind natürlich Asteroiden, die auf ihrem Weg die Erdbahn kreuzen oder gar mit der Erde kollidieren könnten. Mittlerweile hat man eine Menge solcher Kleinobjekte mit Größen von etwa zehn bis zu 300 Metern gefunden. Die geringste Distanz zur Erde von allen hatte bisher ein etwa ein Meter großer Asteroid mit der Bezeichnung TS26, der im Oktober 2008 in einer Entfernung von nur 6150 Kilometern an der Erde vorbeiraste. Mit 6535 Kilometer Entfernung kam im März 2004 der sechs Meter große Asteroid 2004 FU162 unserem Planeten ähnlich nahe. Ein ganz anderes Kaliber ist der rund

Abb. 25: Einige bekannte Asteroiden und ein Komet mit Namen und Angaben zu ihrer Größe. Alle wurden mittlerweile von irdischen Sonden besucht und unter die Lupe genommen. In der letzten Zeile sind die Namen und das Besuchsdatum der jeweiligen Sonde aufgeführt.

300 Meter große Asteroid Aphobis. Entsprechend den neuesten Bahnberechnungen wird er am 13. April 2029 in einem Abstand von 30 000 Kilometern an der Erde vorbeiziehen. Man kann nur hoffen, dass sich die Verantwortlichen nicht verrechnet haben. Bislang – Stand 7. April 2014 – kennt man 1464 Asteroiden, die der Erde gefährlich werden könnten. Und dennoch, trotz intensiver Überwachung des Himmels, glauben die Asteroidenbeobachter, dass nahezu jeden Tag ein wenige Meter großer Klumpen unerkannt die Erde in vergleichsweise ähnlich knapper Entfernung passiert.

Dass selbst relativ kleine Asteroiden beträchtlichen Schaden anrichten können, zeigt der Einschlag des Tscheljabinsk-Meteoriten am 15. Februar 2013 im Ural. Der ursprüngliche Asteroid soll einen Durchmesser von etwa 19 Metern und eine Masse von circa 12 000 Tonnen gehabt haben. Beim Eintritt in die Erdatmosphäre brach er in einer Höhe von etwa 30 Kilometern in mehrere Teile auseinander. Durch die Druckwelle der Explosion wurden 3700 Gebäude zum Teil schwer beschädigt und 1491 Personen hauptsächlich durch Glassplitter verletzt. Die bei der Explosion freigesetzte Energie soll eine Sprengkraft von rund 40 Hiroshima-Bomben gehabt haben, was circa 500 000 Tonnen TNT entspricht.

Mittlerweile gibt es einige Programme, die es sich zur Aufgabe gemacht haben, rechtzeitig sogenannte NEOs (near earth objects = Objekte, die der Erde nahe kommen) aufzuspüren. Um möglichst frühzeitig vor einem eventuellen Einschlag warnen zu können, wurde 1995 von der NASA und dem Jet Propulsion Laboratory in den USA das Beobachtungssystem NEAT (Near Earth Asteroid Tracking) auf Hawaii installiert. Seit Anfang 2000 sucht man in regelmäßigen Abständen mit einem 1,20-Meter-Teleskop von Maui aus den Himmel nach erdnahen Asteroiden und Kometen ab. 2001 kam ein baugleiches Instrument auf dem Mount Palomar in Kalifornien hinzu. Beide Geräte arbeiten autonom und vollautomatisch. Andere Programme, beispielsweise das »Spacewatch Project« der University of Arizona oder das Projekt LINEAR der US Air Force und der NASA am Massachusetts Institute of Technology, scannen ebenfalls den Himmel. Auf der Internetseite http://spaceweather.com findet man eine fortwährend aktualisierte Liste künftiger naher Begegnungen von Asteroiden mit der Erde.

Für den Fall, dass doch mal ein Asteroid Kurs auf die Erde nehmen sollte, haben Wissenschaftler mehrere Verfahren zur Abwehr der gefährlichen Objekte vorgeschlagen. Auf die Einzelheiten können wir an dieser Stelle nicht eingehen. In unserem Buch *Sternstunden des Universums* wird eine Auswahl der erfolgversprechendsten Methoden vorgestellt.

Kometen

Von den Asteroiden unterscheiden sich die Kometen vornehmlich durch ihren hohen Anteil an Wasser und Gasen, die in gefrorener Form vorliegen und einen Großteil der Masse eines Kometen ausmachen. Spricht man von Kometen, so denkt man wohl als Erstes an den berühmten Halley'schen Kometen. In jüngerer Zeit war der Komet ISON, der sich am 28. November 2013 bis auf eine Million Kilometer der Sonne näherte, sogar für einige Tage mit bloßem Auge zu sehen. Doch der von den Astronomen angekündigte große Auftritt mit beeindruckenden Leuchteffekten beim Passieren der Sonne blieb aus. Stattdessen löste er sich, vom Feuer der Sonne geröstet, auf und starb einen unspektakulären »Hitzetod«. Der Halley'sche Komet wurde vermutlich bereits 2467 v. Chr. erstmals gesichtet. Doch erst rund 4000 Jahre später, 1682, gelang es dem englischen Astronomen Edmond Halley, die Bahn dieses Kometen zu berechnen. Er konnte zeigen, dass der Komet für einen Umlauf um die Sonne 76 Jahre benötigt und dass auch die in den Jahren 1531 und 1607 gesichteten Erscheinungen auf denselben Kometen zurückzuführen waren. Aufgrund seiner Berechnungen wagte Halley die Vorhersage, dass der Komet im Jahr 1759 wieder am Himmel erscheinen würde. Als sich die Prognose bewahrheitete, gab man schließlich Halley zu Ehren diesem Himmelsvagabunden seinen Namen.

Bis dahin wurden die Kometen allgemein als Unheilbringer angesehen, und noch 1456 verfluchte Papst Calixtus III. den in diesem Jahr gesichteten Halley'schen Kometen ausdrücklich als einen Agenten des Teufels. Mittlerweile weiß man besser Bescheid und kann das Wesen der Kometen genau beschreiben. Im Allgemeinen handelt es sich bei diesen Himmelserscheinungen um periodisch wiederkehrende Objekte, die auf mehr oder minder lang gestreckten Ellipsen um die Sonne laufen. Dabei unterscheidet man zwischen lang- und kurzperiodischen Kometen.

Zu den langperiodischen Kometen zählt man jene, deren Umlaufzeiten im Bereich von etwa 100 bis zu einer Million Jahren liegen. Ihre Bahnen sind sehr lang gestreckte Ellipsen. Der Komet Hale-Bopp, einer der hellsten Himmelskörper des 20. Jahrhunderts, der 1997 mit bloßem Auge gut am nächtlichen Himmel zu beobachten war, gehört zu diesem Kometentyp. Wie Berechnungen seiner Bahn ergaben, war er zuletzt vor etwa 4210 Jahren in Sonnennähe. Wieder hier auftauchen wird er erst in etwa 2380 Jahren. Vermutlich haben diese langperiodischen Kometen ihren Ursprung in der sogenannten Oort'schen Wolke, die in einer Entfernung zur Sonne von etwa 5000 AE beginnt (AE = Astronomische Einheit, sie entspricht der Entfernung Erde – Sonne = 150 Millionen Kilometer) und circa 100 000 AE in den Raum hinausreicht. Nach neueren Schätzungen enthält diese Wolke einige hundert Milliarden Objekte. Vermutlich werden immer dann ein paar Kometen aus diesem Reservoir in Richtung Sonne geschleudert, wenn die Dynamik der Wolke, zum Beispiel durch die Schwerkraft eines in der Nähe vorbeiziehenden Sterns, gestört wird.

Die Umlaufzeiten kurzperiodischer Kometen betragen weniger als 200 Jahre. Mit 3,3 Jahren hat der Komet Encke die kürzeste aller bekannten Umlaufzeiten. Der sonnenferne Bahnpunkt vieler Himmelskörper dieses Typs scheint in der Nähe der Bahn des Planeten Jupiter zu liegen, sodass man in ihrem Fall auch von einer Jupiter-Kometenfamilie spricht. Offenbar ist diese Kometenansammlung durch den Einfang ursprünglich längerperiodischer Kometen entstanden. Als Quelle der kurzperiodischen Kometen wird jedoch der Kuipergürtel angesehen, eine ringförmige Region in der Ebene des Sonnensystems, die sich jenseits der Bahn des Planeten Neptun bis auf eine Entfernung von etwa 150 AE in den Raum hinaus erstreckt. Mittlerweile – Stand März 2014 – kennt man 5058 Kometen, 3054 davon mit einer speziellen Bezeichnung.

Bei einem Kometen unterscheidet man zwischen dem Kometenkopf und einem manchmal bis zu einigen hundert Millionen Kilometer langen Schweif. Der Kometenkopf umfasst den nur wenige Kilometer großen, meist aber nicht sichtbaren Kern und eine diesen umgebende neblig-diffuse Hülle aus Gas- und Staubteilchen, die sogenannte Koma. Der ein bis einige zig Kilometer große Kern besteht im Wesentlichen aus gefrorenem Wasser, Ammoniak, Methan und Kohlendioxid mit einer dicken Kruste aus dunklem Staub, weshalb man ihn auch gerne mit einem schmutzigen Schneeball vergleicht. Die Kernmasse eines Kometen beträgt zwischen einer Milliarde und 1000 Milliarden Tonnen. Wem das jetzt als unheimlich viel erscheint, der sei daran erinnert, dass die Erde immerhin noch rund sechs Milliarden Mal schwerer ist als die massereichsten Kometen.

Die Sonde »Deep Impact« bombardierte 2005 den Kometen Tempel 1 mit einem rund 370 Kilogramm schweren Einschlagkörper, um aus dem hochgewirbelten Kometenmaterial Rückschlüsse auf seine Zusammensetzung zu gewinnen. Und im November 2014 erreichte die im März 2004 gestartete Raumsonde »Rosetta« nach einem Flug von 6,4 Milliarden Kilometern den Kometen 67P/Tschurjumow-Gerasimenko. Der Versuch, die mitgeführte Landeeinheit »Philae« auf dem Kometen abzusetzen, um dessen Kern zu untersuchen, verlief jedoch wenig erfolgreich. Nach zwei Hüpfern kam »Philae« in einer Felsspalte unglücklich zu liegen. Das wenige Sonnenlicht, das auf die Kollektoren traf, reichte nicht aus, um die Batterien zu laden. Zwei Jahre später ließ man »Rosetta« kontrolliert auf den Kometen stürzen.

Koma und Schweif bilden sich erst aus, wenn sich der Komet der Sonne nähert. Solange sich der Komet jenseits der Jupiterbahn aufhält, besteht der Komet nur aus dem Kern. Erst wenn er von der Sonne ausreichend aufgeheizt wird, beginnt die äußere Hülle des Kerns zunehmend zu verdampfen, und Koma und Schweif beginnen sich zu entwickeln. Die voll ausgebildete Koma kann einen Durchmesser von einigen zehntausend bis zu mehreren Millionen Kilometern erreichen. Bei den Kometenschweifen unterscheidet man zwei Typen. Schweife vom Typ I bestehen in erster Linie aus ionisierten Molekülen, also aus Gasmolekülen, die durch den Verlust eines Elektrons positiv geladen sind. Man bezeichnet sie daher auch als Plasmaschweife. Diese Schweife sind stets von der Sonne weg gerichtet, da der Sonnenwind, ein permanenter Strom von Protonen und Elektronen, der von der Sonne abweht, die Molekülionen vor sich hertreibt. Die sogenannten Staubschweife des Typs II sind stärker gekrümmt als die Plasmaschweife. Sie bestehen im Wesentlichen aus mikroskopisch kleinen Staubteilchen. Für diese Teilchen reicht bereits der Strahlungsdruck des Sonnenlichts aus, um sie in die vom Kometen aus gesehen sonnenabgewandte Richtung zu blasen. Beide Schweiftypen können sowohl einzeln als auch gemeinsam auftreten (Abb. 26).

Da die Kometen aus ziemlich locker zusammengefügtem Material bestehen, sind sie auch besonders anfällig für gravitative

Störungen, zum Beispiel die Anziehungskraft eines Planeten. Äußerst spektakulär war das bei dem Kometen Shoemaker-Levy zu beobachten, der im Rhythmus von zwei Jahren den Planeten Jupiter umrundete. Bei der Entdeckung dieses Kometen 1993 konnte man bereits erkennen, dass er in 21 Teile zerbrochen war, die wie die Perlen einer Kette längs seiner Flugbahn aufgereiht waren. Zerrissen wurde der Komet, als er bei seinen Umläufen dem Jupiter schließlich zu nahe kam. Im Juli 1994 stürzten die einzelnen Teilstücke Brocken für Brocken innerhalb von sechs Tagen mit einer Geschwindigkeit von etwa 60 Kilometern pro Sekunde in die Jupiteratmosphäre. Da die Einschläge auf der der Erde abgewandten Seite Jupiters lagen, dauerte es etwa 15 Minuten, bis sich Jupiter so weit gedreht hatte, dass diese Stellen von der Erde aus sichtbar wurden. Der Anblick war beeindruckend. Die Einzelteile Shoemaker-Levys hatten sich beim Eindringen in die Jupiteratmosphäre dermaßen erhitzt, dass sie schließlich explodierten und heißes Gas etwa 3000 Kilometer in den Raum hinausschleuderten. Das auf die Oberfläche Jupiters zurückfallende Material heizte sodann die Atmosphäre noch weiter auf, sodass sich über Wochen im infraroten Bereich des elektromagnetischen Spektrums sehr helle Flecken mit einem Durchmesser von rund 12 000 Kilometern abzeichneten. Aus der Summe der Erscheinungen konnte man schließen, dass die einzelnen Bruchstücke lediglich einen Durchmesser von etwa 700 Metern hatten. Man möchte sich nicht vorstellen, was hätte geschehen können, wäre Shoemaker-Levy, vielleicht sogar als ganzer Komet, auf die Erde gestürzt. Vielleicht hätte der Einschlag zu einer ähnlichen Katastrophe geführt, wie sie auf der Erde schon einmal durch einen Meteoriten ausgelöst wurde und die vermutlich den Untergang der Dinosaurier eingeleitet hat.

Abb. 26: Der 1997 am Himmel aufgetauchte Komet Hale-Bopp, dessen Kern einen Durchmesser von etwa 50 Kilometern hat, war so hell, dass er mit bloßem Auge zu erkennen war. Während der Gasschweif des Kometen (blau) direkt von der Sonne weg zeigt, ist der Staubschweif (weiß) leicht gekrümmt.

Meteore – Meteoroiden – Meteoriten

Um bei den folgenden Betrachtungen über Meteore nicht Gefahr zu laufen, sich in Begriffen zu verheddern, müssen wir zunächst einige Bezeichnungen erläutern. Sprechen wir von einem Meteor, so ist damit die Leuchtspur gemeint, die am Himmel zu sehen ist, wenn ein Staubteilchen oder ein größerer Gesteinsbrocken in die Erdatmosphäre eintritt und dort verglüht. In der Umgangssprache wird diese Himmelserscheinung auch als Sternschnuppe bezeichnet. Als Meteoroid bezeichnet man weniger als einen Millimeter bis zu einige Meter große Objekte, die um die Sonne ziehen und beim Eintritt in die Erdatmosphäre als Meteor verglühen. Und schließlich wird aus dem Meteoroid ein Meteorit, wenn Ersterer nicht vollständig in der Erdatmosphäre verglüht, sondern noch ein Rest verbleibt, der als kompakter Klumpen auf die Erdoberfläche prallt.

Meteoroiden sind meist Bruchstücke von Asteroiden oder Kometen. Ein Großteil der Meteoroiden bewegt sich im Sonnensystem in Schwärmen. Die Bahn eines solchen Schwarms kann man anhand der Spuren der einzelnen Meteore berechnen. So hat man erkannt, dass sich zahlreiche Meteoroidenschwärme auf den Bahnen bekannter Kometen bewegen. Ein Beispiel dafür ist der sogenannte Leoniden-Schauer, der mit dem Kometen Tempel-Tuttle zusammenhängt. Sehr wahrscheinlich sind die einzelnen Meteoroiden des Schauers Fragmente dieses Kometen. Trifft die Erde auf ihrer Bahn um die Sonne auf einen solchen Strom, so kann man am Himmel das schöne Schauspiel eines Meteorschauers beobachten. Aber auch von Planeten können Meteoroiden abstammen. Beim Aufschlag massereicher Objekte auf einem Planeten werden gelegentlich Planetentrümmer aus dessen Oberfläche herausgebrochen und in den Raum hinauskatapultiert, die dann als Meteoroiden ihre Reise im Sonnensystem beginnen.

Meteoroiden bis etwa zehn Millimeter Größe verglühen beim Eindringen in die Erdatmosphäre, aufgeheizt durch die Reibung an den Luftmolekülen, bereits in etwa 100 Kilometer Höhe. Dabei erzeugen sie längs ihrer Bahn eine Leuchtspur und einen Kanal aus ionisiertem Gas. Ionisierte Materie reflektiert Radarstrahlen, sodass sich sogar kleinste Meteoroiden auch tagsüber mithilfe ihres Radarechos nachweisen lassen. Meteoroiden von einem bis etwa zehn Zentimeter Größe können tiefer in die Atmosphäre eindringen. Sie zerplatzen in Höhen von zehn bis 50 Kilometern und verursachen die relativ seltenen Feuerbälle. Noch größere Meteoroiden explodieren nahe der Erde und fallen als einzelne Bruchstücke auf den Boden. Dabei können gewaltige Einschlagkrater entstehen.

Der wohl bekannteste Einschlagkrater findet sich in Arizona, wo ein etwa eine Million Tonnen schwerer Eisenmeteorit vor etwa 20 000 Jahren ein 175 Meter tiefes Loch von 1,2 Kilometer Durchmesser ausgehoben hat. Sehr wahrscheinlich ist auch das Nördlinger Ries mit 25 Kilometer Durchmesser das Ergebnis eines Meteoritenaufpralls vor etwa 15 Millionen Jahren. Schließlich soll auch der Einschlag eines etwa zehn Kilometer großen Meteoriten vor rund 65 Millionen Jahren zum Aussterben der Dinosaurier beigetragen haben. Der Krater, der dabei entstand, liegt unter einer dicken Sedimentschicht bei Chicxulub auf der mexikanischen Halbinsel Yucatán und hat einen Durchmesser von rund 180 Kilometern. Inzwischen wurden Computerprogramme entwickelt, mit deren Hilfe man Durchmesser und Tiefe des Kraters berechnen kann, den ein Meteoriteneinschlag auf der Erde hinterlässt. So soll zum Beispiel ein Meteorit von einem Kilometer Durchmesser und einer Dichte von drei Tonnen pro Kubikmeter, der mit einer Geschwindigkeit von 20 Kilometern pro Sekunde auf die Erde kracht, einen etwa 700 Meter tiefen Krater von rund 17 Kilometer Durchmesser verursachen.

Der Massenzuwachs der Erde durch Meteoriten ist je nach Quelle sehr unterschiedlich. Da ist die Rede von 6000 Tonnen pro Tag in Form von meteoritischem Staub. An anderer Stelle heißt es, dass pro Tag Meteoriten mit einer Gesamtmasse von 40 Tonnen in die Erdatmosphäre eindringen. Eine dritte Quelle spricht von 40 000 Tonnen Zuwachs pro Jahr. Welche Angabe der Wirklichkeit am nächsten kommt, sei dahingestellt. Überwiegend rekrutiert sich der Zuwachs aus sogenannten Mikrometeoriten mit einem Durchmesser von etwa einem Zehntelmillimeter. Meteoriten von der Größe eines Steins oder eines größeren Felsbrockens sind dagegen relativ selten.

Die Zusammensetzung der Meteoriten kann sehr unterschiedlich ausfallen. Generell kennt man drei Klassen: Eisenmeteoriten, Steinmeteoriten und Glasmeteoriten. Letztere sind etwa ein

Zentimeter große schwarz-grüne Körper aus silikatreichem Glas. Ihre rundliche Form deutet darauf hin, dass sie in geschmolzenem Zustand durch die Luft geflogen sein müssen.

Entstehung des Sonnensystems

Nachdem wir nun die diversen Familienmitglieder des Sonnensystems kennengelernt haben, wäre es angebracht, auch etwas über die Mutter des Systems, die Sonne, zu erzählen. Da wir das bereits ausführlich im Kapitel »Die Sonne« getan haben, wollen wir uns jetzt der Frage zuwenden, wie das Sonnensystem entstanden ist.

Heute bezweifelt niemand mehr, dass sich unsere Sonne aus einer sich zusammenziehenden und dabei immer dichter werdenden kalten interstellaren Gas- und Staubwolke gebildet hat. Sehr wahrscheinlich wurde die Kontraktion der Wolke ausgelöst durch die Explosion einer nahen Supernova. Die Stoßwellen, die von der Explosion ausgingen, und die Materie, die mit ungeheurer Wucht in den Raum geschleudert wurde, verdichteten beim Aufprall auf die Wolke das Wolkengas. Steigt jedoch die Dichte eines Gases, so kann es leichter abkühlen, weil die Gasmoleküle häufiger miteinander kollidieren und dabei Energie in Form von Strahlung in den interstellaren Raum abgeben. Mit sinkender Wolkentemperatur reduziert sich auch der Druck im Inneren, und die Anziehungskraft zwischen den Molekülen und Staubpartikeln der Wolke gewinnt die Oberhand. Die Wolke beginnt zu kollabieren, verdichtet sich immer mehr und ballt sich schließlich zum heißen Gasball eines Sterns zusammen.

Doch wie steht es mit den Planeten? Während im Inneren der Wolke der Stern heranwächst, formiert sich restliche Wolkenmaterie zu einer flachen, um den Stern rotierenden Gas- und

Staubscheibe. Die Masse dieser Scheibe, die sich bis etwa 100 AE in den Raum hinaus erstreckt, reicht von 0,005 bis etwa 0,2 Sonnenmassen. Ein erster Blick auf unser Sonnensystem lässt bereits vermuten, dass die Planeten aus einer solchen zirkumstellaren Scheibe entstanden sind. Besonders zwei Gesichtspunkte stützen diese Theorie: Zum einen bewegen sich die Planeten auf nahezu kreisförmigen Bahnen, die alle mehr oder minder in einer gemeinsamen Ebene verlaufen. Zum anderen ziehen alle Planeten gleichsinnig um die Sonne (Abb. 27).

Nach den gegenwärtigen Theorien läuft die Entstehung der Planeten in zwei Phasen ab. Grundsätzlich beginnt die Entwicklung mit zufälligen Kollisionen der ursprünglich gleichmäßig über die Scheibe verteilten Staubpartikel. Dabei ballt sich die Scheibenmaterie zu Klümpchen. Weitere Zusammenstöße lassen dann aus den Klümpchen schrittweise immer größere Brocken entstehen. Auf diese Weise formen sich in etwa einer Million Jahren aus dem Staub der Scheibe die Vorläufer der Planeten, sogenannte Planetesimale, mit Durchmessern von bis zu einigen hundert Kilometern.

In Phase zwei vereinigen sich dann mehrere Planetesimale zu immer größeren Objekten. Das Wachstum erfolgt dabei fast ausschließlich über inelastische Zusammenstöße. Massereiche Planetesimale kollidieren aufgrund ihrer größeren Anziehungskraft häufiger. Auf diese Weise wachsen die großen Planetesimale auf Kosten derjenigen mit geringerer Masse und werden schließlich zu Planeten. Das Wachstum ist beendet, wenn alles Material im Bereich der jungen Planeten aufgesammelt ist. Der ganze Prozess dauert etwa 100 Millionen Jahre. Nach Ansicht der Planetologen haben sich auf diese Art die gesteinsartigen terrestrischen Planeten unseres Sonnensystems, also Merkur, Venus, Erde und Mars, gebildet.

Gasplaneten können nur in den äußeren Bereichen der zirkumstellaren Scheibe entstehen. Dort ist die Temperatur des

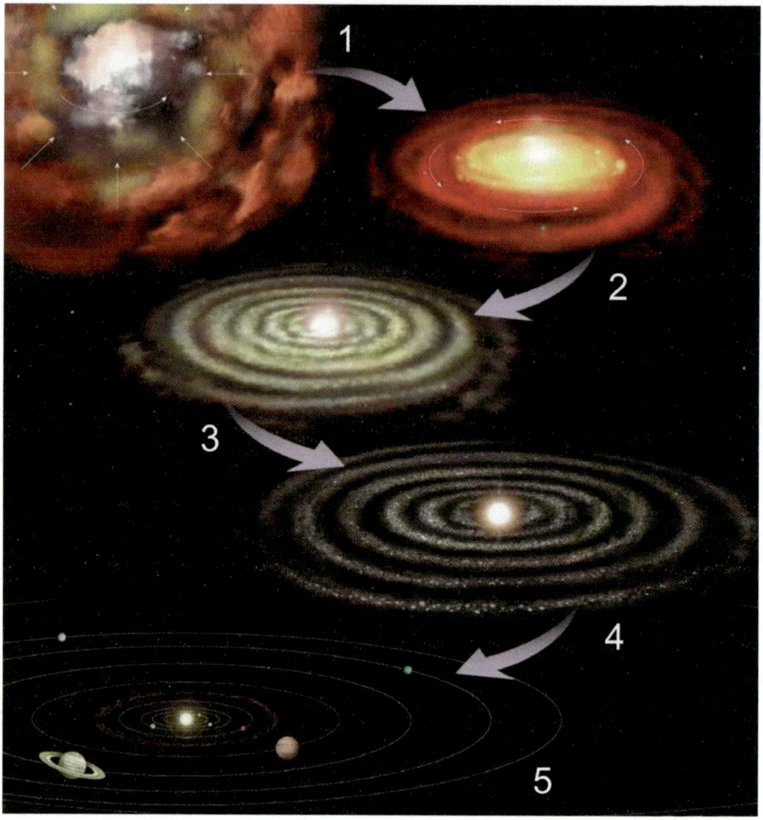

Abb. 27: Entstehung der Planeten aus dem Material der protoplanetaren Scheibe um die junge Sonne. 1) Im solaren Nebel verdichtet sich Materie zur Protosonne. 2) Das verbleibende Wolkengas formiert sich zu einer um die Sonne rotierenden Materiescheibe. 3) und 4) In der Scheibe umlaufende Kleinkörper kollidieren und verschmelzen zu immer größeren Planetoiden und räumen dabei ihre Umlaufbahnen von restlichen Kleinkörpern frei. 5) Die fertigen Planeten umrunden die Sonne mehr oder weniger in einer gemeinsamen Ebene.

Scheibengases so niedrig, dass ein massereicher Kern aufgrund seiner Gravitationskraft die Gasmoleküle entgegen ihrer Wärmebewegung an sich binden kann. Vermutlich friert zunächst ein

Kern aus gesteinsartigem Material, beziehungsweise aus Kohlendioxid, Ammoniak und Wassereis, aus dem Scheibengas aus, der dann rasch weiteres Gas an sich bindet. Computersimulationen zeigen, dass sich die gesamte Hülle des größten Gasplaneten in unserem Sonnensystem, des Jupiters, in nur 100 000 Jahren gebildet haben könnte.

Planetenbahnen

Normalerweise sollten sich bei der Entwicklung von Planeten aus einer rotierenden Gasscheibe nahezu kreisförmige Umlaufbahnen um den Zentralstern herausbilden. Bei einem Blick auf unser Sonnensystem finden wir das auch sehr schön für die Planeten Venus, Erde, Mars, Jupiter, Saturn, Uranus und Neptun bestätigt. Auf Merkur und Pluto trifft das jedoch nicht zu. Mit Exzentrizitäten von 0,21 beziehungsweise 0,25 weichen deren Bahnen beträchtlich von einem Kreis ab. Noch sind sich die Planetologen nicht im Klaren darüber, warum das so ist. Fragt sich also: Wie kann es zu derartigen »Bahnverformungen« kommen?

Mehrere Möglichkeiten sind denkbar. Zum einen kann ein in der Nähe vorbeiziehender Stern durch seine Schwerkraft die Bahn eines Planeten stören. Ein solcher Fall wäre beispielsweise in einem Doppelsternsystem gegeben, in dem einer der beiden Sterne von Planeten umkreist wird. Zum anderen können die Anziehungskräfte, welche die Planeten untereinander ausüben, die ursprünglich kreisförmigen Bahnen deformieren. Kommt es dabei zu Bahnüberkreuzungen, so bekommen das vornehmlich die massearmen Planeten zu spüren, indem deren Bahnkurven verzerrt werden. Im schlimmsten Fall wird dabei ein Planet ganz aus dem System herausgeschleudert. Würde sich zum Beispiel Jupiter auf einer exzentrischen Bahn bewegen, so hätte das für die Erde oder den Mars möglicherweise katastrophale Folgen.

Die Bahndaten eines einzigen massereichen Planeten sind oft entscheidend für das Schicksal aller anderen Planeten eines Systems. Möglichst kreisförmige Bahnen wirken sich also positiv auf die Stabilität eines Planetensystems aus. Inwieweit die nahezu kreisförmigen Planetenbahnen in unserem Sonnensystem nun purer Zufall oder das Ergebnis einer langen Entwicklung sind, bei der eventuell »überflüssige« Planeten aus dem System katapultiert wurden oder in die Sonne gestürzt sind, ist gegenwärtig noch offen.

Stabilität des Sonnensystems

Die Planeten umkreisen die Sonne auf festgelegten Bahnen und benötigen dazu immer die gleiche Zeit. Es hat den Anschein, als liefe im Sonnensystem alles so regelmäßig ab wie bei einem Uhrwerk. War das schon immer so, und wird es auch immer so bleiben? Was bringt die Zukunft? Ist unser Sonnensystem nur eine von vielen möglichen stabilen Konfigurationen, oder ist dieses »Karussell« aufgrund seiner Stabilität die einzig mögliche Konstellation mit konstanter Präzision? Eine Antwort hierauf ist schwer zu geben. Vor allem deswegen, weil wir in Anbetracht des Alters unseres Sonnensystems von etwa 4,57 Milliarden Jahren nur auf Beobachtungen zurückgreifen können, die günstigstenfalls einige tausend Jahre zurückliegen. Innerhalb dieser knappen Zeitspanne konnten die Astronomen aber keine Veränderungen in der Harmonie des Sonnensystems erkennen. Es gibt jedoch Hinweise, dass das nicht immer so gewesen ist, und vor allem, dass das nicht immer so bleiben muss.

So hat man herausgefunden, dass die Planeten nicht dort entstanden sein können, wo sie heute ihre Bahnen ziehen. Sehr wahrscheinlich sind sie in einem deutlich geringeren Abstand zur Sonne aus der Gas- und Staubscheibe um die Sonne auskondensiert. Folgt man den Berechnungen, so wurde Jupiter im Vergleich zu seiner heutigen Position zwar in einer geringfügig größeren Entfernung zur Sonne geboren, doch Saturn, Uranus und Neptun viel näher zur Sonne. Auch die »Reihung« der Planeten war eine andere. So war nicht der Neptun der äußerste Planet, sondern Uranus. Das Sonnensystem sah demnach anfänglich völlig anders aus. Erst 600 bis 700 Millionen Jahre nach seiner Entstehung kam es zu einer Umordnung der Planeten. Verursacht durch Resonanzen in den Umlaufzeiten der Planeten Jupiter und Saturn – Jupiter umrundete die Sonne zweimal, während Saturn in der gleichen Zeit nur einen Umlauf schaffte – schaukelten sich die gegenseitigen Gravitationseinflüsse dermaßen auf, dass Saturn, Neptun und Uranus nach außen gedrängt wurden, wobei gleichzeitig Neptun über Uranus »hinwegsprang« und seitdem die Sonne jenseits des Uranus umrundet.

Und wie sieht die Zukunft aus? Es ist nicht ausgeschlossen, dass die gegenwärtige Harmonie einmal in blankes Chaos umschlagen kann. Beispiele dafür lassen sich schon heute im Sonnensystem finden. Hyperion, ein erdnussförmiger Mond des Saturn, ist so ein wankelmütiger Kandidat. Obwohl er auf einer stabilen Bahn seinen Planeten umläuft, torkelt er dabei gewaltig wie ein betrunkener Zecher. Seine Rotationsachse wechselt laufend ihre Richtung. Einmal dreht er sich um seine lange, dann wieder um seine kurze Achse, und gelegentlich scheint er gar still zu stehen. Es ist unmöglich, seine Lage im Raum über längere Zeit vorherzubestimmen. Die Ursache für dieses ungehörige Benehmen sehen die Astronomen in seiner elliptischen Bahn um den Saturn, die Hyperion immer wieder in die Nähe des großen Saturnmondes Titan manövriert und ihn dessen Gravitationskräften aussetzt. Während Titan vier Umläufe um Saturn absolviert, umkreist Hyperion den Planeten fast genau dreimal.

Ähnlich, aber nicht ganz so dramatisch verhält es sich mit dem Erdmond. Bis heute ist es nicht gelungen, die Mondbahn exakt zu berechnen. Gäbe es nur die Erde und den Mond, so wäre das kein Problem. In einer solchen Zweikörperkonstellation lassen sich mithilfe der Kepler'schen Gesetze die Bewegungen der beiden Partner aufgrund der gegenseitigen Anziehungskräfte exakt bestimmen. Die entsprechenden Gleichungen kann man lösen. Tritt jedoch ein dritter Körper hinzu, zum Beispiel die Sonne, so geht das nicht mehr. Jetzt wird die Bewegung des Mondes von der Anziehungskraft zweier Körper beeinflusst, die ihrerseits wiederum unter dem Einfluss der jeweils beiden anderen Körper stehen. Eine exakte Lösung der Bewegungsgleichungen für diese drei Körper ist nicht mehr möglich. Es gibt jedoch spezielle Konstellationen, für die es eine exakte Lösung des Dreikörperproblems gibt, nämlich dann, wenn sich einer der drei Körper an einem Punkt befindet, wo sich die von den beiden anderen Körpern ausgeübten Anziehungskräfte und die Zentrifugalkräfte genau die Waage halten. Zu Ehren des Mathematikers Joseph Louis de Lagrange, dem diese Lösungen als Erstem geglückt sind, bezeichnet man solche Punkte auch als Lagrange-Punkte.

Doch was tun, wenn eine exakte Lösung nicht möglich ist? Man kann zunächst die Sonne vernachlässigen und ihren Einfluss auf die Bewegung von Erde und Mond als eine Störung des Zweikörperproblems betrachten. Das liefert aber nur eine Bahnvorhersage über einen relativ kurzen Zeitraum, da ja das Ausmaß der Störung nicht konstant bleibt, sondern sich aufgrund der Einflüsse der beiden anderen Partner ebenfalls ändert. Das wird noch schlimmer, wenn man sich vergegenwärtigt, dass ja auf den Mond nicht nur die Gravitationskräfte von Sonne und Erde einwirken, sondern auch die der anderen Planeten, Monde, Kometen und Asteroiden im Sonnensystem, im Prinzip sogar aller Massen im Universum. Natürlich können diese Einflüsse aufgrund der großen Entfernung dieser Körper vernachlässigbar klein ausfallen, aber sie werden nicht ganz verschwinden. Es ist jedoch unmöglich, die gegenseitigen Auswirkungen der Gravitation all dieser Körper bei der Berechnung der Bahn zu berücksichtigen. Dass nach wie vor alles »rund« läuft, ist lediglich dem Umstand zu verdanken, dass sich die meisten Störungen eben nur verschwindend gering auswirken. Theoretisch können sich aber Störungen so aufsummieren, dass sie letztlich doch eine kleine Verzerrung der ursprünglich stabilen Bahn eines Planeten hervorrufen und ihn somit geringfügig näher in den Anziehungsbereich eines anderen kosmischen Körpers rücken. Die Bahn des Planeten wird auf diese Weise mehr und mehr deformiert. Schließlich kann es sogar zum Zusammenstoß mit einem anderen Planeten kommen, oder die Kräfte wachsen dermaßen an, dass sie den Planeten ganz aus seiner Bahn schleudern.

Der Zwergplanet Pluto ist einem solchen Schicksal gerade noch entgangen. Es darf als sicher gelten, dass Plutos Bahn in der Frühzeit des Sonnensystems in der gleichen Ebene verlief wie die der anderen Planeten. Im Laufe der Zeit muss jedoch Neptun dem kleinen Pluto bei jeder Begegnung einen kleinen »gravitativen« Rempler verpasst haben, wodurch sich die Ebene der Bahn Plutos aus der Bahnebene des Neptun herausgedreht hat und zunehmend elliptisch wurde. Aufgrund dessen kreuzen sich die Bahnebenen beider Körper, sodass sich Pluto gelegentlich sogar innerhalb der Neptunbahn aufhält. Heute beträgt die Neigung gegen die Ebene, in der die übrigen Planeten ihren Bahnen folgen, wie bereits erwähnt rund 17 Grad. Entscheidend aber ist, dass sich zwischen den Bahnperioden von Pluto und Neptun eine 3:2-Resonanz eingestellt hat. Das bedeutet: In der Zeit, in der Neptun die Sonne dreimal umrundet, schafft es Pluto gerade zweimal. Damit ist sichergestellt, dass immer dann, wenn sich die Bahnen kreuzen, die beiden Planeten weit voneinander entfernt sind und sich gegenseitig nicht stören.

Einige Wissenschaftler haben sich die Frage gestellt, ob es im Sonnensystem Platz für einen weiteren Planeten geben könnte, ohne dass dadurch die Stabilität des Systems gefährdet würde. Vermutlich würde jedoch ein zusätzlicher Körper nach kurzer Zeit aus dem Sonnensystem geschleudert werden. Diese Art »Ausschlussverfahren« könnte aber auch zu der heutigen Konfiguration im Sonnensystem geführt haben, bei der vor allem die massereichen Brocken überlebt haben, denn massereiche Körper sind viel schwerer abzulenken und aus der Bahn zu werfen als massearme. Einige Wissenschaftler glauben sogar, das Sonnensystem könnte ursprünglich eine ganze Reihe weiterer Planeten gehabt haben. Anhand von Computersimulationen konnten sie zeigen, dass die Umlaufbahnen von Körpern, die so groß sind wie der Mond, relativ schnell so exzentrisch werden, dass es zu Zusammenstößen und schließlich zum »Kick-out« kommt. Hat sich also die momentane Stabilität unseres Sonnensystems aus einer zunächst größeren Ansammlung von Körpern um die Sonne herausgebildet? Man weiß es nicht. Aber so wie das Sonnensystem anfänglich ja auch ganz anders ausgesehen hat, kann man das nicht ausschließen.

Für die nahe Zukunft müssen wir ein solches Szenario nicht befürchten. Aus Computersimulationen, welche die Bewegungen in unserem Sonnensystem über sehr lange Zeit verfolgen, wobei Hunderte von störenden Einflüssen berücksichtigt wurden, wird ersichtlich, dass sich die Planeten zwar in Grenzen chaotisch verhalten, dass dabei aber keine größeren »Unfälle« passieren. Chaos muss nicht immer in eine Katastrophe münden. Was die Erde betrifft, so wird sich ihre Bahn um die Sonne in den nächsten 100 Millionen Jahren wahrscheinlich nicht verändern. Aber absolut sicher können wir uns dessen nicht sein.

Was ist ein Stern?

Wir hatten den Himmel da droben,
übersät mit Sternen,
und legten uns oft auf den Rücken
und schauten zu ihnen hinauf
und unterhielten uns darüber,
ob sie erschaffen oder nur zufällig da wären.

Mark Twain: »Huckleberry Finn«

Man kann sich gut vorstellen, wie die beiden Ausreißer irgendwo am Mississippi liegen, an einem warmen Sommerabend die funkelnden Lichter am Himmel betrachten, und Tom Sawyer fragt Huck Finn: Was sind denn das für Lichter da am Himmel? Und Huck Finn wird ihm irgendeine haarsträubende Geschichte erzählen. Aber was ist denn nun ein Stern?

Tja, eine gute Frage – nächste Frage, bitte... Schon gut, so einfach können wir uns nicht aus der Affäre ziehen. Aber vielleicht sollten wir ja mal das Pferd von hinten aufzäumen. Sicher jedenfalls ist: Nicht überall, wo »Stern« draufsteht, ist auch ein Stern drin. Da gibt es zum Beispiel den Morgen- oder Abendstern, die Sternschnuppen, die Wandelsterne und die Schweifsterne. Sind das wirklich Sterne?

Keineswegs! Dieser viel besungene Abend- beziehungsweise Morgenstern ist nichts anderes als die von der Sonne hell beleuchtete Venus, also ein Planet unseres Sonnensystems. Auch die Wandelsterne, die ihren Namen der Tatsache verdanken, dass sie scheinbar nicht wie gewohnt ruhig und gleichmäßig ihre Bahn am Himmel ziehen, sondern einmal schneller und ein andermal langsamer, ja sogar zeitweise rückwärtslaufen, sind keine Sterne, sondern ebenfalls Planeten unseres Sonnensystems. Und, man ahnt es schon, auch die Sternschnuppen haben nichts mit einem Stern zu tun. Es sind Kleinmeteoroiden, die beim Eintritt in die Atmosphäre unseres Planeten aufgrund der Reibung an den Luftmolekülen als heller Lichtpunkt verglühen und dabei ihr Leben aushauchen. Schließlich entpuppen sich auch die Schweifsterne nicht als eine Abart von Sternen, sondern als Kometen, mit einem Kopf hauptsächlich aus Wassereis, umgeben von einer dicken Staubkruste, und mit einem Schweif aus Gas und Staub. Das Sonnenlicht, das die Kometen reflektieren, verleiht ihnen ihre Leuchtkraft und ihr eindrucksvolles Erscheinungsbild.

Also, was genau ist ein Stern? Da die oben genannten Beispiele uns spontan an einen Stern denken lassen, scheint es ein gemeinsames Merkmal der Sterne zu sein, hell zu leuchten. Für unsere Sonne trifft das sicher zu. Sie ist ein Stern. Aber das ist zu einfach gedacht, denn was heißt »hell leuchten«? Ist dies das gleißende Weiß der vielen Punkte am dunklen Nachthimmel, oder darf es auch etwas weniger hell sein, vielleicht mit einem rötlichen Farbton? Gibt es also nur eine Art von Stern, oder umfasst der Begriff »Stern« in der Astronomie eine ganze Palette kosmischer Körper mit unterschiedlichen Erscheinungsformen und Eigenschaften? Wie es scheint, wächst sich die Antwort auf unsere Frage zu einer längeren Geschichte aus, die ziemlich spannend werden könnte.

Für Goethes Dr. Faust war am Anfang aller Dinge zunächst das Wort, dann der Sinn, dann die Kraft und schließlich die Tat. Nichts davon war am Anfang eines Sterns. Hier muss es heißen: Am Anfang war das Gas! Sterne bilden sich aus interstellaren Wasserstoff- und Heliumwolken, die sich unter ihrer Schwerkraft zusammenballen und zu einer Kugel formen. Je mehr sich diese Kugel verdichtet, desto heißer wird es in ihrem Inneren. Schließlich kommt der Augenblick, in dem Temperatur und Druck so groß geworden sind und die Wasserstoffkerne so heftig aneinanderstoßen, dass sie zum nächstschwereren Element Helium verschmelzen. Physiker bezeichnen diesen Vorgang, im Gegensatz zur Kernspaltung, wie sie in unseren irdischen Kernkraftwerken stattfindet, als Kernfusion.

Bei der Fusion von Wasserstoff zu Helium wird Energie frei, vor allem in Form harter Röntgenstrahlung. Träger dieser Energie sind die Photonen. Auf ihrem Weg durch die dichte Gaskugel stoßen die Photonen laufend mit Materieteilchen zusammen, werden absorbiert und gestreut und verlieren dabei an Energie. Wenn die Strahlung schließlich an der Oberfläche ankommt, ist aus der harten Röntgenstrahlung sichtbares und infrarotes Licht geworden, und die Gaskugel erstrahlt in blendender Helligkeit. Ein neuer Stern ist geboren!

Damit haben wir das augenscheinlichste Merkmal eines Sterns gefunden. Von einem Stern kann man also nur sprechen, wenn es sich um ein Objekt handelt, das aus eigener Kraft leuchtet und die hierfür nötige Energie aus Kernfusionsprozessen in seinem Inneren gewinnt. Das unterscheidet einen Stern prinzipiell von Planeten, Asteroiden, Kometen und Sternschnuppen. All diese Objekte beziehen ihre Leuchtkraft nicht aus eigener Quelle, sondern sind auf die Strahlung eines nahen Sterns angewiesen, dessen Licht sie reflektieren. Puristen werden jetzt anmahnen, dass diese Körper sehr wohl aus eigener Kraft leuchten, so wie alle Körper entsprechend ihrer Temperatur thermische Strahler sind. Denken Sie an einen Heizkörper in Ihrer Wohnung. Sichtbares Licht in einer Intensität, dass unsere Augen es registrieren können, geht zwar nicht von ihm aus, aber wenn Sie Ihre Hand in geringem Abstand vor den Heizkörper halten, spüren Sie, dass sie warm wird. Der Heizkörper strahlt also vornehmlich im infraroten Bereich des elektromagnetischen Spektrums. So verhält es sich auch mit den oben angesprochenen Körpern. Vergleichen wir unsere Sonne mit einem Planeten, auf dessen Oberfläche eine sommerliche Temperatur von 27 Grad Celsius herrschen soll. Pro Quadratmeter ist die gesamte Strahlungsleistung des Planeten rund 140 000 Mal kleiner als die der rund 5500 Grad heißen Sonne. Doch das ist es nicht, was uns interessiert. Wir wollen vielmehr wissen, ob man den Planeten sehen kann. Dazu müssen wir die Strahlungsleistung im sichtbaren Bereich des elektromagnetischen Spektrums, also im Wellenlängenbereich von 0,4 bis 0,8 Mikrometern, betrachten. Im Sichtbaren hat der Planet eine um den Faktor 2 mal 10 hoch 26 geringere Strahlungsleistung als die Sonne, seine Leuchtkraft ist also rund 200 Millionen Milliarden Milliarden Mal kleiner! Dabei haben wir das Größenverhältnis Stern – Planet noch gar nicht berücksichtigt. So hat beispielsweise unsere Sonne rund 100-mal mehr Quadratmeter Oberfläche als der größte Planet im Sonnensystem, der Jupiter. Insbesondere für kleine Planeten wird sich also das »Leuchtkraftminus« nochmals deutlich verschärfen. Mit anderen Worten: Was ein Planet an Leuchtkraft im Sichtbaren zu bieten hat, kann man getrost vernachlässigen. Ohne das Licht seines Sterns sieht es für ihn duster aus.

Obwohl damit das Geheimnis der Sterne gelüftet ist, heißt das nicht, dass alle Sterne gleich sind. Je nachdem, wie groß die Gaswolke war, aus der sich der Stern gebildet hat, unterscheidet man große – besser: massereiche – und kleine – besser: massearme – Sterne. Im Folgenden soll unsere Sonne als Vergleichsstern dienen, ihre Masse wollen wir eine Sonnenmasse nennen. Also: Wie groß ist das Massenintervall, in dem sich die Sterne bewegen? Die kleinsten Sterne haben knapp ein Zehntel der Masse der Sonne. Masseärmere Sterne gibt es nicht. Das liegt daran, dass bei Gaskugeln mit weniger Masse die Gravitationskraft zu schwach ist, um den Gasball so weit zu verdichten, dass Temperatur und Druck im Inneren die für eine Kernfusion nötigen Werte erreichen. Und wie sieht es am anderen Ende der Größenskala aus? Die von den Sternmodellen abgeleitete obere Massengrenze liegt bei rund 100 Sonnenmassen. Warum das so ist, darauf kommen wir noch zu sprechen. Zur allgemeinen Überraschung hat man jedoch mittlerweile einige Sterne entdeckt, die sich nicht an diese Regel halten und mit deutlich mehr Masse auftrumpfen. Wie es zu diesen Ausnahmen gekommen sein könnte, wird noch untersucht.

Die Masse ist die entscheidende Größe, die das Erscheinungsbild und das Leben eines Sterns bestimmt. Das zeigt sich besonders deutlich bei der Leuchtkraft. Je massereicher ein Stern ist, desto leuchtkräftiger ist er und desto höher ist die Temperatur im Sterninneren wie auch an seiner Oberfläche. Man hat herausgefunden, dass sich die Leuchtkraft eines Sterns mit der 3,5-fachen Potenz seiner Masse ändert. Das bedeutet, dass ein Stern mit zwei Sonnenmassen etwa zehnmal so leuchtkräftig ist wie unsere Sonne. Sterne am oberen Ende der Massenskala bringen es somit auf eine Leuchtkraft von einigen Millionen Sonnen, wogegen Sterne am unteren Ende eher trübe Funzeln sind, deren Leuchtkraft etwa einem Zehntausendstel derjenigen unserer Sonne gleichkommt. Derartig leuchtschwache Sterne kann man natürlich nur erkennen, wenn sie sich in relativ geringer Entfernung zu unserer Erde befinden.

Aber auch die Temperatur des Sterns wird durch seine Masse festgelegt. Wieder gilt: Je massereicher ein Stern, desto heißer ist er. Das trifft nicht nur für sein Inneres zu, sondern auch für seine Oberfläche. Die Temperatur an der Sternoberfläche bezeichnen die Astronomen auch als Effektivtemperatur. Man versteht darunter die Temperatur eines Schwarzen Körpers, der die gleiche Flächenhelligkeit hat wie der Stern. Und was, bitte, ist ein Schwarzer Körper? Physiker definieren ihn als einen Körper, der alles Licht, das ihn trifft, komplett verschluckt. Jetzt werden Sie sagen: Das kann nicht lange gut gehen, da müsste sich der Körper über kurz oder lang so weit aufheizen, dass er verdampft. Damit das nicht passiert, muss der Körper genauso viel Strahlung, wie er absorbiert, auch wieder abgeben. Das heißt: Er muss sich im sogenannten thermischen Gleichgewicht mit seiner Umgebung befinden, oder anders: Körper und Umfeld müssen die gleiche Temperatur haben, denn nur dann ist Input gleich Output.

Die Strahlung, die von einem Schwarzen Körper ausgeht, setzt sich zusammen aus Licht aller Wellenlängen des elektromagnetischen Spektrums, wobei dessen Intensität von der Temperatur des Schwarzen Körpers abhängt. Trägt man in einem Diagramm die Intensität der Strahlung gegen die Wellenlänge auf, so entsteht eine Kurve, die vom Maximum zu kürzeren Wellenlängen hin relativ steil und zu längeren Wellenlängen hin flach abfällt. Je nach Temperatur des Schwarzen Körpers verschiebt sich das Kurvenmaximum zu kürzeren beziehungsweise längeren Wellenlängen und mit ihm auch die ganze Kurve, wobei die charakteristische Form der Kurve stets erhalten bleibt. Kühle Körper strahlen mehr rotes Licht ab, heiße mehr blaues (Abb. 28).

Das Licht, das von einem Stern ausgeht, weicht in seiner Spektral- und Intensitätsverteilung mehr oder weniger, manchmal sogar erheblich, von dem eines Schwarzen Körpers gleicher Effektivtemperatur ab. Das hängt damit zusammen, dass Licht nicht nur von der Sternoberfläche abgestrahlt wird, sondern auch aus tieferen Bereichen. Da die Temperatur zum Sterninneren hin zunimmt, hat das Licht von dort auch eine andere spektrale Zusammensetzung als das von der Oberfläche. Außerdem fällt bei jedem Stern Licht einiger Wellenlängen schlichtweg aus, weil es von Molekülen beziehungsweise Atomen in der Sternatmosphäre absorbiert wird. Erstmals beobachtet hat das 1802 der englische Chemiker William Hyde Wollaston und unabhängig davon 1814 der Münchner Optiker Joseph von Fraunhofer im Spektrum der Sonne. Zu Ehren Fraunhofers heißen diese Absorptionslinien denn auch Fraunhofer-Linien. Trotz dieser Einschränkungen ist es im Wesentlichen doch die Effektivtemperatur, die die Spektralverteilung des von einem Stern abgestrahlten Lichts bestimmt.

Unsere Sonne hat eine Effektivtemperatur von 5777 Kelvin und leuchtet leicht gelblich (0 Kelvin entspricht dem absoluten Temperaturnullpunkt, 273,16 Kelvin entsprechen 0 Grad Celsius,

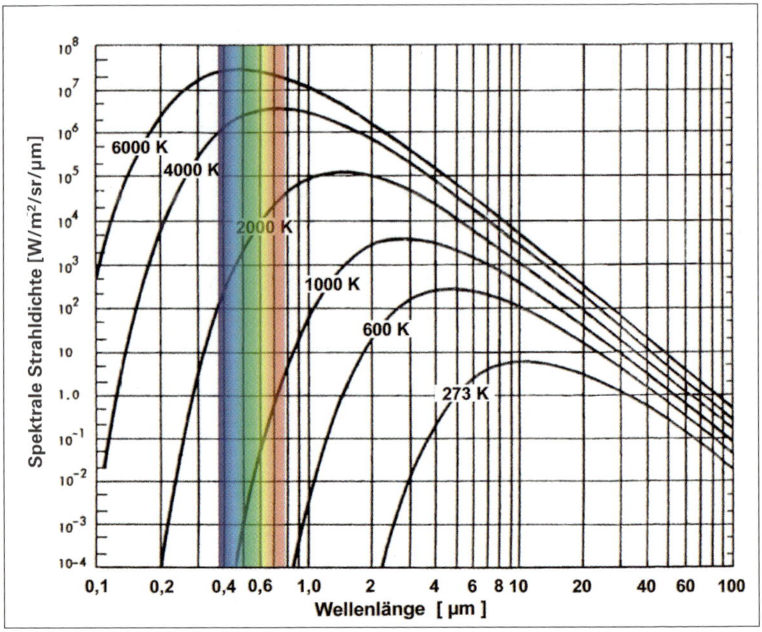

Abb. 28: Strahlung eines Schwarzen Körpers in Abhängigkeit von dessen Temperatur. Mit steigender Temperatur verschiebt sich das Intensitätsmaximum zu immer kürzeren Wellenlängen. Bei rund 6000 Kelvin liegt das Intensitätsmaximum im sichtbaren Bereich des elektromagnetischen Spektrums.

damit gilt: Grad Celsius plus 273,16 ist gleich Kelvin). Ein Stern größerer Masse hat eine wesentlich höhere Effektivtemperatur. Bei sehr massereichen Sternen geht das hinauf bis zu einigen zehntausend Kelvin! Damit verschiebt sich auch das Licht zu kürzeren Wellenlängen, sodass diese Sterne bläulich-weiß leuchten. Sehr massearme Sterne bringen es dagegen lediglich auf Effektivtemperaturen von wenigen tausend Kelvin. Ihr Strahlungsmaximum liegt bei ihnen schon fast im nahen Infrarot, sodass sie uns ausgeprägt rötlich erscheinen. Anhand der »Farbe« des Sternenlichts kann man also bereits erkennen, ob man es mit einem massereichen und damit heißen oder eher mit einem massearmen und damit relativ kalten Stern zu tun hat.

Doch die Masse des Sterns bestimmt nicht nur seine Leuchtkraft, seine Oberflächentemperatur und seine Spektralfarbe, sondern auch seine Lebensdauer. Der Stern »lebt« ja davon, dass er im Inneren seinen Wasserstoffvorrat zu Helium verbrennt. Je massereicher ein Stern ist, desto höher ist natürlich auch die Temperatur in seinem Kern und desto schneller laufen die Fusionsprozesse ab. Ein Stern mit 100 Sonnenmassen verbrennt seinen Wasserstoff in wenigen zehntausend Jahren! Unsere Sonne braucht dazu etwa acht Milliarden Jahre, und Sterne von einem Zehntel Sonnenmasse leben etwa 200 Milliarden Jahre. Wenn ein so kleiner Stern vor etwa zehn Milliarden Jahren, also in der Frühzeit unseres Universums, geboren wurde, dann hat er bis heute gerade mal fünf Prozent seines Sternenlebens hinter sich. Gegenwärtig ist er sozusagen noch ein richtiges Baby. Im Vergleich zu dieser enormen Zeitspanne führen die massereichen Sterne das Leben von Eintagsfliegen und blitzen nur kurz auf, ehe sie wieder vergehen. Das ist vermutlich mit ein Grund, warum sehr massereiche Sterne schwer zu finden sind. Ihr Leben ist so kurz, dass eine Entdeckung in den Weiten des Universums eher ein Zufall wäre.

Kommen wir nochmals auf die Leuchtkraft der Sterne zurück. Es kann passieren, dass uns ein sehr leuchtkräftiger Stern schwächer erscheint als ein leuchtschwacher. Das geschieht immer dann, wenn der leuchtschwache Stern uns relativ nahe, der leuchtkräftige Stern aber weit entfernt ist. Man weiß also zunächst nicht, ob ein Stern weit entfernt oder relativ nah beziehungsweise von hoher oder geringer Leuchtkraft ist. Mit anderen Worten: Ein Stern erscheint uns nicht so hell, wie es seiner tatsächlichen Leuchtkraft entspricht. Was man wahrnimmt, ist nur eine »scheinbare Helligkeit«. Um diesem Dilemma zu entgehen, haben die Astronomen den Begriff »absolute Helligkeit« eingeführt. Man versteht darunter die Helligkeit, die ein Beobachter auf der Erde wahrnehmen würde, wenn sich der Stern in einer definierten Entfernung befände Diese Normentfernung entspricht einer Strecke, für die das Licht, das sich mit einer Geschwindigkeit von 300000 Kilometern pro Sekunde ausbreitet, 32,6 Jahre benötigt. Demnach sind scheinbare und absolute Helligkeit nur für Sterne, die genau 32,6 Lichtjahre oder, in einem anderen astronomischen Maßstab ausgedrückt, zehn Parsec entfernt sind, gleich groß (1 Parsec entspricht einer Entfernung von 3,26 Lichtjahren). Für alle anderen Entfernungen gilt das nicht mehr.

Hinsichtlich ihrer Helligkeit ordnen die Astronomen die Sterne nach Größenklassen beziehungsweise Magnituden. Entsprechend dem Helligkeitsempfinden des Menschen, der Helligkeitsdifferenzen logarithmisch wahrnimmt, sind auch diese Skalen logarithmische Maßstäbe. So entspricht eine Differenz von fünf Magnituden einem Helligkeitsunterschied von 1 zu 100. Die »Größe« hat jedoch nichts mit den Abmessungen des Sterns zu tun, sie ist lediglich ein Maß für dessen Helligkeit. Je kleiner der Magnitudenwert beziehungsweise die Größe des Sterns ist, desto heller erscheint er uns. Sterne mit einer scheinbaren Helligkeit von sechs Magnituden beziehungsweise Sterne sechster Größe kann man bei völliger Dunkelheit gerade noch mit bloßem Auge erkennen. Ein Stern nullter Größe erscheint uns rund sechsmal heller, obwohl rund 250-mal mehr Licht auf unser Auge trifft. So hat beispielsweise der Stern Wega eine scheinbare Helligkeit von null Magnituden. Noch hellere Sterne haben sogar negative Größen. Unsere Sonne wartet mit einer scheinbaren Helligkeit von minus 27 Magnituden auf! Dass sie uns so hell erscheint, ist jedoch nicht Ausdruck ihrer großen Leuchtkraft, sondern hängt damit zusammen, dass sie mit 150 Millionen Kilometern für astronomische Verhältnisse nur einen Katzensprung von der Erde entfernt ist. Könnte man die Sonne auf die Normentfernung von zehn Parsec in das Weltall hinausschieben, so hätte sie nur noch eine scheinbare Helligkeit von viereinhalb Magnituden, was, wie bereits besprochen, gleich ihrer absoluten Helligkeit ist. Aus dieser Entfernung wäre die Sonne nur noch als ein sehr schwach leuchtender Punkt zu erkennen. Um also Sterne bezüglich ihrer Leuchtkraft miteinander vergleichen zu können, muss man ihre absoluten Helligkeiten kennen.

Nun sind Astronomen in der Regel ordentliche Leute, und sie können es nicht leiden, wenn es im Zoo der Sterne kunterbunt zugeht. Daher hat man versucht, Ordnung in das Gewirr von Helligkeiten, Leuchtkräften, Massen und Sterntemperaturen zu bringen. Was dabei herauskam, bezeichnet man nach den Erfindern eines der wichtigsten Ordnungsverfahren in der Astronomie als Hertzsprung-Russell-Diagramm. Denn die Astronomen Einar Hertzsprung und Henry Norris Russell waren es, die auf die Idee kamen, die Sterne nach Helligkeit und Oberflächen-, sprich: Effektivtemperatur zu klassifizieren. Dazu erstellten sie ein Diagramm, auf dessen waagerechter Achse die Temperatur und senkrecht dazu die absolute Helligkeit in Magnituden oder auch die Leuchtkraft aufgetragen waren. Auf der senkrechten Achse nimmt die absolute Helligkeit von unten nach oben zu, auf der horizontalen Achse fällt die Temperatur von links nach rechts ab (Abb. 29).

Nachdem die Astronomen die damals bekannten Sterne in das Diagramm eingetragen hatten, ergab sich ein überraschendes Bild. Man hatte erwartet, dass sich die Fläche des Diagramms relativ gleichmäßig mit Sternen füllt, aber bis auf wenige Sterne lagen alle auf einem schmalen Band, das nahezu in gerader Linie diagonal das Diagramm durchquerte. Das Band beginnt bei großer Helligkeit und hoher Temperatur in der oberen linken Ecke und endet mit geringer Helligkeit und niedriger Temperatur in der rechten unteren Ecke des Diagramms. Bis auf einen weiteren, nicht sehr ausgeprägten Ast, der bei gleichbleibend großer Helligkeit nahezu horizontal von links nach rechts

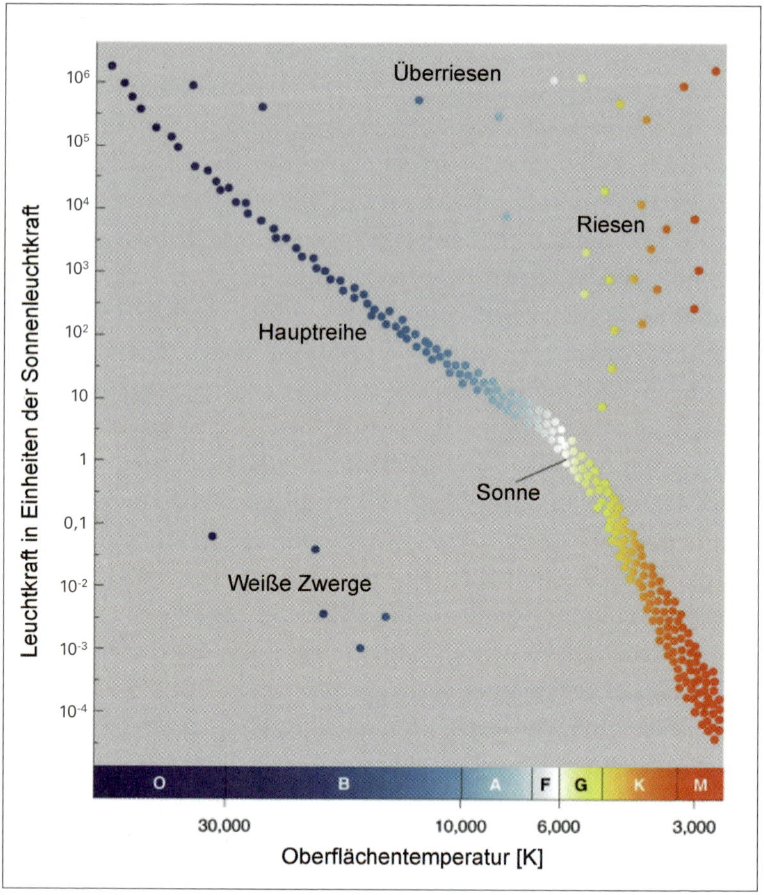

Abb. 29: Das Hertzsprung-Russell-Diagramm ist eines der bedeutendsten Diagramme der Astronomie. Zentrale Linie ist die sogenannte Hauptreihe, die sich von links oben nach rechts unten quer über das Diagramm hinzieht. Sterne auf der Hauptreihe gewinnen ihre Energie durch die Fusion von Wasserstoff zu Helium. Dort verbringen die Sterne die längste Zeit ihres Lebens.

durch das Diagramm verläuft und auf den wir noch zu sprechen kommen, blieb der Rest des Diagramms praktisch leer.

Nach eingehender Untersuchung stellte sich heraus, dass alle

Sterne, die in dem schmalen Band liegen, Wasserstoff in ihrem Kern zu Helium fusionieren. Astronomen bezeichnen diese Phase im Leben eines Sterns auch als Wasserstoffbrennen. Dass man fast nur solche Sterne gefunden hatte, hat damit zu tun, dass Sterne die längste Zeit ihres Lebens im Stadium des Wasserstoffbrennens verbringen. Sterne, die diesen Entwicklungsabschnitt bereits hinter sich haben, sind nur noch relativ kurze Zeit aktiv und somit viel seltener zu beobachten. Aufgrund der herausgehobenen Stellung dieses Bandes bezeichnet man es auch als die »Hauptreihe« des Diagramms und die Sterne, die zu diesem Band gehören, als »Hauptreihensterne«.

Damit war eine eindeutige Beziehung zwischen der Helligkeit beziehungsweise Leuchtkraft eines Sterns und seiner Oberflächentemperatur entdeckt. Da die Leuchtkraft, wie wir bereits wissen, von der Masse des Sterns bestimmt wird, lässt sich das Hertzsprung-Russell-Diagramm auch als Masse-Temperatur-Diagramm interpretieren.

Auch die Temperatur auf der horizontalen Achse des Diagramms kann durch eine andere »Einteilung« ersetzt werden. Die spektrale Verteilung des vom Stern ausgehenden Lichts und damit dessen »Farbe« werden ja durch die Effektivtemperatur bestimmt. Folglich kann man anstelle der Effektivtemperatur sogenannte Spektralklassen einführen, die mit den Buchstaben O, B, A, F, G, K und M bezeichnet werden. Zur Klasse der O-Sterne gehören die heißesten, in bläulichem Weiß leuchtenden Sterne. Ab da verändert sich der Farbeindruck über ein gelbliches Weiß hin zu Gelb, zu Gelb-Orange und schließlich zum Gelb-Rot der relativ kühlen M-Sterne. Unsere Sonne ist in dieser Skala ein G-Klasse-Stern.

Doch zurück zu dem bereits erwähnten deutlich schwächer ausgebildeten Band, das nahezu waagerecht bei gleichbleibend hoher absoluter Helligkeit von links nach rechts das Diagramm quert. Sterne am rechten Ende dieses Bandes haben zwar die gleiche Helligkeit wie ein Stern am linken Ende, aber eine viel niedrigere Temperatur! Wie kann das sein? Des Rätsels Lösung liegt in der Größe des Sterns. Damit ein Stern niedriger Temperatur mit der gleichen Leuchtkraft aufwarten kann wie ein Stern hoher Temperatur, muss seine Oberfläche entsprechend größer sein. Da Sterne Gaskugeln sind, ist eine größere Oberfläche gleichbedeutend mit einem größeren Radius. Die Sterne am rechten Rand dieses Bandes müssen demnach riesengroß sein. Betrachten wir zum Beispiel den Stern Beteigeuze im Sternbild Orion. Seine absolute Helligkeit ist um rund zehn Magnituden kleiner (zur Erinnerung: Ein kleinerer Magnitudenwert entspricht einer größeren Helligkeit) als die unserer Sonne, oder anders ausgedrückt: Beteigeuzes Leuchtkraft ist rund 10 000-mal größer als die der Sonne. Die Temperatur des Sterns beträgt jedoch lediglich etwa 3500 Kelvin. Anhand dieser Werte können die Astronomen berechnen, dass Beteigeuze etwa 1000-mal so groß sein muss wie unsere Sonne – im wahrsten Sinne des Wortes also ein echter Riesenstern, ein sogenannter Überriese. Demnach zählen Sterne in diesem Bereich des Bandes auch zur Leuchtkraftklasse der Überriesen.

Im Laufe der Zeit erhielten die Astronomen von immer mehr Sternen Kenntnis über deren Temperatur und absolute Helligkeit. Damit musste auch das Hertzsprung-Russell-Diagramm um einige Leuchtkraftklassen erweitert werden. So kennt man heute neben der Leuchtkraftklasse der Überriesen noch die der Hyperriesen, die Sterne mit nochmals höherer absoluter Helligkeit umfasst und somit oberhalb des Überriesenbandes liegt. Unterhalb der Überriesen findet man noch die Riesen und die Unterriesen. Die letzte Leuchtkraftklasse der Weißen Zwerge liegt unterhalb der Hauptreihe, die zugleich die Leuchtkraftklasse der Zwerge darstellt.

Wenden wir uns nun den letzten Abschnitten im Leben eines Sterns zu. Von der Masse des Sterns hängt nicht nur ab, wie lange er lebt, sondern auch die Art und Weise, wie er vergeht. Sterne, die bei ihrer Geburt nicht mehr als etwa acht Sonnenmassen haben, sterben relativ unspektakulär. Nachdem sie ihren Wasserstoffvorrat zu Helium verbrannt haben, beginnen sie das bis dahin erbrütete Helium zu Kohlenstoff und Sauerstoff zu verschmelzen. Im Vergleich zum Wasserstoffbrennen ist das Heliumbrennen jedoch schon nach relativ kurzer Zeit wieder beendet. Danach zünden keine weiteren Brennstufen, da Temperatur und Druck im Stern nicht mehr auf ausreichend hohe Werte ansteigen. Gegen Ende des Heliumbrennens bläst der Stern einen Großteil seiner verbliebenen Gashülle ab, die teilweise als bizarres Gebilde, oft aber auch in Form einer mehr oder minder perfekten Gaskugel als sogenannter Planetarischer Nebel den Sternrest umgibt (Abb. 30). Der verbleibende Kohlenstoff-Sauerstoff-Kern, den man auch als »Weißen Zwerg« bezeichnet, kühlt im Laufe der Zeit immer mehr aus, bis er schließlich nach einigen Milliarden Jahren eiskalt und nicht mehr zu sehen ist. Schneller geht es mit dem Planetarischen Nebel. Während sich die Wolke immer mehr ausbreitet, wird das Gas zunehmend dünner, sodass sich der Nebel nach einigen zehntausend Jahren aufgelöst hat. Vom einstigen Stern zeugt dann nur noch der erkaltende Kohlenstoff-Sauerstoff-Aschehaufen, der Weiße Zwerg.

Anders verläuft die Geschichte bei einem Stern, der bei seiner Geburt mehr als acht Sonnenmassen hatte. Ein solcher Stern lässt auf das Heliumbrennen noch vier weitere Brennstufen folgen: das Kohlenstoffbrennen, das Neonbrennen, das Sauerstoffbrennen und zuletzt das Siliziumbrennen, bei dem im Wesentlichen Nickel und Eisen erbrütet werden. Mit dem Siliziumbrennen haben auch bei den massereichen Sternen die Fusionsprozesse ein Ende, da die Fusion zu Elementen schwerer als Eisen keine Energie mehr freisetzt, sondern vielmehr Energie benötigt würde, um weitere Fusionen in Gang zu setzen. Jetzt erlischt der nukleare Ofen endgültig, und mit ihm versiegt auch

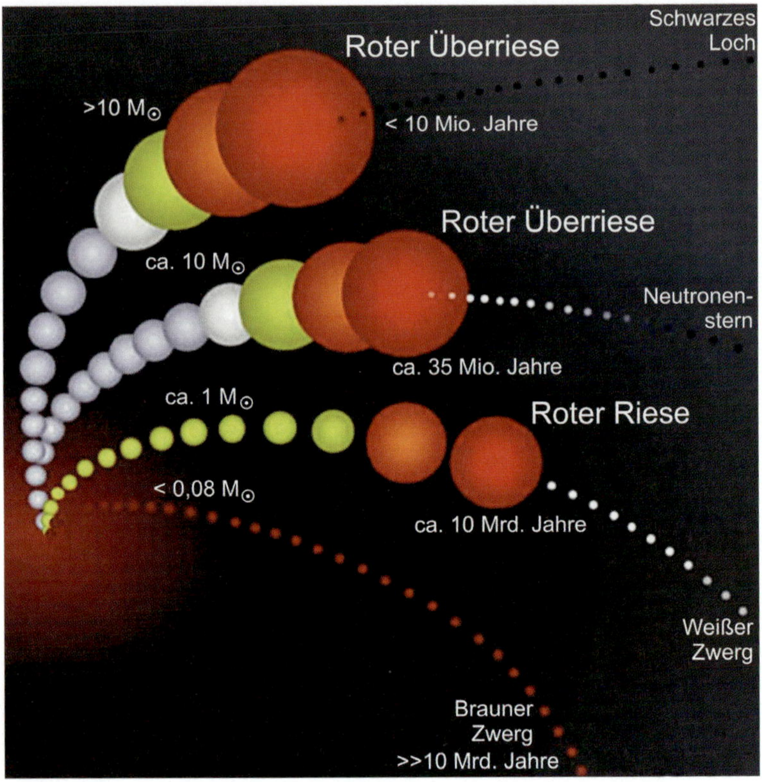

Abb. 30: Entwicklungslinien von Sternen unterschiedlicher Anfangsmasse. Gasbälle mit weniger als 0,08 Sonnenmassen, sogenannte Braune Zwerge, sind zu kühl, um das Wasserstoffbrennen zu zünden. Sterne über 0,08 bis knapp unter acht Sonnenmassen verbrennen Wasserstoff zu Helium, ab etwa 0,5 Sonnenmassen auch Helium zu Kohlen- und zu Sauerstoff. Gegen Ende ihres Lebens blähen sie sich zu einem Roten Riesen auf und enden in einem Planetarischen Nebel. Übrig bleibt ein Weißer Zwerg. Sterne mit mehr als acht bis etwa 25 Sonnenmassen durchlaufen alle Brennstufen bis hin zu Eisen. Zwischenzeitlich blähen sie sich zu einem Roten Überriesen auf. Am Ende aller Brennstufen kollabiert der Stern in einer Supernovaexplosion. Übrig bleibt ein Neutronenstern. Sterne mit mehr als etwa 25 Sonnenmassen ergeht es wie den 25-Sonnenmassen-Sternen. Der verbleibende Sternkern ist jedoch so massereich, dass er zu einem Schwarzen Loch kollabiert.

die letzte Energiequelle. Da der Stern nun der Gravitation keinen ausreichend hohen Gas- und Strahlungsdruck mehr entgegensetzen kann, bricht er unter seiner eigenen Schwerkraft innerhalb weniger Sekunden in sich zusammen. Die vom kompakten Eisen-Nickel-Kern zurückprallenden Stoßwellen rasen nach außen und schleudern die gesamte Hülle des Sterns in einer gewaltigen Supernova hinaus in das All. Bei diesem Kollaps wird so viel Energie freigesetzt, dass die Supernova kurzfristig sogar heller leuchtet als die Gesamtheit aller Sterne einer Galaxie. Nach diesem wahrlich feurigen Begräbnis bleibt von dem Stern nur noch ein wenige zig Kilometer großer superdichter, vornehmlich aus Neutronen bestehender Kern, ein sogenannter Neutronenstern, übrig. War die Geburtsmasse des Sterns größer als etwa 25 Sonnenmassen, so kracht auch noch der Neutronenstern in sich zusammen, und es entsteht ein Schwarzes Loch. Dessen Schwerkraft ist so groß, dass es nicht einmal Licht gelingt, der Gravitation dieses alles in seiner nahen Umgebung verschlingenden »Ungeheuers« zu entkommen. Eine Supernova, die durch den Kollaps eines Einzelsterns ausgelöst wird, bezeichnet man übrigens als Supernova vom Typ II.

Zum Schluss unserer Betrachtungen kommen wir nochmals zurück zur Geburt der Sterne. Bisher haben wir uns nur mit Einzelsternen befasst. Die sind jedoch in der Minderheit. Nahezu drei Viertel aller Sterne werden nicht als »Einzelkinder«, sondern als Doppel- oder sogar Dreifachsterne geboren. In einer solchen Konstellation umkreisen die Sterne einander zum Teil auf relativ engen Bahnen. Sehen wir uns mal ein Doppelsternsystem genauer an. Haben die beiden Sterne unterschiedliche Massen, so entwickelt sich der an Masse reichere schneller, das heißt, er altert rascher als sein Partner. Gegen Ende seiner Entwicklung bläht sich der Stern zu einem Unterriesen von enormer Größe auf. In dieser Phase können die äußeren Gasschichten des Unterriesen in den Anziehungsbereich des masseärmeren

Sterns gelangen und auf ihn überströmen. Damit ergibt sich die paradoxe Situation, dass infolge des Massentransfers der ursprünglich massereichere Stern immer »leichter« wird, während andererseits der anfänglich masseärmere Stern stetig an Masse gewinnt. Nach einiger Zeit haben sich die Verhältnisse sogar umgekehrt: Jetzt ist der ursprünglich masseärmere Stern der massereichere von beiden. Das führt letztlich zu zwei Sternen, von denen, entgegen der Regel, der nun an Masse reichere in seiner Entwicklung weniger weit fortgeschritten zu sein scheint als der jetzt masseärmere Stern. Da man dieses Phänomen erstmals beim Stern Algol im Sternbild Perseus beobachtet hat, sprechen die Astronomen auch vom Algol-Paradoxon.

Die Entwicklung eines Doppelsternsystems kann aber auch viel dramatischer enden. Ist einer der beiden Sterne bereits »ausgebrannt« und hat einen Weißen Zwerg hinterlassen, so kann der andere Stern – meist ist das ein Roter Riese – den Sternrest, den Weißen Zwerg, nochmals für kurze Zeit zum Leben erwecken. Umrunden sich die beiden Partner in geringem Abstand, so kann wie beim Algol-Paradoxon Materie, im Wesentlichen Wasserstoff, vom Roten Riesen auf den Weißen Zwerg überströmen. Das Gas sammelt sich zunächst in einer Scheibe um den Zwerg. Von dort fällt es auf spiralförmigen Bahnen auf dessen Oberfläche, wobei es sich gewaltig aufheizt. Schließlich erreicht die Temperatur so hohe Werte, dass der Wasserstoff ähnlich einer Wasserstoffbombe explosionsartig zu Helium fusioniert. Die dabei frei werdende Energie katapultiert das Gas ins All und lässt den Weißen Zwerg nochmals für kurze Zeit bis zu 100 000-mal heller leuchten als die Sonne. Astronomen bezeichnen einen solchen Ausbruch auch als Nova (Abb. 31).

Noch spektakulärer verläuft der Prozess, wenn sich das System zu einer Supernova vom Typ Ia entwickelt. Überschreitet der Weiße Zwerg, noch bevor es zu einer Novaexplosion kommen kann, eine kritische Massengrenze von 1,4 Sonnenmassen, so zündet nicht nur die Wasserstoffhülle, sondern der Weiße Zwerg wird als Ganzes instabil. Jetzt zündet spontan das Kohlenstoffbrennen und frisst sich durch den Weißen Zwerg. Nach kurzer Frist hat die frei werdende Energie den Zwerg so weit aufgeheizt, dass explosionsartig weitere Fusionsprozesse wie das Sauerstoff- und das Siliziumbrennen in Gang kommen. In diesem atomaren Inferno wird der Weiße Zwerg völlig zerstört, und seine Bestandteile schießen hinaus in das Universum. Die freigesetzte Energie ist so groß, dass Typ-Ia-Supernovaexplosionen noch in den entferntesten Galaxien zu beobachten sind.

Zum Schluss müssen wir noch unser Versprechen einlösen

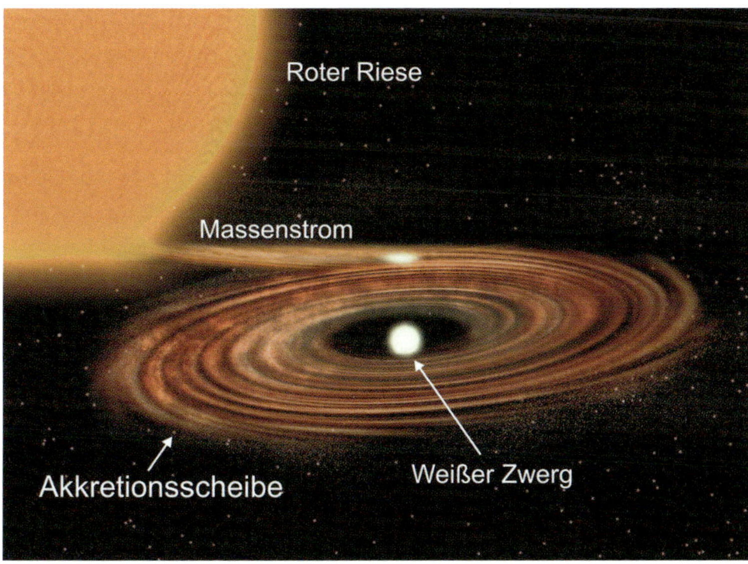

Abb. 31: In einem engen System aus einem Weißen Zwerg und einem gegen Ende seines Lebens stark aufgeblähten Roten Riesenstern kann der Weiße Zwerg Masse vom Roten Riesen abziehen. Die sammelt sich zunächst in einer Akkretionsscheibe und fällt dann auf den Weißen Zwerg. Je nach Größe des Massenzustroms kommt es dabei zu einer Nova, die bis zu einer Million Mal heller leuchtet als die Sonne, oder der Weiße Zwerg explodiert in einer Supernova vom Typ Ia.

und erklären, warum kaum Sterne mit mehr als rund 100 Sonnenmassen entstehen. Dafür gibt es zwei Ursachen. Zum einen beginnen Sterne ab etwa 80 Sonnenmassen zu pulsieren. Diese Schwingungen werden mit der Zeit so heftig, dass es schließlich zu einem Abströmen von Masse kommt. Außerdem entwickelt der Stern einen immer kräftigeren Sternwind, der ebenfalls eine bedeutende Menge der Sternatmosphäre davonträgt. Zum anderen wächst mit zunehmender Sternmasse auch die Leuchtkraft des Sterns. Der resultierende Strahlungsdruck wird dann so groß, dass die äußeren Sternschichten wieder abgestoßen werden. Beide Effekte limitieren letztlich die Masse eines Sterns auf 100 bis 120 Sonnenmassen. Dennoch hat man in jüngerer Zeit einige Sterne mit deutlich mehr Masse entdeckt. Die Astronomen vermuten, dass die Entstehung der betreffenden Sterne auf komplexe Verschmelzungsprozesse bei ihrer Geburt zurückzuführen ist, auf die wir aber nicht eingehen wollen. Mittlerweile hat sich jedoch gezeigt, dass auch diese Riesen sehr schnell sehr viel Masse verlieren. Vielleicht befinden sie sich gerade in einer Übergangsphase zu einem »normalen« Stern.

Damit wollen wir es bei der Untersuchung der Sterne bewenden lassen. Natürlich war das nur ein kleiner Ausschnitt aus der Geschichte, die man über die Sterne erzählen kann. Viele ihrer Verhaltensweisen sind so komplex, dass ihre Erklärung den Rahmen dieses Kapitels sprengen würde. Vieles bleibt nach wie vor rätselhaft. Mag sein, dass wir niemals alle Prozesse im Leben eines Sterns völlig verstehen werden. Aber staunen werden wir wohl immer, wenn wir zu ihnen aufschauen.

Ich habe… ein schreckliches Bedürfnis…
soll ich das Wort sagen?… nach Frömmigkeit.
Dann gehe ich in die Nacht hinaus und male die Sterne.

Vincent van Gogh

Kosmologie für Fußgänger

[Das Universum] wird nicht erzeugt,
denn es hat kein anderes Sein,
welches es ersehnen oder erwarten könnte;
hat es doch selber alles Sein.
Es vergeht nicht;
denn es gibt nichts anderes,
worin es sich verwandeln könnte –
es ist doch selber alles.

Giordano Bruno

Es würde uns nicht wundern, liebe Leserinnen und Leser, wenn Ihnen die Überschrift dieses Kapitels (wie auch dieses Buches) seltsam erscheint. »Kosmologie für Fußgänger« – wie ist das gemeint? Dass die Kosmologie, die Lehre von der Entstehung und Entwicklung des Universums, eine anspruchsvolle Wissenschaft ist, die auch unter Fachleuten nicht als einfach oder gar leicht verständlich gilt, ist ja bekannt. Ohne das gesamte Repertoire der modernen Physik, wie beispielsweise Einsteins Spezielle und Allgemeine Relativitätstheorie oder die Quantenmechanik, und ohne einen gewaltigen Formelapparat kann man auf dem Feld der Kosmologie nicht ernsthaft wissenschaftlich arbeiten. Auf den ersten Blick scheinbar eindeutige Begriffe wie »Raum«, »Zeit«, »Vakuum«, »Materie« oder »Energie« entpuppen sich bei genauerem Hinsehen oft als vielschichtige Größen, die in ihren Schattierungen unser Vorstellungsvermögen hin und wieder überfordern. So auch die Bandbreite einiger in der Kosmologie vorkommender Parameter, die von unvorstellbar klein bis unvorstellbar groß reicht. Manchmal müssen die Wissenschaftler sogar ihrem Wesen nach unverstandene und ungesicherte Erscheinungsformen der Materie und Energie schlichtweg postulieren, um die Entwicklung des Kosmos erklären zu können. Ein Beispiel ist die sogenannte Dunkle Materie, ohne die die Strukturbildung im frühen Universum nicht zu verstehen ist. Was sich jedoch hinter der Dunklen Materie verbirgt, aus welchen Teilchen sie sich zusammensetzt, das weiß zurzeit niemand.

Andererseits ist vornehmlich die Kosmologie eine Wissenschaft, von der sich die Menschen eine Antwort auf grundlegende Fragen ihrer Existenz erwarten: Wie ist das Universum entstanden? Was ist der Urknall, gab es ein Davor? Wie sieht die Zukunft des Kosmos aus? Jede dieser Fragen ist so komplex und so schwer zu beantworten – wenn sie denn überhaupt zu beantworten ist –, dass man damit mehrere Bücher füllen könnte. Angesichts dieser Tatsache scheint es ziemlich vermessen, in dem beschränkten Rahmen dieses Buches den neuesten Stand der Kosmologie abhandeln zu wollen. Aber das ist ja auch nicht unsere Absicht. Vielmehr wollen wir auf einige Grundaussagen und Gedanken eingehen, auf die sich die moderne Kosmologie stützt. Schlagwörter wie »Big Bang«, »Expansion des Universums« oder »Schwarze Löcher gleich gefräßige Monster« gehen mittlerweile den meisten Menschen flüssig über die Lippen. Doch nicht immer ist das, was darunter verstanden wird, auch richtig. Im Folgenden wollen wir versuchen, die in diesem Zusammenhang eventuell herrschenden Unklarheiten zu beseitigen beziehungsweise schiefe Vorstellungen vom Universum zurechtzurücken. Auf Mathematik wird dabei ganz verzichtet. Das Allgemeinverständliche hat Vorrang gegenüber der exakten Wissenschaft. In diesem Sinne ist der Titel »Kosmologie für Fußgänger« zu verstehen.

Die Erschaffung des Universums

Der griechische Philosoph Parmenides lehrte etwa 500 v. Chr.: »Das Sein hat keinen Anfang und kein Ende.« Mit anderen Worten: Es gab keine Schöpfung, das Universum ist unveränderlich, und es ist unendlich alt. Auch Aristoteles hielt die Welt für unentstanden und ewig. Folgt man dieser Ansicht, so hat man sich ein Universum vorzustellen, das schon immer bestand, für alle Zeiten existieren wird und das sich weder entwickelt noch verändert hat. Alles, was zum Universum gehört, die Planeten, die Sterne, die riesigen Galaxien, ist einfach da – weil es nun einmal da ist. Alles läuft in geregelten Bahnen, nichts gerät aus der Reihe, nichts kommt hinzu oder vergeht. Wie bei einer Uhr, die nie aufgezogen werden muss und die immer wieder exakt die Zeit angibt, wiederholen sich die Zustände dieses Universums in regelmäßigen Intervallen.

Einem solchen Verständnis vom Universum konnte sich insbesondere die christliche Religion nicht anschließen. Nach deren Glaubensgrundsätzen wurde ja die Welt durch eine Kraft, die außerhalb unseres Begreifens liegt, aus dem Nichts erschaffen, und sie wird am Jüngsten Tag auch wieder untergehen. Wenn es nach den alten Griechen geht und alles zyklisch wiederkehrt, bleibt kein Platz für das Eingreifen eines lenkenden Geistes in den Ablauf des Weltgeschehens. Die Anerkenntnis eines erschaffenden und steuernden Schöpfers, eines Demiurgen (Weltenschöpfers) im Sinne Platons, hat zur Folge, dass das Universum einen Anfang gehabt haben muss und eine Entwicklung durchmacht.

Setzt man an die Stelle eines Weltenschöpfers das kausale Wirken von Naturgesetzen, dann kann sich auch die moderne Kosmologie diesen Gedanken anschließen. Wer den Startschuss zur Entstehung des Universums gegeben hat beziehungsweise ob sich der Schuss von alleine gelöst hat, wird von der Kosmologie nicht hinterfragt. Auch warum die Naturgesetze gerade die uns bekannte »Form« haben – ob das einem Zufall zu verdanken ist beziehungsweise ob es auch anders hätte kommen können –, ist von untergeordneter Bedeutung. Wichtig ist, dass sie wirken und auf welche Weise sie das tun. In Analogie zur Mathematik könnte man sie als die Axiome der Natur bezeichnen.

Was weiß man über den Urknall?

Dass das Universum seine Entstehung einem »Big Bang«, dem nach heutiger Erkenntnis 13,8 Milliarden Jahre zurückliegenden Urknall, verdankt, wird heute von den meisten Kosmologen akzeptiert. Auch darüber, wie es dazu kam, sind sich die Theoretiker weitgehend einig. Entsprechend ihren Modellen führten Quantenfluktuationen zunächst zu einem im Vergleich zum normalen Vakuum energetisch höheren Vakuumzustand, einem sogenannten falschen Vakuum. Der Übergang vom falschen in den »echten« Vakuumzustand, also der Übergang von einer Phase höherer in eine Phase niedrigerer Energie, bei dem die Energiedifferenz zwischen den beiden Vakuumzuständen frei wird, markierte dann den Urknall. Ähnliche Phasenübergänge, wenn auch nicht so spektakuläre wie der am Beginn des Universums, ereignen sich fortwährend in der Natur. Denken Sie an ein Glas mit Wasser. Sinkt die Temperatur unter den Gefrierpunkt, geht das Wasser von der flüssigen in die feste Phase über, es gefriert zu Eis – und dabei wird Energie frei. Diese Energie, die sogenannte Schmelzwärme, entspricht der Energie, die man aufbringen muss, um das Eis wieder in die flüssige Phase überzuführen. Anhand dieses Beispiels können die Theoretiker auch erklären, woher die im Universum vorhandene Materie stammt. Man nimmt an, dass die beim »Big-Bang-Phasenübergang« frei gewordene Energie, entsprechend Einsteins Gleichung $E = mc^2$, zu Materie »geronnen« ist. Wie es zu den energetisch unterschiedlichen Vakuumzuständen kam, beruht auf quantenmechanischen Prozessen, den sogenannten Quantenfluktuationen des Vakuums, auf die wir hier nicht näher eingehen können. Wer mehr darüber wissen möchte, dem sei das Buch *Urknall, Weltall und das Leben* von Josef Gassner und Harald Lesch empfohlen, in dem die Autoren die Prozesse allgemeinverständlich darlegen. Für uns genügt es zu wissen, dass das Universum mit dem »Urknallereignis« in seine Existenz geworfen wurde.

Natürlich möchten die Kosmologen gerne wissen, was unmittelbar nach dem Knall geschah, Sekundenbruchteile danach, wie zu diesem Zeitpunkt das »Baby«, genannt Universum, aussah. Aber das ist ein zurzeit noch unlösbares Problem, denn die Natur gestattet keinen Blick in den Kreißsaal. Mit unseren Teleskopen können wir Objekte in schier unermesslicher Distanz zur Erde aufspüren, die Milliarden Lichtjahre entfernt sind. Das ist gleichbedeutend mit einem Blick in die Vergangenheit. Denn das Licht, das wir von einem so weit entfernten Objekt empfangen, hat ja Milliarden Jahre gebraucht, um zu uns zu gelangen. Es hat seine Quelle, zum Beispiel einen Stern, vor dieser nahezu endlosen Zeit verlassen, sodass wir den Stern so wahrnehmen, wie er vor Milliarden Jahren ausgesehen hat. Ob es ihn heute noch gibt, werden wir wiederum erst in Milliarden Jahren erfahren können. Aber warum ist es mit diesen technisch ausgefeilten Teleskopen nicht möglich, bis zum Anfang des Universums »zurückzuschauen«? Wie schon gesagt, die Natur erlaubt es nicht, wir können uns dem »freudigen Ereignis« zeitlich nur bis auf 380 000 Jahre nähern, dann ist Schluss! Warum? Nun, Licht besteht aus Photonen, die auf schnellstem Wege von der Quelle zum Empfänger fliegen. In den ersten 380 000 Jahren nach der Geburt des Universums konnten sich diese Photonen jedoch nicht ungestört ausbreiten. Ständig wurden sie von den damals zahlreich vorhandenen Elektronen hin und her geschubst oder, wie die Physiker sagen, an den Elektronen gestreut. Das Bild der Quelle, von der die Photonen ausgingen, wurde dabei wie das Scheinwerferlicht eines Autos bei starkem Nebel regelrecht »verwaschen«, sodass keine Konturen zu erkennen sind. Erst 380 000 Jahre nach dem Urknall verschwanden die Elektronen größtenteils, indem sie von Atomkernen eingefangen wurden. Damit entkoppelten sich die Photonen von der Materie, und das Universum wurde durchsichtig. Somit hat die Natur eine »optische Barriere« im Abstand von 380 000 Lichtjahren um den Kreißsaal unseres Universums errichtet, die wir mit unseren Teleskopen nicht durchdringen können.

Nun gut, sehen kann man nichts, aber vielleicht lässt sich ja was berechnen. In der Tat sind die Kosmologen in der Lage, anhand der durch die Naturgesetze bestimmten Wechselwirkungen zwischen Materie und Energie Theorien über den Zustand des Universums unmittelbar nach seiner Geburt zu entwickeln. Nichtsdestotrotz sind Aussagen bis zu einer Zeit von etwa 10 hoch minus 43 Sekunden nach dem Urknall, in der vornehmlich Quantenphänomene dominierten, hochgradig hypothetisch, sodass diese Zeitspanne gelegentlich auch als »Mythenära« bezeichnet wird. Für das sich anschließende Intervall bis rund 10 hoch minus 6 Sekunden, in dem sich die das weitere Geschehen bestimmenden Elementarkräfte ausformten und die ersten massebehafteten Teilchen entstanden, werden die Vorstellungen konkreter, obwohl sich auch diese Epoche noch den Begriff »Märchenära« gefallen lassen muss. Ab da, insbesondere ab einer Sekunde nach dem Urknall, gewinnen jedoch die nun durch Beobachtungen und Experimente gestützten Theorien zunehmend an Überzeugungskraft. Doch was versteht man unter dem Begriff »Theorie«? Theorien sind wissenschaftlich begründete Aussagen zur Erklärung und Beschreibung gewisser Erscheinungen und der ihnen zugrunde liegenden Gesetzmäßigkeiten. Insbesondere ermöglichen Theorien Prognosen in die Zukunft. Eine Theorie ist jedoch nicht gleichzusetzen mit der Wahrheit. Denn die Naturwissenschaften können nicht herausfinden, ob eine Theorie richtig ist. Sie können durch Experimente beziehungsweise Beobachtungen lediglich feststellen, ob sie nicht falsch ist. Eine Theorie hat nur so lange Gültigkeit, bis sie durch Beobachtungen oder Experimente widerlegt wird, um dann durch eine neue, bessere Theorie ersetzt zu werden. Im

Rahmen der Kosmologie muss eine Theorie, welche die Anfänge des Kosmos beschreiben will, die Prozesse der einzelnen Entwicklungsstufen im Einklang mit den Naturgesetzen so darstellen, dass dabei am Ende ein Universum herauskommt, wie wir es heute vorfinden.

Doch warum gelingt es den Theoretikern mit dem zur Verfügung stehenden mathematischen Rüstzeug nicht, die Anfangsphase des Universums auszuleuchten? Schuld daran hat die Unvereinbarkeit zweier zur Analyse der Prozesse im Kosmos unverzichtbarer Werkzeuge: der Allgemeinen Relativitätstheorie beziehungsweise der Gravitationstheorie und der Quantentheorie. Durch Kombination der drei Naturkonstanten Lichtgeschwindigkeit, Gravitationskonstante und Planck'sches Wirkungsquantum kann man mathematisch eine kleinste Länge (10 hoch minus 33 Zentimeter), eine kürzeste Zeit (10 hoch minus 44 Sekunden) und eine kleinste Masse (10 hoch minus 5 Gramm) herleiten. Diese sogenannten Planck-Einheiten setzen der klassischen Physik eine natürliche Grenze. Wird sie überschritten, erhält man nur sinnlose Ergebnisse. Nahe dem Urknall hat man es mit einem winzigen Volumen und Teilchen mit hoher Bewegungsenergie zu tun. Nach der vom Physiker Werner Heisenberg formulierten Unschärferelation sind jedoch Ort und Geschwindigkeit eines Teilchens nicht gleichzeitig genau bestimmbar. Je genauer man den Ort des Teilchens festlegt, umso unschärfer wird dessen Geschwindigkeit: Ihr Wert schwankt. Das Produkt aus der Unschärfe der beiden Größen Ort und Geschwindigkeit ist immer größer oder bestenfalls gleich einer winzigen Größe, dem Planck'schen Wirkungsquantum h (h = 6,62 mal 10 hoch minus 34 Joulesekunden). »Nähert« man sich also dem Urknall, so wird das Volumen immer kleiner und somit das Teilchen immer genauer lokalisiert. Dadurch wird jedoch die Bewegungsenergie der Teilchen und damit die Energie in dem betrachteten Volumen zunehmend »unscharf« und kann letztlich beliebig hohe Werte annehmen. Da nach Albert Einsteins berühmter Gleichung $E = mc^2$ Energie gleich Masse ist, Masse aber gravitativ anziehend wirkt, wird auch die Gravitation mit immer kleiner werdenden Volumen immer größer, bis schließlich alles zu einem Schwarzen Loch zusammenfällt, über dessen »Inhalt« man nichts mehr in Erfahrung bringen kann. Das Problem liegt also insbesondere aufseiten der Gravitation, dieser universellen Kraft, mit der sich Massen gegenseitig anziehen. Wie diese Kraft über große und größte Entfernungen wirkt, wissen wir sehr genau. Aber im Bereich extrem kleiner Längen, wie sie in den ersten Sekundenbruchteilen des entstehenden Universums auftreten, versagt die Relativitätstheorie. In diesem subatomaren Bereich sind die Prozesse nur mithilfe der Quantenmechanik beschreibbar. Erst wenn es gelingt, den Formalismus der Relativitätstheorie mit dem der Quantentheorie zu einer sogenannten Theorie der Quantengravitation zu vereinen, kann man hoffen, einen Blick auf das Geschehen zeitlich nahe am Urknall werfen zu können. An einer Lösung des Problems wird fieberhaft gearbeitet. Stringtheorie und die Schleifen-Quantengravitation – auf beide können wir hier nicht eingehen – sind vielversprechende, aber auch mathematisch hochkomplexe Ansätze.

Diese ernüchternde Betrachtung bedeutet jedoch nicht, dass man keine Vorstellung davon hat, was anfänglich war und was geschah. Es sind eben nur sehr ungenaue, vielleicht auch in Teilen falsche Vorstellungen, sogenannte Hypothesen, das heißt unbewiesene Annahmen, deren Wahrheitsgehalt sich anhand neuer Erkenntnisse und Beobachtungen noch zeigen muss.

Herr Olbers denkt nach

Wenn wir weder in der Lage sind, den Ursprung unseres Universums mit Teleskopen zu sehen, noch eine exakte Vorstellung davon haben, was beim Urknall geschah – woher beziehen wir dann den Mut zu behaupten, dass es einen Urknall gegeben hat? Dass das Universum einst aus dem »Nichts« entstanden ist und seitdem größer und größer wird? Isaac Newton war noch fest davon überzeugt, dass das Universum unendlich und statisch ist, sich also nicht ausdehnt. Auch Einstein glaubte zunächst an ein starres Universum. Einer der Ersten, die sich zu Beginn des 19. Jahrhunderts bezüglich dieses Themas Gedanken gemacht haben, war Heinrich Wilhelm Olbers. Er beschäftigte sich damals mit der Frage: Warum ist der Nachthimmel dunkel? Auf den ersten Blick erscheint diese Frage ziemlich einfältig. Es ist halt dunkel, weil sich die Erde so gedreht hat, dass die Sonne nicht über uns am Himmel steht, sondern die andere Hälfte der Erdkugel beleuchtet. Aber Olbers dachte viel weiter. Zunächst ging er davon aus, dass das Universum unendlich ist, sich nicht ausdehnt und dass die leuchtende Materie, also die Sterne, einheitlich im Raum verteilt ist. Eine Annahme, die durchaus mit unseren Beobachtungen im Einklang zu sein scheint. Wenn dem aber so ist, dachte Olbers, dann trifft unser Blick, ganz egal in welche Richtung wir schauen, in den Tiefen des Himmels immer auf einen Stern. Und wenn das Universum unendlich ist, dann stehen die Sterne in der Tiefe so dicht gestaffelt wie die Bäume in einem Wald. Auch hier trifft unser Blick in einer gewissen Entfernung stets auf einen Baum.

Nun wissen wir aber, dass die Intensität des Sternenlichts, das auf die Erde fällt, mit dem Quadrat der Entfernung abnimmt. Weit entfernte Sterne leuchten also relativ schwach. Andererseits nimmt aber die Anzahl der Sterne, die sich beispielsweise in einer Kugelschale um die Erde gruppieren, mit dem Radius der Kugelschale im Quadrat zu. Das Licht der Sterne in dieser Schale wird zwar mit wachsendem Durchmesser der Schale schwächer, andererseits erhöht sich die Anzahl der Sterne in der betreffenden Schale. Beide Effekte heben sich gegenseitig auf. Das bedeutet: Jede Schale, welchen Radius sie auch haben mag, schickt gleich viel Licht zu uns. Der Himmel müsste also des Nachts in jeder Richtung so hell sein wie die Oberfläche unserer Sonne.

Dass dies nicht stimmt, davon können wir uns in jeder sternklaren Nacht überzeugen. Wie aber könnte man dieses Paradoxon erklären? Mehrere Lösungen bieten sich an. Erstens: Das Universum ist nicht unendlich. Es muss also Lücken geben, in denen unser Blick nicht auf einen Stern fällt. Zweitens: Das Universum ist zwar unendlich, doch ist es nicht unendlich alt. Dann existieren auch die Sterne erst seit einer gewissen Zeit, und diese Zeit ist zu kurz, als dass uns das Licht sehr weit entfernter Sterne schon erreicht haben könnte. Und drittens: Das Universum dehnt sich aus, das heißt, die Sterne scheinen alle von uns wegzufliegen. Wenn sich aber ein Stern von uns wegbewegt, dann wird sein Licht immer röter, also langwelliger. Das ist der gleiche Effekt, den wir auch bei einer Schallquelle wahrnehmen, zum Beispiel einem Krankenwagen mit eingeschaltetem Martinshorn, der an uns vorbeifährt. Von dem Augenblick an, in dem das Auto auf unserer Höhe ist und sich von uns entfernt, ertönt das Martinshorn in einem tieferen Ton, der umso tiefer, also langwelliger ist, je schneller das Auto fährt. Je schneller sich die weit entfernten Sterne von uns wegbewegen, desto röter und damit langwelliger und energieärmer wird also ihr Licht, bis es schließlich so schwach geworden ist, dass wir es nicht mehr sehen können. Und viertens: Sterne leben nicht ewig. Auch wenn das Universum unendlich alt und unendlich ausgedehnt wäre, entstünden durch das Verlöschen der Sterne Lücken im ansonsten gleichmäßig hellen Himmel.

Die These von einem statischen, unendlich ausgedehnten und unendlich alten Universum ist also nicht aufrechtzuerhalten. Wie aber ist das Universum wirklich? Wir wollen es hier gleich einmal verraten: Es ist endlich, es hat ein begrenztes Alter, und es dehnt sich aus (Abb. 32)!

Die Betrachtung des nächtlichen Sternenhimmels führt noch

zu einer anderen grundlegenden Erkenntnis. Die Sterne, die man sieht, sind alle sehr weit entfernt. Dass man sie überhaupt wahrnimmt, kann nur bedeuten, dass auf dem Weg zwischen uns und den Sternen nichts ist, was das Sternenlicht blockieren oder verschlucken könnte. Das Universum muss also unglaublich leer sein. Wenn aber die Astronomen mit der Theorie, dass das Universum anfänglich sehr klein und seine Dichte sehr groß war, recht haben, warum ist dann das Universum heute so leer? Die Antwort ist einfach: Weil es sich ausgedehnt hat, weil es seit seiner Geburt expandiert.

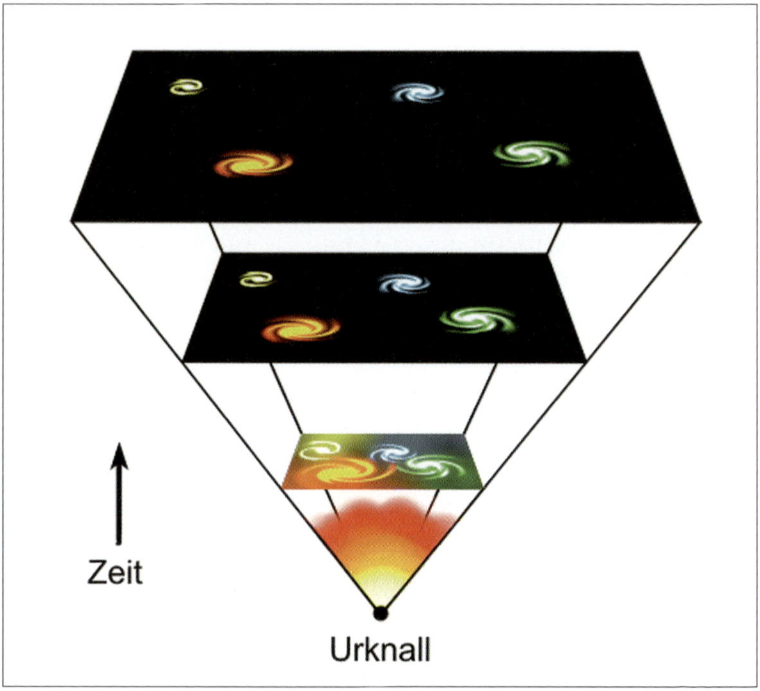

Abb. 32: Zur Expansion des Universums analoge, zweidimensionale Darstellung der Ausdehnung. Seit dem Urknall wächst der Raum – hier die Fläche – zwischen den Objekten des Universums. Man beachte: Nur der Raum expandiert, nicht jedoch die Galaxien.

Nun gut, Herr Olbers in allen Ehren, aber man hätte neben diesen Überlegungen doch gerne auch etwas Messbares in der Hand. Dafür hat als Erster der Astronom Edwin P. Hubble im Jahr 1929 gesorgt. Hubble war aufgefallen, dass das Licht fast aller Galaxien eine Rotverschiebung zeigt, das heißt, das Licht, das wir beispielsweise von einem angeregten Atom in einer dieser Galaxien empfangen, ist röter beziehungsweise langwelliger als das eines gleichartigen angeregten Atoms auf der Erde. Bei der Diskussion des Olbers'schen Paradoxons haben wir bereits erfahren, dass eine Rotverschiebung immer dann eintritt, wenn sich ein Objekt von uns entfernt. Auf der Basis dieser Messungen konnte Hubble schon einmal zweifelsfrei belegen, dass sich das Universum tatsächlich ausdehnt.

Aber Hubble ging noch einen Schritt weiter. Er wollte wissen, ob alle untersuchten Galaxien, egal in welcher Entfernung, gleich schnell von uns wegdriften. Die Rotverschiebung ist ja nicht nur ein Indiz dafür, dass sich ein Objekt von uns wegbewegt, sondern auch ein Maß dafür, wie schnell es sich bewegt. Je größer die Rotverschiebung, je größer also der Unterschied zwischen der Wellenlänge des vom Atom in der Galaxie empfangenen Lichts und derjenigen des Lichts eines gleichen Atoms auf der Erde, desto schneller bewegt sich die Galaxie. Nachdem Hubble auch noch die Entfernungen der einzelnen Galaxien bestimmt hatte, konnte er in einem Diagramm die Rotverschiebung gegen die Entfernung auftragen. Und siehe da: Mit zunehmender Entfernung fliegen die Galaxien immer schneller von uns weg! Damit war eines der wichtigsten Gesetze der Astronomie, die sogenannte Hubble-Beziehung, entdeckt. Es besagt: Die Fluchtgeschwindigkeit von Objekten im Universum wächst proportional zu ihrer Entfernung. Die Proportionalitätskonstante ist der zu Ehren ihres Entdeckers so genannte Hubble-Parameter H. Der gegenwärtige mit H_0 bezeichnete Wert des Hubble-Parameters beträgt rund 67 Kilometer pro Sekunde pro Megaparsec (ein Megaparsec oder ein Mpc entspricht einer Entfernung von 3,26 Millionen Lichtjahren). In einfachen Worten heißt das: Eine ein Megaparsec entfernte Galaxie bewegt sich mit einer Geschwindigkeit von 67 Kilometern pro Sekunde von uns weg. In der Astronomie hat die Hubble-Beziehung enorme Bedeutung erlangt. Man muss nur noch die Rotverschiebung des von einem Objekt emittierten Lichts messen, um mithilfe des Hubble-Parameters sofort dessen Entfernung berechnen zu können.

Anhand der Hubble-Beziehung konnte man nicht nur die Fluchtbewegungen bestimmter Galaxien, sondern auch die einer Vielzahl zum Teil sehr weit entfernter Objekte im Kosmos ermitteln. Demnach ist die beobachtete Expansion des Universums keine Eigenschaft spezieller Objekte, sondern von allgemeiner Natur. Als Modell für eine derartige Ausdehnung wird meist ein Luftballon mit aufgeklebten Bildern von Galaxien oder ein mit Rosinen gefüllter Kuchenteig herangezogen. Bläst man den Ballon auf beziehungsweise beginnt der Teig aufgrund der darin enthaltenen Hefe aufzugehen, so entfernen sich alle Galaxien respektive Rosinen voneinander, und zwar umso schneller, je größer ihr gegenseitiger Abstand ist (Abb. 33).

Mit diesem Ergebnis scheint unsere Welt wieder in Ordnung zu sein. Kopernikus hat uns ja schon mal aus dem Zentrum des Sonnensystems verbannt, und dann musste die Menschheit auch noch hinnehmen, dass unsere Sonne ihren Platz nicht in der Mitte unserer Galaxis hat, sondern zwischen zwei Spiralarmen, nahezu am Rande der galaktischen Scheibe. Doch Hubble sei Dank sind wir jetzt wenigstens der Mittelpunkt des gesamten Universums, da ja alles von uns wegzudriften scheint. Doch Vorsicht mit solch voreiligen Schlüssen! Zuerst wollen wir nochmals in die Teigschüssel zu unserem Kuchen springen und uns

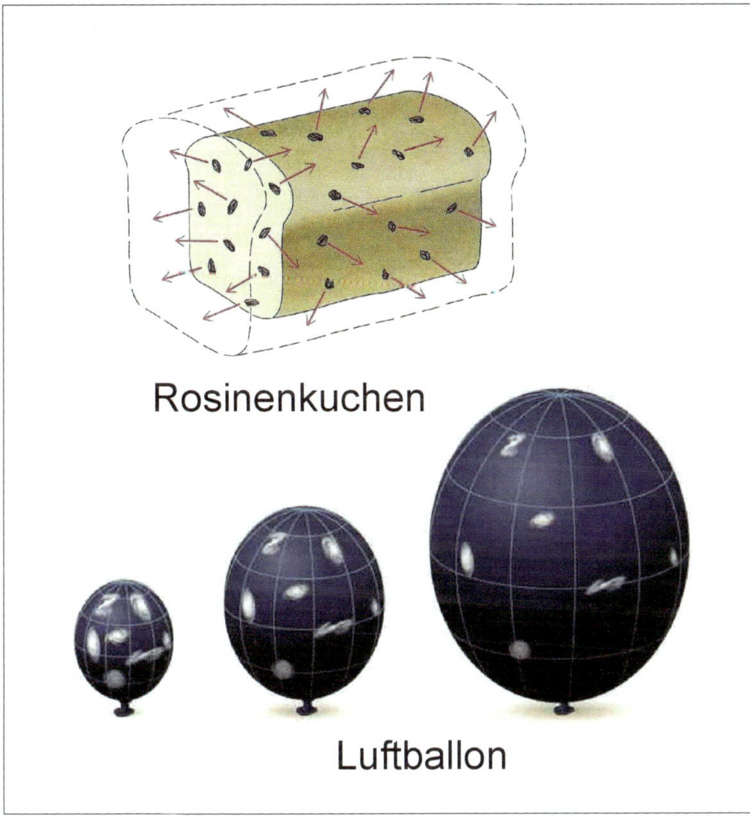

Abb. 33: Modellhafte Darstellung der Expansion des Universums am Beispiel eines aufgehenden, mit Rosinen gespickten Kuchens beziehungsweise eines Luftballons mit aufgeklebten Galaxienmotiven. Wie die Bilder zeigen, vergrößert sich beim Aufgehen des Kuchens beziehungsweise Aufblasen des Ballons nur der Abstand zwischen den Objekten, die Objekte selbst bleiben unverändert groß.

auf eine der vielen Rosinen setzen. Wenn der Teig anfängt aufzugehen, dann driften in der Tat alle anderen Rosinen von uns weg, und wir sind scheinbar in der Mitte des Kuchenteigs gelandet. Doch plötzlich springt noch jemand in den Teig und setzt sich auf eine andere Rosine. Nach einiger Zeit teilt er uns mit:

Stell dir vor, ich bin genau in der Mitte des Teigs angekommen, um mich herum fliegt alles auseinander. Wenn dann noch ein Dritter kommt und uns das Gleiche erzählt, wird uns allmählich klar, dass es völlig egal ist, auf welche Rosine wir uns setzen, denn von jedem Punkt im Teig entfernen sich alle übrigen Objekte, so wie Hubble es gemessen hat. Das heißt: Es kann im expandierenden Universum keinen bevorzugten Ort und keine Mitte geben, alle Stellen sind gleichberechtigt. Das Universum scheint sich somit von jedem Punkt aus in alle Richtungen gleich zu verhalten. Eine solche Eigenschaft bezeichnet man als Isotropie.

Heute glauben die Kosmologen, dass sich der Kosmos in den ersten Sekundenbruchteilen nach dem Urknall zunächst linear, also mit praktisch konstanter Geschwindigkeit, dann aber für sehr kurze Zeit stark beschleunigt ausgedehnt hat. Diese stark beschleunigte – oder anders ausgedrückt: exponentielle – Ausdehnung bezeichnet man auch als inflationäre Expansion. Nach dieser Phase soll es dann wieder gemächlicher weitergegangen sein. Aufgrund der inflationären Expansion erreichte das Universum eine Ausdehnung, die das heute sichtbare Universum um viele Größenordnungen übertrifft. Das sichtbare Universum wird durch den sogenannten Beobachtungshorizont begrenzt. Licht von dort kann uns in der Zeit, die seit dem Urknall vergangen ist, gerade noch erreichen. Objekte jenseits dieser Grenze sind nicht zu sehen, da deren Licht nicht ausreichend Zeit hatte, zu uns zu gelangen. Allerdings hat sich das Universum während der 13,8 Milliarden Jahre, die seit dem Urknall vergangen sind, weiter ausgedehnt. Das heißt, ein Objekt ist gar nicht mehr an dem Ort, von dem es einst sein Licht ausgeschickt hat, sondern viel weiter weg. Der Beobachtungshorizont ist demnach nicht 13,8 Milliarden Lichtjahre entfernt (in einem Jahr legt das Licht eine Strecke von einem Lichtjahr zurück), sondern berechnete 46 Milliarden Lichtjahre. Damit steht man vor der paradoxen

Situation, Objekte, die heute 46 Milliarden Lichtjahre entfernt sind, so sehen zu können wie sie vor 13,8 Milliarden Jahren waren. Bis wir das Licht sehen, das heute von diesen Objekten ausgeht, müssen wir jedoch weitere 46 Milliarden Jahre warten.

Was man bei der Expansion des Kosmos nicht durcheinanderbringen darf, sind der Begriff »Raum« und die darin befindlichen Objekte. Nur der Raum dehnt sich aus, indem die Entfernung zwischen den Objekten wächst. Die Objekte selbst bleiben dabei in ihren »Abmessungen« unverändert. Das ist genau wie in unserem Kuchen, in dem sich die Rosinen beim Aufgehen des Hefeteigs ja auch nicht in Pflaumen verwandeln.

Gab es den Urknall wirklich?

Dass sich das Universum ausdehnt, hat uns Edwin Hubble gezeigt. Aber ist das auch ein Beweis dafür, dass es einmal einen Urknall gegeben hat? Zunächst: Beweise gibt es nur in der Mathematik, die Physik kennt keine Beweise, nur Hinweise beziehungsweise Indizien, und die sprechen eben für oder gegen eine Hypothese. Zur Beantwortung der Frage nach dem Urknall verwenden die Kosmologen folgende Indizienkette: Wenn sich das Universum ausdehnt, dann muss es vor einiger Zeit auch kleiner gewesen sein. Könnte man die Zeit zurückdrehen, dann müsste sich, wie in einem rückwärtslaufenden Film, auch das Universum zurückentwickeln. Anstatt sich auszudehnen, würde es wieder schrumpfen. Dabei verkleinert sich der Abstand zwischen den Objekten immer mehr, bis schließlich alle Objekte in einer fernen Vergangenheit in einem Punkt zusammentreffen. Und da die Geschwindigkeit der aufeinanderzulaufenden Objekte beim hypothetischen Zusammenschrumpfen des Universums umso größer ist, je weiter sie vom Beobachter entfernt sind – also analog zu Hubbles Entdeckung, dass bei der Expansion des Universums die Objekte schneller davonfliegen, je weiter sie entfernt sind –, kommen sie alle zur selben Zeit am selben Ort an. Was beim Schrumpfen des Universums geschieht, lässt sich anhand einer Luftpumpe verdeutlichen: Verschließt man die Öffnung der Pumpe mit dem Daumen und drückt den Kolben ein paar Mal kräftig hinein, das heißt, man komprimiert die Luft in der Pumpe, so wird der Pumpenzylinder warm. Ähnliches geschieht mit dem Universum: Beim Zusammenschnurren wird es immer heißer. Dabei werden die Strukturen der Objekte schrittweise zerstört. Zunächst zerfallen die Sterne in ihre Atome, die Atome in ihre Elementarbausteine, in Protonen, Neutronen und Elektronen, sodann in Quarks, Neutrinos und andere Elementarteilchen. Schließlich ist alles unendlich heiß geworden und auf unvorstellbar kleinem Raum vereint. Nach der klassischen Urknalltheorie ist am Ende dieser Rückentwicklung das Universum unendlich klein, unendlich heiß und von unendlicher Energiedichte. Man bezeichnet das auch als Singularität in der Raumzeit. Wir wollen hier nicht untersuchen, wie die Materie der Sterne und Galaxien »ausgesehen« hat, als sie auf einen Punkt zusammengepresst war, ein Zustand, den es nach den Gesetzen der Quantenmechanik nicht geben kann. Wie man sich diese Singularität vorzustellen hat beziehungsweise ob es überhaupt eine Anfangssingularität gegeben hat, ist gegenwärtig ein unter Theoretikern heiß diskutiertes Thema. Aber darauf kommt es hier nicht an. Entscheidend ist, dass am Ende der Rückentwicklung des Universums ein – noch näher zu definierender – »Punkt« steht, aus dem das Universum mit dem Urknall hervorging.

Die Erklärungskraft des Urknallmodells beruht auch auf der strikten Anwendung der in den 30er- und 40er-Jahren des 20. Jahrhunderts entdeckten Gesetzmäßigkeiten in der Kern- und Atomphysik. Damals hatten Physiker die Vorgänge bei Kernreaktionen näher untersucht und grundlegende neue Erkenntnisse gewonnen. Die Spaltbarkeit von Atomkernen wurde entdeckt und damit – leider – auch der Bau der Atombombe ermöglicht. Aber man hat auch herausgefunden, wie Atomkerne miteinander verschmelzen können. Anhand dieser neuen Kenntnisse haben Ende der 40er-Jahre George Gamow, Ralph Alpher und Robert Herman ein kernphysikalisches Modell des ganz frühen Universums berechnet. Ihr Gedankengang war ganz ähnlich wie die oben beschriebene Indizienkette: Wenn das Universum einmal so klein war wie ein Atomkern, dann kennen wir seine Eigenschaften aus unseren Experimenten. Dann wissen wir, wie dicht und heiß es am Beginn des Universums gewesen sein muss, und wir können die Prozesse, denen die Teilchen im ganz frühen Kosmos unterworfen gewesen sein müssen, berechnen.

Die drei Kernphysiker wurden so zu Kosmologen, indem sie die Physik der winzigen Atomkerne mit dem ganzen Universum verbanden. So konnten sie auch die Entstehung einer Strahlung vorhersagen, die das ganze Universum durchsetzen sollte und die sich auch heute noch aufspüren und messen lassen sollte: die sogenannte kosmische Hintergrundstrahlung.

Die kosmische Hintergrundstrahlung

Mit der Entdeckung der kosmischen Hintergrundstrahlung erlebte die moderne Kosmologie eine Sternstunde. Sie gilt als eindeutiges Indiz für die Richtigkeit der Urknallhypothese. Wie der Name andeutet, handelt es sich dabei um eine Strahlung, die sozusagen aus dem Hintergrund aus allen Richtungen auf die Erde einfällt. Aber was für eine Strahlung ist das?

Wir wissen: Im frühen Universum, kurz nach dem Urknall, waren die Materiedichte und die Temperatur sehr hoch. Beim Urknall entstand aber nicht nur Materie, im Wesentlichen Wasserstoff und Helium im Massenverhältnis drei zu eins, sondern auch hochenergetische Strahlung, also Licht in Form von Gammaquanten. Aufgrund der hohen Energie der »Lichtteilchen«, der Photonen, konnten Wasserstoff und Helium jedoch nicht in atomarer Form existieren, das heißt als Atomkerne, deren positive Ladung von an den Kern gebundenen Elektronen negativer Ladung kompensiert wird. Solange die Energie der Photonen größer war als die Bindungsenergie der Elektronen an die Atomkerne, »fuhren« die hochenergetischen Photonen fortwährend zwischen Atomkern und Elektronen und trennten die Partner voneinander. Diesen Vorgang bezeichnet man als Ionisation. Die Materie kurz nach dem Urknall bestand also aus Atomkernen und freien Elektronen, eine Materieform, die man auch als Plasma bezeichnet.

Da sich jedoch das Universum kontinuierlich ausdehnte, wurde es zunehmend kälter. Das blieb nicht ohne Folgen für die Strahlung. Je größer das Universum wurde, desto mehr wurde auch die Wellenlänge der Strahlung gedehnt. Eine größere Wellenlänge ist aber gleichbedeutend mit einer geringeren Strahlungsenergie. Irgendwann war ein Punkt erreicht, an dem die Strahlung nicht mehr ausreichend Energie besaß, um die Elektronen davon abzuhalten, sich mit den Kernen zu vereinigen, beziehungsweise die Materie zu ionisieren. Dieser Fall trat ziemlich genau 380 000 Jahre nach dem Urknall ein, als das Universum noch rund 1100-mal kleiner war als heute und »nur« noch etwa 3000 Kelvin heiß (0 Kelvin entsprechen minus 273 Grad Celsius, der tiefsten physikalisch sinnvollen Temperatur). Dass wir jetzt plötzlich von der Wellenlänge des Lichts sprechen, sollte Sie nicht irritieren. Licht ist ein duales Phänomen, das man sowohl als einen Teilchenstrom, also einen Strom von Photonen, als auch als eine elektromagnetische Welle auffassen kann. Einige Vorgänge lassen sich besser mit dem Teilchenbild, andere wiederum besser mit der Wellennatur des Lichts erklären. In unserem Fall ist es verständlicher, die

Energieabnahme der Strahlung durch eine Dehnung der Wellenlänge zu erklären.

Noch einmal: 3000 Kelvin entsprechen ungefähr der Grenztemperatur, bei der die Energie der Photonen gerade noch ausreicht, um die Ionisation der Wasserstoffatome aufrechtzuerhalten. Als die Temperatur im Kosmos unter diesen Wert sank, konnten die Protonen die Elektronen dauerhaft an sich binden, und die Photonen, die bis dahin von den Elektronen hin und her geschubst wurden, hatten jetzt freie Bahn. Mit anderen Worten: Das Universum wurde durchsichtig! Man kann das mit einem Herbstmorgen vergleichen, an dem sich der Nebel langsam lichtet und den Strahlen der Sonne weicht. Dies ist der Moment der Geburt der kosmischen Hintergrundstrahlung. Es sind die Photonen, die sich von der Materie entkoppelt haben und sich jetzt in alle Richtungen frei bewegen.

An dieser Stelle müssen wir etwas Physik betreiben. Anfangs haben wir gefragt: Was ist das für eine Strahlung, die aus allen Richtungen auf die Erde fällt? Die Physiker bezeichnen sie als Strahlung eines Schwarzen Körpers, auch Schwarzkörperstrahlung genannt. Wie wir im Kapitel »Was ist ein Stern« schon erfahren haben, versteht man darunter ein Objekt, das auftreffendes Licht aller Wellenlängen vollkommen absorbiert – also total schwarz ist – und das sich im thermischen Gleichgewicht mit seiner Umgebung befindet, was wiederum heißt: Objekt und Umgebung haben gleiche Temperatur.

Nun muss man wissen, dass alle Materie Strahlung aussendet. Denken Sie an einen Heizkörper oder an ein glühendes Stück Eisen. Die Strahlung des glühenden Eisens ist direkt zu sehen. Je heißer das Eisen, desto heller ist das Rot der Strahlung. Das Licht, das vom Eisen ausgeht, liegt im sichtbaren Bereich des elektromagnetischen Spektrums, also in einem Bereich, in dem unser Auge empfindlich ist. Dagegen ist das »Licht«, das von einem Heizkörper ausgeht, unsichtbar, es liegt im infraroten Bereich des elektromagnetischen Spektrums – aber man kann es »fühlen«. Unsere Hand wird warm, auch wenn wir den Heizkörper nicht direkt berühren. Es genügt, sie im Abstand von wenigen Zentimetern vor den Heizkörper zu halten. Allgemein gilt: Je höher die Temperatur des strahlenden Körpers, desto kurzwelliger beziehungsweise energiereicher sind die Strahlung beziehungsweise die Photonen, die von ihm ausgehen. Die Temperatur des Schwarzen Körpers respektive der strahlenden Materie bestimmt also die Wellenlänge der Strahlung.

Nun beschränkt sich die von einem Schwarzen Körper emittierte Strahlung nicht allein auf eine Wellenlänge, vielmehr handelt es sich um eine kontinuierliche Abfolge von Wellenlängen, die man auch als Schwarzkörperspektrum bezeichnet. Mit dem im Jahr 1900 von dem Physiker Max Planck entwickelten Strahlungsgesetz lässt sich dieses Spektrum in Abhängigkeit von der Temperatur berechnen. Trägt man die Intensität der Strahlung gegen die Wellenlänge auf, so erhält man eine charakteristische Kurve, die bei einer bestimmten Wellenlänge ein Maximum erreicht und von diesem nach kürzeren Wellenlängen hin steil und nach längeren Wellenlängen hin flach abfällt. (Abb. 28) Je nach Temperatur des Schwarzen Körpers verschiebt sich das Maximum der Kurve: bei hohen Temperaturen zu kürzeren, bei niedrigen zu längeren Wellenlängen. Die charakteristische Form der Kurve bleibt jedoch immer erhalten. Um das gesamte Spektrum eines Schwarzen Körpers zu erfassen, muss man also die Intensität der Strahlung nicht nur bei der Wellenlänge messen, bei der die Kurve ihr Maximum erreicht, sondern auch bei vielen Wellenlängen beiderseits des Maximums.

Nach diesem kleinen Ausflug in die Physik ist hoffentlich verständlich geworden, was mit kosmischer Hintergrundstrahlung gemeint ist: Sie ist nichts anderes als die Strahlung der Materie des frühen Universums, die sich im thermischen Gleichgewicht mit der Umgebung befindet, das heißt im Gleichgewicht mit dem Strahlungsfeld des Universums, und die sich ungestört von freien Elektronen im Kosmos nach allen Richtungen gleichmäßig ausbreitet. 380 000 Jahre nach dem Urknall war das Universum, also Materie und Strahlung, rund 3000 Kelvin heiß, und das Maximum der Strahlung lag im infraroten Bereich des elektromagnetischen Spektrums. Doch dabei blieb es nicht! In der Zeit 380 000 Jahre nach dem Urknall bis heute hat sich der Kosmos ungefähr um den Faktor 1100 ausgedehnt und ist um den gleichen Faktor kälter geworden. Folglich muss sich auch die charakteristische Kurve der Schwarzkörperstrahlung, wie in Abbildung 28 exemplarisch dargestellt, hin zu längeren Wellenlängen verschoben haben. Das Strahlungsmaximum sollte heute im Bereich der Radiostrahlung bei etwa zwei Millimetern liegen. Wenn es also einen Urknall gegeben hat und das Universum in seiner Frühzeit sehr heiß war, dann müsste man gegenwärtig aus allen Richtungen des Kosmos eine gleich starke Strahlung empfangen können, die jener eines ungefähr drei Grad über dem absoluten Nullpunkt warmen Schwarzen Körpers entspricht. Und genau das hatten Gamow und seine Kollegen aus den Prinzipien der Thermodynamik und Kernphysik abgeleitet und vorhergesagt.

In der Tat entdeckten Arno Penzias und Robert Wilson von den Bell Telephone Laboratories in Crawford Hill im Jahr 1964 eher aus Zufall eine aus allen Richtungen einfallende Strahlung, bei der es sich um die hypothetische Schwarzkörperstrahlung handeln konnte. Weitere Untersuchungen und genauere Messungen verschiedener Gruppen in den Jahren bis 1980 lieferten dann schrittweise immer mehr Messpunkte, die zu einem Schwarzkörperspektrum einer Temperatur von 2,7 Kelvin passten. Im November 1989 startete dann die NASA den Satelliten »COBE« (Cosmic Background Explorer). Mit ihm konnte, unbeeinflusst durch die irdische Atmosphäre, das Spektrum der Hintergrundstrahlung mit vier verschiedenen Messinstrumenten aufgezeichnet werden. Zwei Monate nach dem Start legte das »COBE«-Team das Ergebnis vor. Bei 67 unterschiedlichen Wellenlängen hatte man die Intensität der kosmischen Hintergrundstrahlung gemessen. Die Messpunkte lagen exakt auf der spektralen Verteilungskurve eines 2,7 Kelvin warmen Schwarzen Körpers (Abb. 34). Inzwischen haben die Satelliten »WMAP« (Wilkinson Microwave Anisotropy Probe) und der ESA-Satellit »Planck« die »COBE«-Messungen mit gesteigerter Präzision wiederholt und die damaligen Ergebnisse bestätigt. Fazit: Das Universum ist durchsetzt von einer Strahlung, die von seiner heißen Geburt übrig blieb. Alle Vorhersagen der Urknalltheorie sind damit erfüllt.

Für die Kosmologie ist diese Strahlung auch aus einem anderen Grund von enormer Bedeutung. Da sie 380 000 Jahre nach dem Urknall letztmals mit der Materie in Wechselwirkung stand und mit ihr Energie ausgetauscht hat, ist sie zugleich ein Informationsträger hinsichtlich der Strukturen im frühen Kosmos. Strahlung aus Bereichen, in denen die Materie etwas dichter war, ist geringfügig »kälter« beziehungsweise besitzt weniger Energie als Strahlung aus der Umgebung mittlerer Dichte. Umgekehrt ist Strahlung aus Bereichen ehemals geringerer Dichte geringfügig »wärmer«. Folglich ist der Hintergrundstrahlung ein Muster aufgeprägt, das über die Dichteschwankungen im frühen Universum Auskunft gibt. Das Muster ist jedoch erst bei genauem Hinsehen zu erkennen, da die Strahlungstemperatur nur plus/minus zwei Hunderttausendstel um den Mittelwert von 2,73 Kelvin schwankt. Doch mit den hochauflösenden Detektoren der Satelliten »WMAP« und »Planck« konnte dieses Fleckenmuster mit hoher Genauigkeit sichtbar gemacht werden (Abb. 35). Aus der Ausdehnung und Verteilung der Dichtefluktuationen lassen sich eine Reihe fundamentaler kosmologischer Parameter gewinnen, so das Alter des Kosmos, der Wert für den Hubble-Parameter H_0, die Krümmung der Raumzeit und nicht

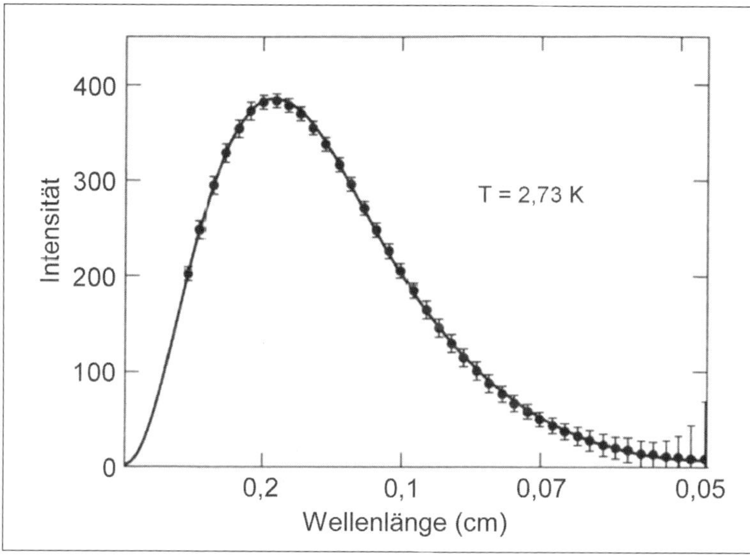

Abb. 34: Das vom Infrarotsatelliten aufgenommene Spektrum der kosmischen Hintergrundstrahlung. Die Messpunkte liegen exakt auf der Planck'schen Strahlungskurve eines 2,73 Kelvin warmen Schwarzen Körpers (y-Achse: relative Intensität). Mit diesem Ergebnis war der Beweis erbracht, dass das Universum aus einem heißen Urknall hervorgegangen ist.

zuletzt Daten über die »Zusammensetzung« des Universums aus normaler sowie Dunkler Materie und Dunkler Energie. Mit anderen Worten: Die kosmische Hintergrundstrahlung ist eine Schatztruhe zum Verständnis unseres Universums.

Abschließend noch ein paar Worte zu einem knapp vor Redaktionsschluss veröffentlichten wissenschaftlichen Report, wonach man in der kosmischen Hintergrundstrahlung den von Kosmologen erhofften Beweis für die bereits erwähnte inflationäre Expansion des Universums glaubt gefunden zu haben. Die Polarisation der Strahlung könnte den Nachweis geliefert haben. Von polarisiertem Licht spricht man, wenn der elektrische Vektor einer Lichtwelle in einer Ebene schwingt (linear polarisiertes

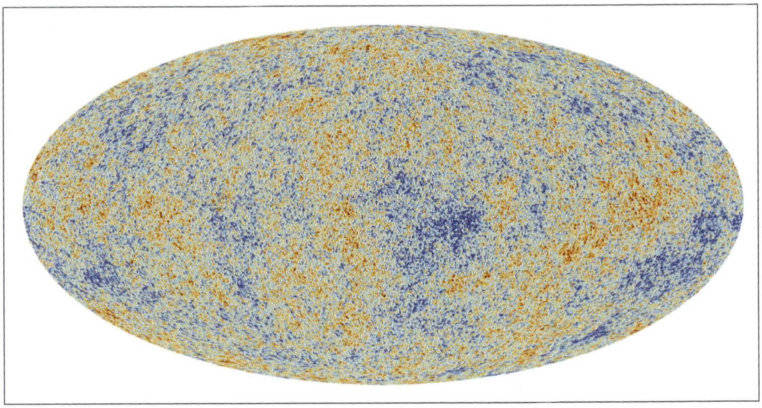

Abb. 35: Die dem Himmel aufgeprägte kosmische Hintergrundstrahlung, aufgenommen von den Satelliten WMAP beziehungsweise »Planck«. Das Fleckenmuster wird verursacht durch winzige Temperaturschwankungen in der Strahlung. Sie entsprechen den Dichteschwankungen in der Materie 380 000 Jahre nach dem Urknall und repräsentieren die Keime der Strukturen im Kosmos, der heutigen Sterne und Galaxien.

Licht) oder einen Kreis beschreibt (zirkular polarisiertes Licht). Beispielsweise wird das Sonnenlicht durch Streuung an den Molekülen der Erdatmosphäre oder durch Reflexion an einer Wasserfläche polarisiert. Daher lassen sich mit sogenannten Polarisationsbrillen, die polarisiertes Licht blockieren, Blendungen weitgehend unterdrücken.

Auch durch Gravitationswellen – das sind Schwingungen, die sich wellenartig in der Raumzeit ausbreiten und diese periodisch stauchen und wieder dehnen – wird Licht polarisiert. Nach Einstein entstehen Gravitationswellen, wenn sich Massen beschleunigt bewegen beziehungsweise wenn die Raumzeit durch eine spontane Expansion erschüttert wird. Folglich müsste auch der Urknall Gravitationswellen in der Raumzeit hervorgerufen und der kosmischen Hintergrundstrahlung ein charakteristisches Polarisationsmuster aufgeprägt haben. Wie diese Polarisation aussieht, kann man berechnen. Man erhält ein wirbelförmiges Strichmuster unterschiedlicher Polarisationsrichtungen, das Physiker als B-Moden bezeichnen.

Dann der Paukenschlag: Mitte März 2014 berichtete ein Forscherteam, das mit dem am Südpol stationierten Teleskop BICEP2 (Background Imaging of Cosmic Extragalactic Polarization) nach diesen B-Moden gesucht hatte, dass man fündig geworden sei. Mit dieser Entdeckung, so die Forscher, seien sowohl die von Einstein postulierten Gravitationswellen nachgewiesen, als auch die von den Kosmologen behauptete, zehn hoch minus 35 Sekunden nach dem Urknall einsetzende inflationäre Expansion des Universums belegt. Damit schien das kosmologische Modell der Entstehung und Entwicklung des Universums bestens bestätigt. Doch im Juni 2014 kam die ernüchternde Erkenntnis: Die gemessene Polarisation beruhte auf einer Streuung des Lichts an den Partikeln des interstellaren Staubes. Mithin waren die »Beweise« im wahrsten Wortsinn zu Staub zerfallen.

Das Alter des Universums

Eine weitere wichtige Frage ist die nach dem Alter des Universums. Wie viel Zeit ist vergangen vom Urknall bis heute? Hier kann uns wieder das Hubble'sche Gesetz helfen. Wie wir bereits wissen, treffen sich alle Objekte bei einer gedachten Rückwärtsentwicklung des Universums in einem Punkt. Wie viel Zeit von heute an verstreichen würde, bis dieser Punkt erreicht wäre, kann man berechnen. Mit der hypothetischen Annahme, dass das Universum keine Masse enthält, liefert der Kehrwert des Hubble-Parameters H_0 eine grobe Abschätzung des Alters. Eigentlich muss man für diese Aussage eine komplizierte kosmologische Gleichung lösen, auf die wir hier nicht eingehen wollen, aber es genügen auch zwei einfache Gleichungen, um zum selben Ergebnis zu gelangen. Die erste Gleichung erhält man, indem man die Geschwindigkeit des Objekts gleich dessen Entfernung geteilt durch Zeit setzt (Geschwindigkeit v = Entfernung d/Zeit t). Andererseits ist entsprechend der Hubble-Beziehung die Fluchtgeschwindigkeit des Objekts gleich dem Hubble-Parameter multipliziert mit dessen Entfernung (v = H_0 mal d). Ersetzt man die Geschwindigkeit in der zweiten Gleichung durch den Ausdruck für die Geschwindigkeit in der ersten Gleichung (d geteilt durch t = H_0 mal d), so fällt die Entfernung der Objekte heraus. Übrig bleibt nur die einfache Gleichung: Zeit ist gleich 1 dividiert durch den Hubble-Parameter H_0. Diese Zeit, die man auch als Hubble-Zeit bezeichnet, würde das Universum benötigen, um in einer gedachten Rückentwicklung wieder zu einem »Punkt« zusammenzuschnurren. Da andererseits von da alles seinen Anfang nahm, ist diese Zeit gleich dem Alter des Universums. Multipliziert man die Hubble-Zeit mit der Lichtgeschwindigkeit, so erhält man schließlich auch die Strecke, die das Licht seit dem Urknall zurücklegen konnte.

Bis in die frühen 80er-Jahre des 20. Jahrhunderts war der Wert des Hubble-Parameters H_0 noch umstritten. Die Angaben reichten von 50 bis 100 Kilometer pro Sekunde pro Megaparsec. Mit dem ersten Wert wäre das Universum grob 20 Milliarden Jahre alt, mit dem zweiten nur etwa zehn Milliarden Jahre und damit deutlich jünger als die ältesten entdeckten Sterne. Lässt man die unrealistische Annahme fallen, dass das Universum leer ist, und billigt ihm stattdessen Masse zu, die anziehend wirkt und somit im Laufe der Zeit die Expansion des Universums verlangsamt, so muss sich das Universum, damit es trotzdem auf seine heutige Größe heranwachsen kann, in seiner »Jugend« schneller ausgedehnt haben als heute. Mit anderen Worten: Ein Universum mit Masse benötigt weniger Zeit, um seine heutige Größe zu erreichen, als ein leeres, es muss also jünger sein. Angenommen, das Universum besteht ausschließlich aus Masse, dann ergibt sich aus den Gleichungen der Kosmologen ein Alter von nur noch zwei Drittel des Alters eines leeren Universums. Mit dem Wert 100 (km/s)/Mpc für H_0 wäre das Universum nur noch rund sechs bis sieben Milliarden Jahre alt, also eklatant jünger als ein Großteil seiner Sterne!

Mit »unserem« Universum haben diese beiden Spezialfälle wenig gemein. Unser Kosmos ist weder leer noch komplett von Materie dominiert. Der Energiehaushalt unseres Kosmos setzt sich zusammen aus 4,9 Prozent uns vertrauter Materie wie Galaxien, Sterne und nicht leuchtendes Gas, und 26,8 Prozent Dunkler Materie, von der wir nicht wissen, aus welchen »Teilchen« sie besteht. Im Wesentlichen bestimmt jedoch Dunkle Energie mit einem Anteil von 68,3 Prozent die Entwicklung. Was genau man unter Dunkler Energie zu verstehen hat, ist jedoch nach wie vor unklar. Mittlerweile konnte man auch mithilfe der Satelliten »COBE«, »WMAP« und »Planck« die Größe des Hubble-Parameters H_0 immer genauer bestimmen. Mit dem heute geltenden Wert von 67,1 (km/s)/Mpc und der genannten Komposition des Energiehaushalts berechnen die Kosmologen das Alter des Universums auf 13,8 Milliarden Jahre.

Was viele Wissenschaftler sehr überrascht hat, war die Art und Weise, wie das Univerum expandiert. Erwartungsgemäß liefern die Gleichungen der Kosmologen ein Universum, das sich zunächst relativ schnell, dann jedoch immer langsamer ausdehnt. Eigentlich hätte sich das bis heute so fortsetzen sollen. Doch ungefähr sieben bis acht Milliarden Jahre nach dem Urknall hat das Universum den Fuß von der Bremse genommen und wieder auf das Gaspedal gedrückt. Seit dieser Zeit dehnt sich das Universum immer schneller aus (Abb. 36)! Für die Kosmologen ist das nicht sonderlich erstaunlich. Schuld daran hat die Dunkle Energie, die den Kosmos auseinandertreibt und mit der Zeit immer mehr die anziehende Kraft der Materie dominiert. Nun, schöne Theorie, sagen da manche, aber stimmt das wirklich? Ja, es stimmt! Untersuchungen der Helligkeit weit entfernter Supernovae haben gezeigt, dass sie weniger hell erscheinen, als es ein gebremst expandierendes Universum erwarten lässt. Sie müssen demnach weiter entfernt sein. Weiter entfernt heißt aber, dass sie sich in der gleichen Zeit schneller bewegt haben, was letztlich nur mit einer beschleunigten Expansion des Universums zu erklären ist.

Noch ein Wort zur Dunklen Energie. Im Gegensatz zur Gravitation hat sie eine abstoßende Wirkung. Doch was genau sich hinter dieser Energieform verbirgt, weiß gegenwärtig niemand. Vermutlich handelt es sich dabei um die Energie des Vakuums, die ihrerseits das Ergebnis von Quantenfluktuationen des leeren Raums ist. Ob sich diese Hypothese bestätigt oder ob etwas anderes hinter der Dunklen Energie steckt, muss sich noch zeigen.

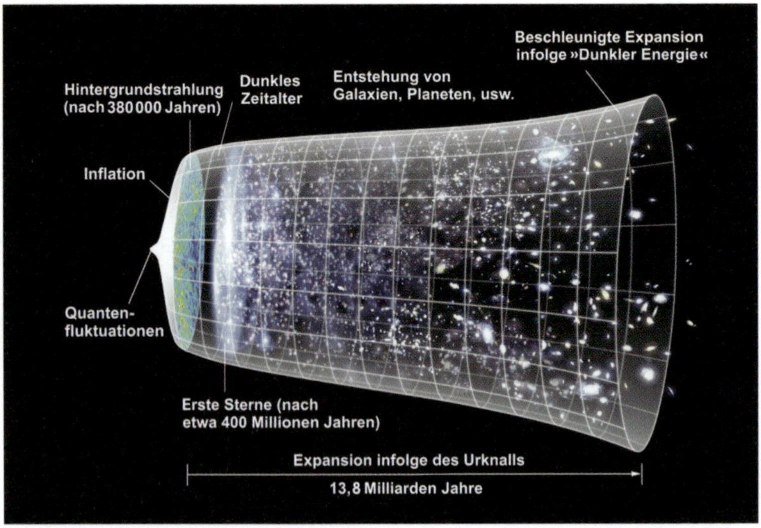

Abb. 36: Darstellung der Entwicklung und Expansion des Universums, beginnend mit dem Urknall bis heute.

Raum und Zeit

Oft wird die Frage gestellt: Wo bitte fand er denn statt, der Urknall, und wo ist heute dieser Ort im Universum zu finden? Eine Antwort darauf fällt nicht leicht. Beginnen wir mit dem gegenwärtigen Universum und denken dabei an unseren Rosinenkuchen. Da es ganz egal ist, von welcher Rosine aus wir die Ausdehnung des Universums betrachten, müssen wir auf die Frage, wo der Urknall stattgefunden habe, zwangsläufig antworten: überall! Wir sitzen mittendrin, und jeder andere Platz im Universum ist ebenfalls Zentrum des Urknalls. Im Prinzip hat also der Urknall allerorten stattgefunden, denn das Universum selbst, als Ganzes, ist das Ergebnis des Urknalls

Was den Ort des Urknalls zur Zeit des »Knalls« betrifft, als alles anfing, als das Universum also noch gar nicht existierte, wird es noch komplizierter. Denn es gab gar keinen »Ort«, an dem sich etwas hätte ereignen können! Es gab auch keinen Raum, in dem man einen Ort hätte festlegen können! So paradox es klingt, doch der Raum wurde erst mit der Ausdehnung des Universums erschaffen. Das Universum hat sich nicht in einen bereits vorhandenen Raum hinein ausgedehnt, sondern es ist selbst Raum, und dieser Raum wächst mit der Ausdehnung des Universums. Den Raum an sich können wir nur durch darin befindliche Objekte erfahren. Wenn nichts da ist, verliert auch der Begriff »Raum« seinen Sinn. Goethe hat in seinem *Faust* Mephisto, den Herrscher über das Böse, sagen lassen, dass der Raum verhaftet an den Körpern klebe und mit den Körpern wieder zugrunde gehen werde. Noch knapper heißt es bei Christian Morgenstern: »Es war einmal ein Lattenzaun, mit Zwischenraum, hindurchzuschaun...« Ohne Latten also auch kein (Zwischen-)Raum. Ob die beiden Herren das dem Sinn nach so verstanden wissen wollten wie wir, sei dahingestellt, aber es charakterisiert genau das, was wir hier unter Raum zu verstehen haben. Für uns ist das alles schwer fassbar, da wir ja in den bereits vorhandenen Raum hineingeboren wurden und ein »Nichtraum« außerhalb unseres Vorstellungsvermögens liegt. Man kann das vergleichen mit einem Käfer, der nicht fliegen kann und der auf einem unendlich ausgedehnten, ebenen Blatt Papier herumkrabbelt. Dieser Käfer kennt nur die zwei Dimensionen Länge und Breite. Eine dritte Dimension, eine Höhe, vermag er sich nicht vorzustellen.

Wenn wir schon die Frage nach dem Ort des Urknalls nicht beantworten können, so vielleicht die Frage, was vor dem Urknall war, als das Universum noch nicht existierte. Augustinus, zu Anfang des 5. Jahrhunderts der große Politiker und Lehrer der katholischen Kirche, beginnt seine Diskussion über den Zeitpunkt der Erschaffung der Welt mit der Frage: »Was tat denn Gott, bevor er Himmel und Erde erschuf?« Die Antwort, die Augustinus hierauf selbst gab, war natürlich in erster Linie theologisch zu verstehen: »Er machte die Hölle für diejenigen, die solche Geheimnisse zu ergründen suchen.« Entsprechend der gegenwärtigen Vorstellung über die Entstehung des Universums kann diese Antwort aber auch dahingehend interpretiert werden, dass es einfach sinnlos ist, nach einer Zeit vor dem Beginn des Universums zu fragen. Der Urknall war der »Tag ohne gestern«. Die Zeit ist zusammen mit dem Universum erst entstanden. Prozesse laufen nicht in der Zeit ab, sondern sie definieren erst die Richtung der Zeit. Der Urknall war das »Von nun an«, das »Erst ab jetzt tut sich was«. Erst ab jetzt beginnt sich das Universum auszudehnen, wobei es sich ständig verändert, weil es sich durch die Expansion kontinuierlich abkühlt. Wenn es nichts gibt, das sich verändern kann, dann ist auch die Zeit keine beobachtbare Größe. Wie lange ein Vorgang dauert, lässt sich nur durch einen Vergleich mit anderen Vorgängen bestimmen, beispielsweise mit dem Vorrücken des Sekundenzeigers einer Uhr. Im Augenblick des Urknalls war das Universum unvorstellbar heiß und unvorstellbar dicht. Ein derartiger Zustand ist gleichbedeutend mit vollkommener Gestaltlosigkeit, dem absoluten Chaos. Man kann sich denken, dass in diesem Chaos keinerlei Unterscheidungsmerkmale, weder räumlich noch zeitlich, existierten: In einem vollkommenen Chaos fehlt jegliche Ordnung, insbesondere auch jegliche Information über ein »Vorher«. Für unsere Vorstellung von der Entwicklung des Universums ist es auch gar nicht wichtig, ob man von einer Zeit vor dem Urknall sprechen kann. Eine Hypothese darüber ließe sich sowieso nicht überprüfen und wäre somit auch keine wissenschaftliche Aussage.

Der Vollständigkeit halber sei jedoch erwähnt, dass diese Betrachtungsweise des Urknalls die Quantentheorie nicht berücksichtigt. Im Bereich atomarer und subatomarer Größen verlangt die Quantentheorie eine gewisse Unschärfe in Raum und Zeit. Wir haben ja bereits erwähnt, dass das Produkt aus der Unschärfe von Impuls und Ort beziehungsweise von Energie und Zeit immer größer ist als das Planck'sche Wirkungsquantum h. Je genauer eine der beiden Größen eingegrenzt wird, desto unbestimmter wird die andere. Energie und Zeit beziehungsweise Impuls und Ort sind also in der Nähe des Urknalls nicht mehr voneinander unabhängig.

Leider lassen sich die Fragen, die sich unwillkürlich aufdrängen, wenn man erstmals davon hört, dass das Universum einen Anfang gehabt haben soll, nicht beantworten. Reflexartig fragt man sich: Was war davor? Vielleicht sollte man einfach antworten: Quantenfluktuationen. Und wenn man erfährt, dass das Universum expandiert, stellen wir uns die Frage: Wo hinein, in welchen Raum breitet es sich denn aus, das Universum? Aber leider sind unserem Wissensdurst hier die Grenzen unserer Erkenntnisfähigkeit gesetzt. So schön es ist, dass der ganze Kosmos zum Gegenstand astrophysikalischer Forschung geworden ist, so bleibt die Kosmologie doch immer »Innenarchitektur des Kosmos«. Welche Gründe es gab, dass das Universum geworden ist, werden wir nie erfahren. Und doch, allein diese Innenansichten vom Universum sind schon sehr erstaunlich, denn eines hat uns die Kosmologie inzwischen gelehrt: Selbst der Raum hat ein Eigenleben und eine Struktur.

Der Raum ist gekrümmt

Bei einer Sonnenfinsternis werden am Rand der Sonnenscheibe Sterne sichtbar, die eigentlich nicht zu sehen sein sollten, da der wahre Ort der Sterne nicht neben der Sonne, sondern hinter ihr, knapp innerhalb des Sonnenrandes liegt. Licht wählt immer den schnellsten Weg von der Quelle zum Empfänger, hier also vom Stern zum »Sterngucker«. In diesem Fall scheint es aber einen Bogen um die Sonne zu machen (Abb. 37). Weicht das Licht von der geraden Linie ab, so kann das nur heißen: Der Raum, in dem sich das Licht ausbreitet, ist »gekrümmt«. Was aber hat man sich unter einem gekrümmten Raum vorzustellen, und warum ist er gekrümmt? Der Raum, in dem wir uns bewegen, in dem wir gewohnt sind zu denken, ist dreidimensional. Länge, Breite und Höhe bestimmen darin die Abmessungen eines Körpers sowie die Koordinaten X, Y und Z den Ort, an dem sich der Körper befindet. Spricht man von einem gekrümmten, dreidimensionalen Raum, so müssen wir wohl alle bekennen, dass wir uns das nicht vorstellen können.

Um eine Ahnung von einem gekrümmten Raum zu bekommen, greifen wir zu einem Trick. Nehmen wir an, wir würden wie der schon erwähnte Käfer in einer Welt mit lediglich zwei Dimensionen leben. Das heißt, wir könnten nur zweidimensional denken und wahrnehmen. Unsere Welt hätte keine Koordinate für die Höhe, es gäbe lediglich Ausdehnungen in X- und

Y-Richtung, die Welt wäre eben wie ein Blatt Papier. Denken wir uns das Papier in alle Richtungen unendlich ausgedehnt. Die Geometrie, die wir auf diesem Blatt betreiben könnten, kennen wir – man bezeichnet sie als Euklidische Geometrie. Dass sich parallele Geraden nicht schneiden und die Winkelsumme in einem Dreieck 180 Grad beträgt, sind wesentliche Eigenschaften dieser Geometrie. Eine derartige »Welt« ist im wahrsten Sinne des Wortes flach (Abb. 38).

Nehmen wir nun an, unsere »Welt« sei die Oberfläche einer Kugel. Wenn wir wiederum akzeptieren, dass wir uns nicht über die Oberfläche erheben können, dann ist unsere Welt, zumindest wenn die Kugel relativ groß ist, für uns zwar nach wie vor zweidimensional, aber nicht mehr flach, sondern gekrümmt. Diese Welt hat wie unser unendlich flaches Papier keinen Rand, aber ihre Fläche ist nicht mehr unendlich, sondern entspricht der

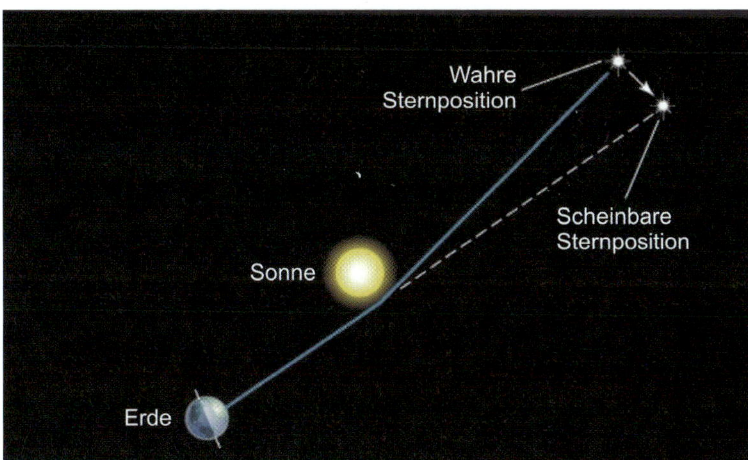

Abb. 37: Bei einer Sonnenfinsternis kann man hinter der Sonne stehende Sterne sehen, die eigentlich vom Rand der Sonne verdeckt sein sollten. Das Licht der Sterne muss demnach einen Bogen um die Sonne machen. Das bedeutet: Der Raum im Bereich der Sonne ist gekrümmt, und die Krümmung wird durch die Masse der Sonne hervorgerufen.

endlichen Oberfläche der Kugel. Eine derartige Krümmung, wie sie eine Kugeloberfläche aufweist, bezeichnet man auch als eine positive Krümmung und die Kugeloberfläche als geschlossene Fläche. Natürlich ist die Geometrie auf einer Kugel eine andere, denn auf einer Kugel schneiden sich parallele Geraden, und die Winkelsumme in einem Dreieck ist immer größer als 180 Grad.

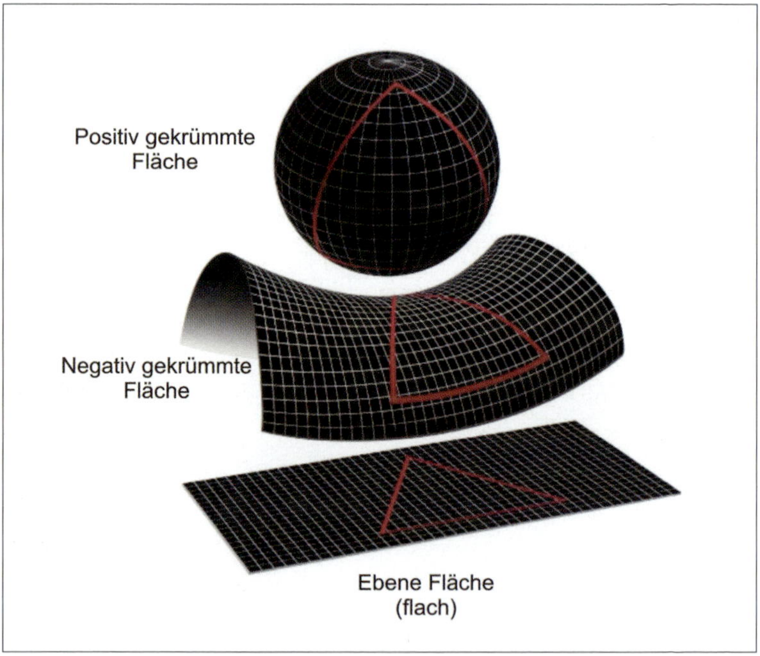

Abb. 38: Einen dreidimensionalen gekrümmten Raum kann man sich nicht vorstellen. Man gewinnt jedoch eine Vorstellung von den möglichen Krümmungen, wenn man sich auf zwei Dimensionen, auf eine Fläche, beschränkt. Unten: Ebene, nicht gekrümmte Fläche. Auf ihr schneiden sich parallele Linien nicht, die Winkelsumme in einem Dreieck beträgt immer 180 Grad. Mitte: Hyperbolisch gekrümmte Fläche, auch Sattelfläche genannt. Dort ist die Winkelsumme in einem Dreieck stets kleiner als 180 Grad. Oben: Sphärisch gekrümmte Fläche, auch Kugelfläche genannt. Parallele Geraden schneiden sich, die Winkelsumme in einem Dreieck ist stets größer als 180 Grad.

Man kann das leicht veranschaulichen. Stellen wir uns vor, wir ziehen von einem Punkt am Äquator eine Linie genau nach Norden und von einem benachbarten Punkt auf dem Äquator eine zweite Linie ebenfalls exakt zum Nordpol. Am Äquator und knapp darüber verlaufen die Linien zueinander parallel. Da beide Linien genau nach Norden laufen, müssen sie sich aber am Nordpol treffen und dort schneiden. Ähnlich ist es mit einem Dreieck. Nehmen wir zwei Punkte am Äquator, deren Abstand genau einem Viertel des Kugelumfangs am Äquator entspricht, und ziehen von dort wieder je eine Linie genau nach Norden bis zum Nordpol. An den Ecken des Dreiecks aus Nordpol und den beiden Punkten auf dem Äquator treffen sich die Dreiecksseiten unter einem Winkel von jeweils 90 Grad. Und drei mal 90 Grad ergibt 270 Grad. Die Geometrie, die wir jetzt betreiben müssen, ist also nicht mehr euklidisch, sondern sphärisch.

Neben der flachen und der positiv gekrümmten zweidimensionalen Welt gibt es noch eine Welt mit negativer Krümmung. Die Form einer derartigen Fläche entspricht der eines Pferdesattels, der an den beiden Flanken des Pferdes nach unten und an den dem Kopf und dem Schweif des Pferdes zugewandten Enden nach oben gebogen ist. Eine derartige Fläche bezeichnet man auch als hyperbolisch. Hyperbolische Flächen können wie das flache Papier unendlich ausgedehnt sein und sind somit nicht geschlossen wie Kugelflächen, sondern offen. Die Geometrie auf Sattelflächen ist ebenfalls nicht euklidisch und die Winkelsumme in einem Dreieck stets kleiner als 180 Grad.

Damit haben wir drei Formen, in der unsere zweidimensionale »Welt« erscheinen kann: als flache, nicht gekrümmte Welt, als geschlossene, endliche Welt mit positiver Krümmung und als offene, unendliche Welt mit negativer Raumkrümmung. Jetzt fällt es vielleicht nicht mehr ganz so schwer, das Ergebnis auf eine dreidimensionale Welt zu übertragen. Wir können uns zwar nach wie vor deren gekrümmtes Aussehen nicht vorstellen, aber wir haben eine Ahnung davon bekommen, wie sich Krümmungen auswirken. Auch unsere dreidimensionale Welt könnte flach, geschlossen oder offen sein. Wenn wir »Welt« sagen, dann meinen wir natürlich nicht unsere Erde, sondern das gesamte Universum. Welche Krümmung unser Universum wirklich hat, hängt davon ab, wie viel Masse es enthält, wobei auch die Dunkle Energie über die bekannte Gleichung $E = mc^2$ zur Masse des Universums beiträgt.

Vielleicht, liebe Leserinnen und Leser, haben Sie bemerkt, dass wir mit dem letzten Satz ganz nebenbei die Frage nach der Ursache für die Krümmung beantwortet haben. Wie im Kapitel »Schwarze Löcher« ausführlich besprochen, gilt: Masse krümmt den Raum. Je mehr Masse, desto stärker ist der Raum in der Umgebung der Masse gekrümmt. Man kann sich das zur Vereinfachung jetzt mal wieder im Zweidimensionalen, anhand eines gespannten Gummituchs, auf das ein Gitternetz aufgemalt ist, vor Augen führen. Legen wir auf das Gummituch eine Holzkugel, so wird sich das Tuch unter dem Gewicht der Kugel eindellen, und das Gitternetz wird an dieser Stelle leicht verzerrt. Nehmen wir anstelle der Holz- eine viel schwerere Bleikugel, so sinkt diese tiefer in das Tuch ein, und die Krümmung der Gummimembran wird entsprechend größer. Licht, das sich auf der Fläche des Gummituchs ausbreitet, muss, wenn es in die Nähe der Kugel kommt, der durch die Masse der Kugel verursachten Krümmung folgen, da es ja aufgrund der vorausgesetzten Zweidimensionalität nicht aus der Fläche heraus kann. Es breitet sich also nicht mehr »geradlinig« aus, sondern folgt den durch die Masse verzerrten Gitterlinien. Dieser Weg, obwohl gekrümmt, ist aber nach wie vor die schnellste Verbindung zwischen der Lichtquelle und einem Empfänger. Überträgt man das Ergebnis auf das Universum, auf die Sonne und den Stern dahinter, dann muss die Sonne aufgrund ihrer Masse den Raum lokal krümmen. Das Licht des Sterns dahinter, das nahe der Sonne vorbeiläuft und normalerweise nicht in das Auge eines Beobachters auf der Erde gelangen kann, wird durch die Krümmung des Raumes so »abgelenkt«, dass es schließlich doch auf die Erde trifft.

Flaches, geschlossenes und offenes Universum

So wie der Raum, je nachdem, wo sich Masse zu Sternen oder Galaxien konzentriert hat, lokale Krümmungen erfährt, so ist auch das Universum als Ganzes gekrümmt, wobei jetzt die Gesamtmasse des Universums, die sich aus der Masse der sichtbaren und der Dunklen Materie sowie der Dunklen Energie zusammensetzt, das Ausmaß der Krümmung festlegt. Wie wir bereits wissen, ziehen sich Massen gegenseitig an und verlangsamen so die Ausdehnung des Universums. Aus den Gleichungen der Kosmologen lässt sich nun ein Wert für die Dichte des Kosmos herleiten – Dichte ist gleich Masse geteilt durch Volumen –, bei der die Krümmung des Universums verschwindet, das heißt, das Universum ist dann flach. Bei einem Universum, dessen Dichte gleich dieser sogenannten kritischen Dichte ist, verlangsamt sich die Expansion immer mehr, bis sie schließlich nach unendlich langer Zeit ganz zum Stillstand kommt. Ist die Dichte des Universums jedoch größer als die kritische Dichte, so wird der Raum in sich zurückgekrümmt, und man hat es mit einem geschlossenen Universum zu tun. Die Ausdehnung in einem geschlossenen Universum kommt zum Stillstand, wenn die kinetische Energie, die in der Ausdehnung steckt, komplett in potentielle Energie umgewandelt ist. Von diesem Augenblick an zieht sich das Universum wieder zusammen. Die gesamte Entwicklung vom Urknall bis zur maximalen Ausdehnung verläuft dann rückwärts. Letztlich wird das Universum wieder auf ein unvorstellbar kleines Volumen mit unvorstellbar hoher Dichte und

Temperatur zusammenfallen. Rein theoretisch könnte nun das Spiel erneut beginnen und ein Urknall ein neues Universum hervorbringen. In einem geschlossenen Universum wäre also eine zyklische Wiederholung von Expansion und Zusammenfall des Universums nicht unmöglich. Ist schließlich die Dichte des Universums kleiner als die kritische Dichte, so hat man es mit einem offenen Universum mit negativer Raumkrümmung zu tun. In einem derartigen Universum hört die Expansion nie auf, ja, sie kann sich sogar beschleunigen.

Nun, in welcher Art von Universum leben wir? Die Messergebnisse liefern eine Dichte, die circa zwei Prozent größer ist als die kritische Dichte. Das heißt: Sehr wahrscheinlich ist unser Universum flach, zumindest das uns zugängliche sichtbare Universum. Dennoch besteht eine winzige Wahrscheinlichkeit auch für ein offenes Universum. Wie es jenseits dieser Grenzen aussieht, ist schwer zu sagen. Die Dichte dort kann man nicht messen. Es könnte also durchaus sein, dass wir auf einer flachen Insel leben und der übrige Kosmos eine positive oder negative Krümmung hat. Doch ob wir davon jemals Kenntnis erlangen werden, ist zur Zeit mehr als ungewiss.

Die Raumzeit

Zum Schluss dieses Kapitels wollen wir nochmals kurz auf die Begriffe »Raum« und »Zeit« zu sprechen kommen. Bisher haben wir immer so getan, als ob Raum und Zeit völlig unabhängig voneinander wären. Dies gilt in grober Näherung jedoch nur, wenn die Geschwindigkeiten, mit denen wir es zu tun haben, wesentlich kleiner als die Lichtgeschwindigkeit und die Massenkonzentrationen gering sind. Dass Raum und Zeit in Wirklichkeit noch nie voneinander unabhängig waren, hat uns Einstein gezeigt. Seine Spezielle Relativitätstheorie beschreibt, wie Raum und Zeit von der relativen Bewegung der Bezugssysteme, in denen sich einerseits die Ereignisse abspielen und sich andererseits ein Beobachter befindet, abhängen. Gilt die Spezielle Relativitätstheorie nur in einem idealisierten Kosmos ohne Materie, also ohne Gravitation, so konnte Einstein mit der Erweiterung seiner Theorie zur Allgemeinen Relativitätstheorie veranschaulichen, dass Raum und Zeit nicht nur von der Bewegung, sondern insbesondere auch von der Massenverteilung abhängen. Infolgedessen reicht es nicht mehr aus, den Raum als dreidimensional anzusehen. Zu den drei Raumkoordinaten muss als vierte Dimension die Zeit hinzukommen. Damit spielen sich Ereignisse nicht mehr getrennt in Raum und Zeit ab, sondern richtigerweise in einer vierdimensionalen Raumzeit. Diese Theorien sind jedoch ziemlich komplex, und wir wollen hier nicht näher darauf eingehen. Lassen wir stattdessen den »Alten aus Königsberg« zu Wort kommen:

In der Tat, wenn man mit solchen Betrachtungen und mit den vorhergehenden sein Gemüt erfüllt hat, so gibt der Anblick eines bestirnten Himmels bei einer heiteren Nacht eine Art des Vergnügens, welches nur edle Seelen empfinden.
Bei der allgemeinen Stille der Natur und der Ruhe der Sinne redet das verborgene Erkenntnisvermögen des unsterblichen Geistes eine unnennbare Sprache und gibt unausgewickelte Begriffe, die sich wohl empfinden, aber nicht beschreiben lassen.

Immanuel Kant

Schwarze Löcher

Wär nicht das Auge sonnenhaft,
Die Sonne könnt es nie erblicken;
Läg nicht in uns des Gottes eigne Kraft,
Wie könnt uns Göttliches entzücken?

Johann Wolfgang von Goethe: »Zahme Xenien III«

Ja, wir haben Augen zum Betrachten der Sterne, da hat Goethe völlig recht. Doch wie verhält es sich mit einem Sinnesorgan für Dinge, die nicht sichtbar sind, die sich allein über ihre Masse, ihren Drehimpuls und ihre elektrische Ladung definieren? Welche Sensoren bräuchte der Mensch, um sich im Einflussbereich dieser mysteriösen Objekte zurecht zu finden? Könnten wir auch dort unseren Sinnen vertrauen? An der Grenze der erkennbaren Wirklichkeit spielen sich Dinge ab, die so bizarr sind, dass man schon einen sehr gesunden Verstand braucht, um ihn nicht zu verlieren. Wir sprechen von Schwarzen Löchern!

Kaum eine Klasse von Himmelsobjekten fasziniert sowohl Laien als auch Fachleute auf ähnliche Weise wie die sogenannten Schwarzen Löcher. Offenbar übt die Kombination von Schwarz und Loch eine besondere Anziehungskraft auf alle aus, die sich mit Himmelsangelegenheiten beschäftigen. Schwarze Löcher gelten als das ultimative Ende der Materie, sie sind Teil des dunklen Teils des Universums. Die merkwürdigsten Eigenschaften werden mit ihnen in Verbindung gebracht. Selbst als Tore für Tunnel in der Zeit sind sie im Gespräch, ja sogar als Portale in andere Universen. Einige Physiker denken ernsthaft darüber nach, ob die Entstehung eines Schwarzen Loches nicht zugleich die Geburt eines neuen Universums zur Folge hat. Um nicht das Pferd vom Schweif her aufzuzäumen, wollen wir zunächst klären, was man unter einem Schwarzen Loch versteht und wie diese Objekte entstehen.

Die Geburt Schwarzer Löcher

Eigentlich sind Schwarze Löcher nichts Besonderes. Sie sind das letzte Glied im Rahmen der Entwicklung sehr massereicher Sterne, gewissermaßen die Leichen ausgebrannter Sterne, genauer: deren Überreste. Und dennoch sind es Leichen der besonderen Art: Man sieht sie nicht, sie machen sich nur über ihre Gravitation bemerkbar, und aus ihrem Bannkreis kann nichts entkommen, keine Nachricht, keine Information, nicht einmal Licht, weshalb man sie auch als »schwarz« bezeichnet. Stellare Schwarze Löcher – und nur die wollen wir zunächst betrachten – entstehen, wenn massereiche Sterne am Ende ihres Lebens keine Energie mehr durch Kernfusion gewinnen können. Dann stemmt sich kein innerer Strahlungsdruck mehr gegen die Gravitation, und die Sterne brechen unter der Schwerkraft ihrer eigenen Masse zusammen.

Um dem Wesen der Schwarzen Löcher näherzukommen, müssen wir die Wirkung der Schwerkraft verstehen. Grundsätzlich gilt: Massen ziehen sich gegenseitig an. So fällt ein in die Höhe geworfener Ball wieder auf die Erde zurück. Je größer die Geschwindigkeit ist, mit der er geworfen wird, desto höher fliegt er. Wenn der Werfer auf den Namen »Superman« hört, hat er genügend Kraft, um den Ball mit solcher Geschwindigkeit in die Höhe zu schleudern, dass er das Schwerkraftfeld des anziehenden Körpers, in unserem Beispiel der Erde, verlassen kann. Diese Geschwindigkeit nennt man Entweich- oder Fluchtgeschwindigkeit. Sie wächst mit der Wurzel aus dem Verhältnis von Masse des anziehenden Körpers und dessen Radius. Da stellt sich die Frage: Auf welchen Durchmesser muss ein Stern schrumpfen, damit seine Fluchtgeschwindigkeit gleich der Lichtgeschwindigkeit wird? Denn, wie gesagt, die Entweichgeschwindigkeit wird nicht nur durch die Masse eines Objekts, sondern auch durch seine Größe bestimmt. Ein Körper wie die Erde, mit einem Radius von rund 6380 Kilometern, hat eine Entweichgeschwindigkeit von 11,2 Kilometern pro Sekunde. Die Sonne, 300 000-mal massereicher als die Erde, mit einem Radius von 700 000 Kilometern, lässt nur Gas entweichen, das mindestens 617 Kilometer pro Sekunde schnell ist. Aber wann reicht selbst die größte physikalisch sinnvolle Geschwindigkeit, die Lichtgeschwindigkeit, nicht mehr aus, um einen Himmelskörper zu verlassen? Mit den Ausdrücken der klassischen Physik für die kinetische Energie eines lichtschnellen Objekts und dessen potentielle Energie lässt sich das leicht berechnen. Für einen Stern wie die Sonne, mit einer Masse von rund 2 mal 10 hoch 30 Kilogramm (eine 1 mit 30 Nullen), beträgt dieser Radius ganze drei Kilometer!

Zunächst sind das nur Zahlenspielereien, die uns wenig über die physikalischen Verhältnisse und Vorgänge beim Kollaps eines Sterns zu einem Schwarzen Loch verraten. Denn die physikalische Entstehungsgeschichte eines Schwarzen Loches lässt sich nur unter Zuhilfenahme der Quantenmechanik verstehen. Dabei zeigt sich eindrucksvoll die Verknüpfung von Mikrokosmos und Makrokosmos, denn die Kräfte, welche die Wechselwirkungen zwischen den kleinsten Teilchen der Materie festlegen, bestimmen auch das Schicksal der großen stellaren Brutöfen, der Sterne, die ihre Energie ja durch kernphysikalische Prozesse gewinnen.

Ein Stern ist ein heißer Gasball im Gleichgewicht zweier Kräfte. Auf der einen Seite steht die Gravitation, auf der anderen der nach außen gerichtete innere Druck. Die Gravitation ist dafür verantwortlich, dass aus einer ausgedehnten Gaswolke geringer Dichte überhaupt ein Stern werden kann. Aufgrund ihrer stets anziehenden Wirkung presst sie die Atome des Wolkengases auf einen immer kleineren Raum zusammen. Irgendwann ist die Dichte der Gaswolke so groß, dass die Atome die Gegenwart der Nachbaratome spüren. Bemerkbar macht sich das durch einen Druck, den Gasdruck, auch thermischer Druck genannt, der sich der Schwerkraft entgegenstemmt. Dieser Druck erhöht sich mit steigender Temperatur und Dichte des Gases. Interessanterweise macht die Schwerkraft ihren Gegenspieler Gasdruck immer stärker, da sie durch ihre anziehende Wirkung das Gas immer weiter zusammenpresst und damit auch die Temperatur in die Höhe treibt. Mit der Zeit wird die Materie so heiß, dass die Atome ihre Elektronen verlieren und das Gas einen Aggregatszustand einnimmt, den man als Plasma bezeichnet: ein Gemisch aus positiv geladenen Atomkernen und freien Elektronen negativer Ladung. Und da die Wolke größtenteils aus Wasserstoff besteht, dessen Atomkerne nur aus einem Proton bestehen, handelt es sich bei dem Plasma um eine heiße Suppe aus Protonen und Elektronen.

Aber die Gravitation lässt nicht nach und presst das Gas immer mehr zusammen. Schließlich ist eine Temperatur erreicht, bei der nukleare Fusionsprozesse zünden und die Protonen des Wasserstoffs zu Heliumkernen verschmelzen: Ein neuer Stern ist geboren. Die bei der Kernfusion frei werdenden hochenergetischen Photonen, sogenannte Gammaquanten, üben auf die Materie einen starken Strahlungsdruck aus, der sich nun gemeinsam mit dem thermischen Druck gegen die Gravitation stemmt. In dieser Phase der Sternentwicklung ist es vornehmlich der Strahlungsdruck, der verhindert, dass der Stern weiter schrumpft.

Der Strahlungsdruck stabilisiert den Stern so lange, bis die Fusionskette abbricht und keine Energie mehr freigesetzt wird. Wann dieser Punkt erreicht ist, hängt von der Anfangsmasse des Sterns ab. Sterne mit bis zu acht Sonnenmassen beenden ihr Leben mit dem sogenannten Heliumbrennen. Den am Ende dieser Entwicklung verbliebenen Kohlenstoff-Sauerstoff-Kern – man bezeichnet ihn auch als Weißen Zwerg – kann die Gravitation nicht weiter komprimieren, obwohl in ihm keine Strahlung erzeugenden Kernverschmelzungsprozesse mehr ablaufen. Das heißt: Druck und Temperatur erreichen nicht mehr die Werte für die nächste Fusionsstufe, das Kohlenstoffbrennen. Weiße Zwerge sind daher das Endstadium in der Entwicklung von Sternen mit bis zu etwa acht Sonnenmassen.

Dass der Weiße Zwerg nicht weiter »zusammengestaucht« werden kann, liegt am sogenannten Entartungsdruck der Elektronen, der der Gravitation erfolgreich Paroli bietet. Um zu verstehen, was das heißt, müssen wir die bereits angekündigte Quantenmechanik zuhilfe nehmen. Elektronen, Neutronen und Protonen gehören zur Familie der Fermionen, deren Energiezustand man durch vier sogenannte Quantenzahlen beschreibt. Das von dem Physiker Wolfgang Pauli formulierte Ausschließungsprinzip besagt nun, dass in dem den Fermionen zur Verfügung stehenden Energieraum nur solche vorkommen dürfen, die sich in mindestens einer der vier Quantenzahlen unterscheiden. Eine dieser Quantenzahlen ist der Spin des Teilchens, der entweder ein positives oder negatives Vorzeichen hat. Folglich können maximal zwei Fermionen mit unterschiedlichem Spin ein und dasselbe Energieniveau besetzen.

In heißer Materie geringer Dichte stehen den Fermionen genügend freie Energieniveaus zur Verfügung, sodass sie sich locker verteilen können, ohne sich in die Quere zu kommen. Verkleinert sich jedoch das Volumen, das die Materie ausfüllt, wie es beispielsweise beim Kollaps eines Sterns der Fall ist, dann wird Materie dichter und die Energie der Fermionen wächst: Sie müssen quasi immer enger zusammenrücken und paarweise auf immer höhere Energieniveaus ausweichen. In der Sprache der Quantenphysik bezeichnet man das als Entartung des Elektronengases und den Druck, den die »eingeengten« Elektronen ausüben, als Entartungsdruck. Ist das Volumen schließlich so weit verkleinert, dass alle Energieniveaus besetzt sind, so spricht man von einer völligen Entartung. Da nun für die Elektronen keine Plätze mehr frei sind, kann die Materie auch nicht weiter zusammengepresst und der thermische Druck der Materie, der Gasdruck, nicht weiter gesteigert werden. Im Gegensatz zum »artigen« thermischen Druck, der von der Temperatur abhängt, ist der Entartungsdruck nur von der Dichte der Materie abhängig. Entartete Materie kann daher »eiskalt« sein und dennoch einen gewaltigen Druck entwickeln.

Bei Sternen mit mehr als acht Sonnenmassen folgen auf das Heliumbrennen noch vier weitere Brennstufen: das Kohlenstoff-, das Sauerstoff-, das Neon- und schließlich das Siliziumbrennen. Aufgrund der großen Masse des Sternkerns kann die Gravitation den gegen Ende einer Brennstufe entstandenen Sternkern stets so weit komprimieren, dass die nächste Brennstufe schon zündet, bevor der Entartungsdruck eine entsprechende Kompression der Materie unterbindet. Bei diesen massereichen Sternen kommt es also in keiner Phase zu einer starken Entartung der Materie. Am Ende der letzten Brennstufe besteht der Sternkern aus purem Eisen. Da der Atomkern des Eisens die größte Bindungsenergie pro Kernbaustein aufweist, liefert eine Verschmelzung zu noch schwereren Kernen keine Energie mehr. Es müsste vielmehr von außen Energie zugeführt werden, um eine Kernfusion in Gang zu setzen. Mit dem Siliziumbrennen zu Eisen endet also die Fusionskette endgültig. Da der Stern jetzt keine inneren Energiequellen mehr hat, bricht er unter seiner eigenen Schwerkraft in einer gewaltigen Supernovaexplosion zusammen. Neben der mit hoher Geschwindigkeit ins All geschleuderten Sternhülle verbleibt ein wenige zehn Kilometer großer sogenannter Neutronenstern, in dem die Materie so dicht gepackt ist, dass ein Kubikzentimeter auf der Erde einige 100 Millionen Tonnen wiegen würde. Über die materielle Zusammensetzung eines Neutronensterns ist wenig bekannt. Grundsätzlich handelt es sich um einen riesigen Atomkern aus Neutronen und Protonen im Verhältnis von circa neun zu eins. Nahe dem Zentrum des Neutronensterns vermutet man sogar freie Quarks, die elementaren Bausteine der

Neutronen und Protonen. Neutronensterne sind der Rand der erkennbaren Wirklichkeit. Sie sind die letzte Quelle, aus der wir eine Information über die extremsten Materiezustände im Universum gewinnen können.

Wie die Weißen Zwerge werden auch die Neutronensterne durch den Entartungsdruck gegen einen weiteren Kollaps stabilisiert. Bei ihnen ist es jedoch nicht der Entartungsdruck der Elektronen, sondern derjenige der Neutronen. Da Neutronen rund 1800-mal mehr Masse besitzen als Elektronen, ist der Entartungsdruck auch ungleich höher. Neutronensterne bis zu einer Masse von etwa drei Sonnenmassen können sich damit gegen die Gravitation behaupten. Ist die Sternleiche jedoch massereicher, so gibt es nichts mehr, was den Kollaps noch verhindern kann. Dann hat die Schwerkraft endlich ihr Ziel erreicht und presst die Materie zu einem stellaren Schwarzen Loch zusammen. Während von einem Neutronenstern noch Teilchen und elektromagnetische Strahlung entweichen können, kommt aus einem Schwarzen Loch nichts mehr heraus.

Wie wir eingangs erfahren haben, lässt sich für jede Masse der Radius ausrechnen, ab dem sie zu einem Schwarzen Loch zusammenfällt. Man bezeichnet diesen Radius als Schwarzschild-Radius, benannt nach Karl Schwarzschild, dem ersten Physiker, der aus der Allgemeinen Relativitätstheorie diese Größe abgeleitet hat. Innerhalb dieses Radius, den man auch als Ereignishorizont bezeichnet, gibt es keinerlei Möglichkeiten mehr, etwas über den Zustand des kollabierten Sternrestes zu erfahren. Was sich hinter dem Ereignishorizont verbirgt, bleibt für immer im Dunkeln und ist prinzipiell unerreichbar.

Schwarze Löcher sind offenbar der normale Endzustand sehr massereicher Sterne, deren Sternleichen durch nichts mehr vor dem totalen Zusammenbruch zu bewahren sind. Bedenkt man, wie viele massereiche Sterne es im ganzen Universum gab, gibt und noch geben wird, muss die Zahl der Schwarzen Löcher astronomisch hoch sein. Immerhin enthält jede mittelgroße Galaxie etwa 100 Millionen Sterne, die im Prinzip zu Schwarzen Löchern werden können. Nimmt man an, dass nur ein Prozent der Sterne einer Galaxie zu Schwarzen Löchern kollabieren, und multipliziert diese Zahl mit der Anzahl der Galaxien im Universum, also mit rund 100 Milliarden, dann könnte es Quadrillionen Schwarze Löcher im Universum geben – und jedes für sich ist ein Rätsel, ein Mysterium, weil wir lediglich darüber spekulieren können, was sich in ihm abspielt. Diese Dinger gehören nicht mehr zu unserem Universum. Begriffe wie Zeit, Raum, Ursache und Wirkung lassen sich hier nicht mehr festmachen – oder etwa doch? Kann man wirklich nichts über die Eigenschaft Schwarzer Löcher herausfinden? Und nicht zu vergessen: Warum ist nicht die ganze Materie längst in Schwarzen Löchern verschwunden?

Was geschieht in einem Schwarzen Loch?

Wie soll man über etwas schreiben, das sich uns nicht zeigen kann, weil die Gesetze des Universums es nicht erlauben? Ein Schwarzes Loch ist das Reich der Schwerkraft, dort ist sie die einzige noch verbliebene Kraft. Was geschieht in einer Welt, in der eine Kraft wirkt, die nur anziehend wirkt? Erinnern wir uns, wie Isaac Newton die Gravitationskraft mathematisch beschreibt: Die Kraft ist proportional zum Produkt der anziehenden Massen und umgekehrt proportional zum Quadrat des Abstands zwischen den Massen. Was passiert aber, wenn der Abstand der Massen immer geringer wird und, mathematisch gesprochen, gegen null geht, wenn die Gravitationskraft die Massen auf einen »unendlich kleinen« Punkt zusammengepresst hat? Nach den Gesetzen der klassischen Physik würde dann auch die Schwerkraft unendlich groß werden. Doch unendlich große

Kräfte kann es nicht geben, da sie eine Quelle voraussetzen, die unendlich viel Energie bereitstellen müsste. Eine derartige Energiequelle existiert aber nicht. Demnach kann eine Theorie, deren Gleichungen als Lösung eine Unendlichkeit zum Ergebnis haben – man nennt das eine Singularität –, nicht stimmen. Eine Singularität als Ergebnis einer Rechnung ist vielmehr ein Zeichen dafür, dass die Physiker und nicht die Natur einen Fehler gemacht haben. Das macht auch die Singularität Schwarzes Loch zu einem Problem. Taugt vielleicht die klassische Newton'sche Theorie der Schwerkraft gar nicht zum Verständnis der Schwarzen Löcher?

Betrachten wir einmal unser Problem aus der Perspektive der Allgemeinen Relativitätstheorie und analysieren, welche Rolle dort Masse und Schwerkraft spielen. Nach Einstein krümmt Masse den Raum, und die Krümmung des Raumes bestimmt, wie sich die Massen im Raum bewegen. Während Newton die Gravitation für die Bewegung der Massen verantwortlich machte, also dafür, dass die Planeten um die Sonne kreisen und der Mond an die Erde gebunden bleibt, ist bei der Allgemeinen Relativitätstheorie die Krümmung des Raumes die Ursache. Versuchen wir es an einem Beispiel zu erklären: Zwei Personen beobachten vom fünften Stock eines Hauses aus, wie Kinder im Hof mit Murmeln spielen. Gewonnen hat, wer es mit den wenigsten Versuchen geschafft hat, die kleinen Kugeln in ein Loch zu kicken. Das Problem dabei ist, dass die Murmeln nicht auf geraden Bahnen zum Loch rollen, sondern ziemlich krumme Wege nehmen. Einer der Beobachter, den wir Isaac nennen wollen, vermutet dahinter Kräfte, die die Murmeln vom geraden Weg ablenken. Vielleicht sind die Murmeln ja aus Eisen, und die Kinder haben Magnete in ihren Taschen und lenken damit die Kugeln ab. Der andere Beobachter, nennen wir ihn Albert, geht die fünf Stockwerke hinunter in den Hof und schaut sich die Sache aus der Nähe an. Er sieht, dass der Boden mit kleinen

Buckeln und Tälern übersät und ziemlich uneben ist. Das ist der Grund, warum die Kugeln nicht auf geraden Bahnen dahinrollen, sondern krumme Wege nehmen. Die »Krümmung des Bodens« ist für die eigenartigen Bewegungen der Murmeln verantwortlich.

Nun, der eine Beobachter sieht die Bewegung, wie sie Newton versteht: Er nimmt zwar die Wirkung von Kräften wahr, hat aber keine Ahnung, woher die Kräfte kommen. Der andere Beobachter erkennt den Grund für die gekrümmten Bahnen, und er zieht wie Einstein den Schluss daraus, dass die Krümmung der Oberfläche den Murmeln vorschreibt, wie sie sich bewegen müssen. Wo ist der qualitative Unterschied? Einstein kann den Grund für die Kraftwirkung angeben, Newton nur die Art und Weise, wie die Kraft wirken muss, damit sich die Dinge so verhalten, wie sie es tun.

Doch zurück zum gekrümmten Raum. Große Massen krümmen den Raum stärker als kleine. Einen gekrümmten dreidimensionalen Raum kann man sich nicht vorstellen. Lässt man jedoch eine Dimension weg, so ist in Analogie dazu die Delle, die eine auf ein Gummituch gelegte Kugel verursacht, ein gutes Beispiel (Abb. 39).

Die Sonne hält in ihrem Schwerkrafttrichter, der »Delle« im Raum, alle Planeten und viele Kleinkörper gefangen. Wenn aus dem Raum zwischen den Sternen ein Asteroid ins Sonnensystem eindringt, hängt sein weiteres Schicksal davon ab, wie schnell er ist. Die meisten sausen nur am Rand des Trichters entlang und verschwinden wieder im All. Sie vollführen einen kleinen Schlenker und sind wieder weg. Die Sonne hat sie durch ihr Schwerkraftfeld aus ihrer ursprünglichen Bahn lediglich etwas abgelenkt. Manche Asteroiden aber werden von der Sonne regelrecht eingefangen. Wenn sie zu tief in den Gravitationstrichter der Sonne hineingeraten, zwingt sie die Krümmung des Trichters auf eine elliptische Bahn um die Sonne. Selbst auf der

Abb. 39: Masse krümmt den Raum. Dreidimensional kann man sich das nicht vorstellen. Analog dazu vermittelt jedoch ein mit einem Gitternetz versehenes Gummituch, auf dem eine schwere Kugel liegt, eine gute Vorstellung davon. Selbst Licht, das nahe an der Masse vorbeistreicht, muss der Raumkrümmung folgen.

Erde ist dieser Schwerkrafttrichter spürbar. Will man die Erde verlassen, so muss man, bildlich gesprochen, die Trichterwand hoch- und aus dem Trichter herausspringen. Die dafür nötige Geschwindigkeit kennen wir bereits: mindestens 11,2 Kilometer pro Sekunde müssen es sein!

Wie alle Massen, so krümmen auch Sterne den Raum. Wenn jedoch ein Stern zum Schwarzen Loch wird, dann wird der Raum besonders krumm. Er »verbiegt« sich um die kollabierte Materie zu einer geschlossenen, vom Raum isolierten Kugel, aus der nichts mehr entweichen kann. Und damit gibt es ein Problem. Ohne den Stern wäre der Raum flach. Durch seine Gegenwart hat der Stern den flachen Raum mittels seiner Masse gekrümmt. Im Laufe seiner Entwicklung ist der Stern immer dichter und kleiner geworden. Anfänglich hatte er einen Radius von rund einer Million Kilometern, gegen Ende seines Sternenlebens waren es nur noch circa zehn Kilometer. Und schließlich ist dieser kleine Körper, der Neutronenstern, auch noch unter der Wirkung der Gravitation zusammengebrochen, und der Raum hat sich vollständig um ihn geschlossen. Man spricht von einer Singularität in der Raumzeit. Hier grenzt die Natur an die Übernatur. Doch was heißt »hier«, wenn hier kein Raum sein kann? Da scheint irgendetwas Grundlegendes versteckt zu sein. Besondere Eigenschaften hat das Material im Schwarzen Loch nicht mehr. Schließlich ist ein Schwarzes Loch ein perfekter »Gleichmacher«. Die Materie, die zu einem Schwarzen Loch wird, hat keine Farbe mehr und keine Form, sie besteht nicht einmal mehr aus Elementarteilchen – sie ist zur blanken Energie geronnen. Und da nach Einstein Energie und Masse einander gleichwertig sind, ist die Masse eines Schwarzen Loches gleich seiner Ruheenergie. Und mittendrin die Singularität.

Die Aussage der Allgemeinen Relativitätstheorie, dass Schwarze Löcher einen singulären Punkt in der Raumzeit bilden, ist nach übereinstimmender Meinung der Physiker ein Schwachpunkt dieser Theorie. Sie versagt, wenn es darum geht, die Wirkung der Schwerkraft über sehr kleine Entfernungen hinweg zu beschreiben. Doch es besteht Hoffnung, dass diese Singularitätsprobleme gelöst werden können, wenn es gelingt, die klassische Theorie der Schwerkraft mit der Quantenmechanik, welche die Erscheinungen auf winzigen räumlichen Entfernungen sehr erfolgreich beschreibt, zu verknüpfen.

Rekapitulieren wir kurz die Entwicklung von einem Stern zu einem Schwarzen Loch. Es ist schon eigenartig: Alles beginnt mit einem riesenhaften Stern mit einem Durchmesser von vielen hunderttausend Kilometern, der sogar einen Planeten im Abstand von 150 Millionen Kilometern mit seiner Strahlung erwärmt und zum Leben erweckt, und man endet in der Welt der Elementarteilchen und Quanten. Die Leuchtkraft der Sterne beruht auf Prozessen zwischen den Atomkernen. Diese Art von Physik scheinen wir ja gut zu »verstehen«, schließlich sind wir bereits seit vielen Jahren in der Lage, massereiche Atomkerne in Reaktoren zu spalten und die dabei freigesetzte Kernenergie zur Stromerzeugung zu nutzen. Das sind zwar nicht die gleichen Prozesse, wie sie zwischen den Atomkernen im Zentrum der Sterne ablaufen, aber allein die Tatsache, dass wir die Kernspaltung beherrschen, lässt uns hoffen, auch den Vorgang der Kernverschmelzung, so wie sie in den Sternen stattfindet, eines Tages in einem Kraftwerk erfolgreich zu Zwecken der Energieversorgung reproduzieren zu können. Die Vorgänge in einem leuchtenden Stern sind uns also durchaus vertraut.

Wenn sich aber im Stern die Verschmelzung bereits erbrüteter Atomkerne zu noch massereicheren Kernen nicht mehr fortsetzen lässt, weil dabei keine Energie mehr gewonnen wird, sondern Energie zugeführt werden müsste, damit der Prozess in Gang kommt, dann werden wir auf die grundlegenden Gesetze der Quantenmechanik zurückgeworfen, um die weitere Entwicklung des Sterns erklären zu können. Nur mit den Regeln dieser Theorie gelingt es, Materiezustände extrem hoher Dichte zu verstehen und somit auch Größe, Masse und Zusammensetzung der Sternleichen.

Bis heute ist das Vertrauen der Physiker in die Quantentheorie in keinem Punkt enttäuscht worden. Das lässt uns hoffen, auch jetzt, im Reich der Schwarzen Löcher, einen Ausweg zu finden, der das Universum vor Abermilliarden von Singularitäten bewahrt. Es muss etwas geben, das es erlaubt, die Schwerkraft zu quantisieren, eine Art Quantengravitation. Es muss ein Prinzip geben, das ähnlich wie beim Neutronenstern und beim Weißen Zwerg die Materie des Schwarzen Loches stabilisiert, und zwar bevor es zu einer Singularität kommt. Diese Probleme sind eng verwandt mit dem Ursprung des Universums. Nach der Theorie des Big Bang hat das ganze Universum ja aus einem Punkt heraus begonnen, alle Masse war in einem Punkt vereint. Auch hier haben wir es mit einem Singularitätsproblem zu tun. Sowohl der Tod massereicher Sterne als auch die Geburt des Universums sind über die Physik in einer Singularität miteinander verknüpft. Mit dem Singularitätsproblem stehen wir gewissermaßen an der vordersten Front der Physik. Hier wird um die Lösung einer der wichtigsten Fragen der Naturwissenschaft gerungen.

Bevor wir angesichts dieser Fragen endgultig den Boden unter den Füßen verlieren, wenden wir uns lieber wieder der Singularität zu. Wie bereits angedeutet, kann sie nur vermieden werden, wenn es gelingt, die Schwerkraft mit den Gesetzen der Quantenmechanik zu beschreiben. Eine wichtige Regel der Quantenwelt vermag uns wenigstens ein Gefühl zu vermitteln, wie die Lösung des Singularitätsproblems aussehen könnte. Es geht um die grundsätzliche Unbestimmtheit von Raum und Zeit in der Welt der Quanten, es geht um die Heisenberg'sche Unschärferelation.

Werner Heisenberg erkannte 1928, dass entweder der Aufenthaltsort eines Teilchens oder sein Impuls, das heißt seine Geschwindigkeit, genau bestimmbar ist, aber nicht beides zugleich! Nach Heisenberg kann man sich das wie folgt erklären: Man stelle sich ein bewegtes Teilchen vor, das man mit Licht einer bestimmten Wellenlänge beleuchtet und unter einem Mikroskop betrachtet. Strukturen kleiner als die Wellenlänge des Lichts werden dabei nur unscharf abgebildet, das heißt, man weiß nicht genau, wo sich das Teilchen befindet. Die Position des Teilchens kann maximal auf einen Bereich eingegrenzt werden, der der Wellenlänge des Lichts entspricht. Um genauer zu messen, muss man also Licht immer kürzerer Wellenlänge verwenden. Doch je kürzer die Wellenlänge des Lichts, umso mehr Energie besitzen dessen Lichtteilchen, die Photonen. Beim Auftreffen der Photonen auf das Teilchen wird jedoch ein Impuls übertragen, der die

Geschwindigkeit des Teilchens verändert, und dies umso mehr, je mehr Energie die Photonen haben beziehungsweise je kürzer die Wellenlänge des Lichts ist. Schließlich kennt man zwar relativ genau die Position des Teilchens, kann aber über dessen Geschwindigkeit nur eine sehr ungenaue Aussage machen.

Die Information aus der Welt der Teilchen ist also sehr beschränkt. Wir können immer nur Teilantworten erhalten, die selbst wiederum zum Teil durch die Fragen bestimmt sind, die wir stellen. Heisenberg vermochte aufzuzeigen, dass das Produkt der Unbestimmtheit von Ort und Geschwindigkeit, auch der Unbestimmtheit von Energie und Zeit, immer größer oder bestenfalls gleich einer winzigen Größe, dem Planck'schen Wirkungsquantum, ist. Der Wert dieser Größe ist so klein (6,62 mal 10 hoch minus 34 Joulesekunden), dass sich die Effekte der Unschärfe eben nur bei sehr kurzen Distanzen und Zeiten bemerkbar machen. In unserer makroskopischen Welt können wir Bahn und Position immer ausreichend genau bestimmen. Doch bei sehr kleinen Längen »schlägt« die Quantenwelt zu, und jede Messung verschleiert entweder die Position oder die Bewegung des zu messenden Teilchens. Damit haben wir etwas beschrieben, das uns die Möglichkeit eröffnet, die Singularität innerhalb eines Schwarzen Loches zu beheben. Wird das Schwarze Loch so klein, dass es in die Quantenwelt »fällt«, so kommt die Heisenberg'sche Unschärferelation zur Geltung. Es liegt keine Singularität vor, da die Welt eben innerhalb dieser mikroskopisch kleinen Maßstäbe unbestimmt ist – sie schwankt! Das ist unter anderem auch der Grund, warum es im Universum keine Unendlichkeiten gibt.

Diese Möglichkeit, das Singularitätsproblem zu umgehen, eröffnet sich nur, weil die Unbestimmtheit eine grundlegende Eigenschaft der Quantenwelt ist, die nicht von der jeweiligen Versuchsapparatur abhängt. Sie ist, soweit wir das sagen können, eine absolute Beschränkung, was das gleichzeitige Wissen um alle physikalischen Parameter eines Teilchens anbelangt. Alle Lebewesen im Universum, der weiseste Zauberer einer weit entwickelten außerirdischen Kultur genauso wie der bescheidenste Physiker auf der Erde, sind der Heisenberg'schen Unbestimmtheitsrelation unterworfen. In der klassischen Physik war man davon ausgegangen, man könne im Prinzip die Position und die Geschwindigkeit von Milliarden Teilchen, beispielsweise von Protonen, exakt messen und damit genau vorhersagen, wo sich ein Proton zu einem gewissen Zeitpunkt in der Zukunft befinden wird. Heisenberg wies nach, dass diese Annahme falsch ist. Wir können niemals alles über das Verhalten auch nur eines einzigen Teilchens wissen, geschweige denn von Milliarden, und deshalb sind exakte Vorhersagen über die Zukunft unmöglich. Diese Erkenntnis war ein Sprung, ein Quantensprung in der Welt der Physik. Nicht nur Masse und Energie, sondern das Wissen selbst ist quantisiert. Je detaillierter Physiker die subatomare Welt untersuchen, desto bedrohlicher lauert die Unbestimmtheit. Wenn ein Lichtquant gegen ein Atom stößt und ein Elektron auf eine höhere Bahn befördert, begibt sich das Elektron augenblicklich von der niedrigeren auf die höhere Bahn, ohne den Raum dazwischen zu durchqueren! Die Bahnradien sind selbst quantisiert. Das Elektron hört einfach auf, an einem Ort zu sein, stattdessen erscheint es an einem anderen. Ein »Dazwischen« gibt es nicht! Das ist der berühmte »Quantensprung«, nicht nur philosophisch eine harte Nuss. Wem solche Überlegungen sehr komplex vorkommen, der befindet sich in guter Gesellschaft. Der Physiker Niels Bohr bemerkte einmal: »Jemand, der sagt, er könne über Quantenprobleme nachdenken, ohne schwindlig zu werden, zeigt damit nur, dass er nicht das Geringste davon verstanden hat.«

Die Unbestimmtheit der Quantenwelt betrifft auch die Schwarzen Löcher, wenn sie immer mehr zusammenschrumpfen. Sie schwanken um einen Ort herum mit der Unschärfe des

Planck'schen Wirkungsquantums. Die Singularität, das heißt der exakte Punkt, ist weder für Teilchen noch für Schwarze Löcher erreichbar. Dies ist die vermutliche Lösung des Singularitätsproblems bei Schwarzen Löchern – vermutlich! Leider ist bis heute noch keine Theorie in der Lage, die Schwerkraft in die Quantenwelt zu integrieren. Wenn es aber gelingt, Relativitäts- und Quantentheorie zu einer Theorie der Quantengravitation zu vereinen, dann können wir nicht nur das Singularitätsproblem beseitigen, dann haben wir auch ein Modell für die Physik des Urknalls!

Doch genug von diesen Quanteneffekten. Jetzt wollen wir darüber reden, wie man Schwarze Löcher im Kosmos sucht, wie man sie findet und welche Auswirkungen sie auf ihre Umgebung haben.

Die Suche nach und die Entdeckung von Schwarzen Löchern

Wie soll man ein massereiches Objekt finden, das nicht strahlt? Man sucht nach Anzeichen für die Schwerkraft, die dieses »schwarze« Objekt auf seine Umgebung ausübt, denn Schwerkraft ist nicht abschirmbar. Ginge es um ein elektrisch geladenes Objekt, wäre es möglich, dass sich in seiner Umgebung Teilchen mit entgegengesetzter Ladung ansammeln und das elektrische Feld abschirmen. Bei Schwerkraftfeldern geht das nicht. Massebehaftete Objekte machen sich immer durch ihre Schwerkraftwirkung bemerkbar.

Also, welche Anzeichen deuten auf die Existenz eines Schwarzen Loches hin? Relativ einfach zu entscheiden ist das bei einem Doppelsternsystem, in dem einer der Sterne sich zu einem Schwarzen Loch entwickelt hat, der andere aber nicht. Da beide um ihren gemeinsamen Schwerpunkt kreisen, kann man mithilfe des Dopplereffekts die Geschwindigkeit des sichtbaren Begleiters und die Rotationsperiode des Systems messen. Kennt man noch die Masse des Begleiters, lässt sich die Masse des unsichtbaren Partners bestimmen. Ist die errechnete Masse größer als etwa 2,8 Sonnenmassen, kann man ziemlich sicher sein, dass es sich um ein Schwarzes Loch handelt. In der Milchstraße ist Cygnus X-1 im Sternbild Schwan ein derartiges System. Dort hat der unsichtbare Begleiter eine Masse von 14,8 Sonnenmassen.

Eine andere Methode lässt nur indirekt auf ein Schwarzes Loch schließen. In einem Raumgebiet, in dem die Schwerkraft einer zentralen Masse alles dominiert, werden die Bewegungen von Teilchen hauptsächlich durch die Schwerkraft dieser einen Masse bestimmt. Unter Teilchen sind hier sowohl Planeten als auch Gas zu verstehen. So sind zum Beispiel die Bahnen der Planeten im Sonnensystem durch die Schwerkraft der Sonne festgelegt. Sie umrunden die Sonne auf sogenannten Kepler-Bahnen, das heißt auf elliptischen Bahnen. Johannes Kepler war der Erste, der die Bahnbewegungen von Himmelskörpern um massebehaftete Objekte genau berechnete. Er fand heraus, dass die Geschwindigkeit, mit der Planeten ihren Stern umrunden, proportional ist zur Wurzel der Sternmasse und umgekehrt proportional zur Wurzel der Entfernung zum Stern. Ein Planet in geringerer Entfernung zum Stern hat eine kürzere Umlaufperiode als ein Planet in größerer Entfernung. Die Umlaufperiode der Planeten hängt also von der Entfernung zum Stern ab. Das Gleiche gilt für Gasteilchen beziehungsweise Sterne, die um Schwarze Löcher kreisen. Findet man ein Ensemble von Objekten, die auf unterschiedlich engen Bahnen ein unsichtbares Zentrum unterschiedlich schnell umlaufen, so handelt es sich dabei sehr wahrscheinlich um ein Schwarzes Loch. Beim Schwarzen Loch Sagittarius A in unserer Milchstraße ist ein solches Verhalten der in seiner Nähe befindlichen Sterne gut zu beobachten.

In einem Doppelsternsystem kann das Schwarze Loch Gas

von seinem Begleitstern abziehen. In der Regel ist zwar ein aus einem Doppelsternsystem entstandenes Schwarzes Loch relativ klein, und sein Ereignishorizont hat nur einen Radius von einigen Kilometern, dennoch macht sich seine Schwerkraft bereits in Entfernungen von etlichen hunderttausend Kilometern bemerkbar. Das vom Begleitstern abströmende Gas ordnet sich in Form einer rotierenden Gasscheibe um das Schwarze Loch an. Solange das Gas schnell genug um das Loch rotiert, kann es nicht direkt in das Loch fallen. Erst durch die Reibung zwischen den Teilchen der immer dichter werdenden Scheibe verliert das Gas Drehenergie und rutscht immer tiefer in den Schwerkrafttrichter des Schwarzen Loches, oder anders ausgedrückt: Es nähert sich immer mehr dem inneren Rand der Gasscheibe. Bei diesem Prozess – die Experten sprechen von Akkretion – wird das Gas immer heißer und dichter. Schließlich werden Temperaturen erreicht, bei denen das Gas thermische Strahlung, also Licht aller Wellenlängen, emittiert und extrem hell leuchtet. Am intensivsten ist die Strahlung nahe des inneren Randes der Akkretionsscheibe, da dort Gasdichte und Temperatur am größten sind. Ist schließlich das Gas an der inneren Kante der Akkretionsscheibe angekommen, stürzt es im freien Fall in das Schwarze Loch (Abb. 40).

Im Prinzip bedeutet der Begriff »Akkretion« nichts anderes als Umwandlung von Schwerkraftenergie eines zentralen Körpers – hier des Schwarzen Loches – in Bewegungsenergie und letztlich in Strahlung. Während bei einem Stern Kernfusionsprozesse dessen Leuchtkraft bestimmen, ist die Leuchtkraft einer Akkretionsscheibe direkt von dessen Schwerkraftfeld, das heißt der Gravitation des Schwarzen Loches, abhängig. So wandelt beispielsweise die Sonne in der Phase des Wasserstoffbrennens, das heißt durch die Verschmelzung von vier Wasserstoffkernen, also vier Protonen, zu einem Heliumkern, nur etwa 0,7 Prozent der Ruhemasse der Protonen in Energie um. Bei Akkretionsscheiben um Schwarze Löcher sind es zwischen acht und 40 Prozent! Im Extremfall wird also fast die Hälfte der in das Schwarze Loch hineinfliegenden Masse in Strahlung umgewandelt.

Dass die Leuchtkraft von Akkretionsscheiben größer ist als die eines Sterns, ist auch ein Beweis für die Gültigkeit der Speziellen Relativitätstheorie Einsteins, die anhand der berühmten Gleichung *Energie ist gleich Masse multipliziert mit dem Quadrat der Lichtgeschwindigkeit* ($E = m c^2$) eine Beziehung zwischen Masse und Energie herstellt. Die Energie ist der Masse direkt proportional, und die Proportionalitätskonstante ist das Quadrat der Lichtgeschwindigkeit. Die Leuchtkraft – die ja nichts anderes ist als Energie pro Zeit – ergibt sich also daraus, dass man die Masse, die ins Loch fällt, durch die Zeit teilt, die sie dafür benötigt. Wie viel Gas pro Zeiteinheit in das Schwarze Loch hineinfliegt, wird von der Masse des Loches und von der Geschwindigkeit des Gases in der Scheibe bestimmt. Wieso gibt es aber einen Unterschied in der Effizienz der Energiefreisetzung? Wieso ist der Wirkungsgrad dieser »Maschine« nicht

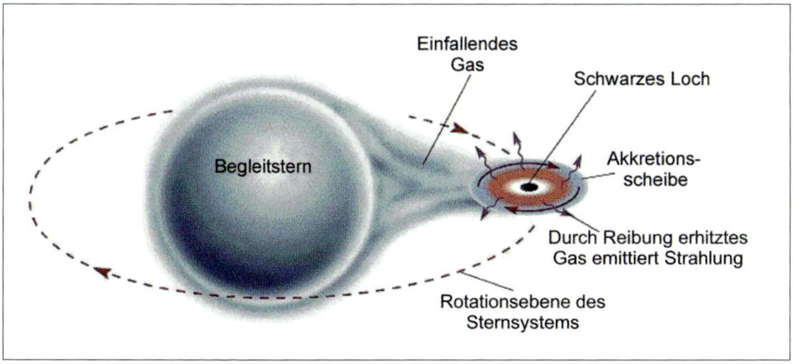

Abb. 40: Ein Schwarzes Loch zieht Masse von einem Begleitstern ab. Das Gas sammelt sich in einer um das Schwarze Loch rotierenden Akkretionsscheibe, erhitzt sich und emittiert ein breites Spektrum elektromagnetischer Strahlung.

immer gleich, sondern kann im Bereich von acht bis 40 Prozent schwanken?

Um diese Fragen zu beantworten, müssen wir klären, wovon genau die Umwandlung von Masse in Energie bei einer Akkretionsscheibe abhängt. Eine zentrale Rolle spielt dabei, wie tief die Scheibe in den Schwerkraftschlund des Schwarzen Loches hineinragt, ehe die Materie dem Schwarzen Loch frei entgegenfällt und endgültig und unwiederbringlich aus dem beobachtbaren Universum verschwindet. Den Begriff »Schwarzschild-Radius« haben wir ja schon kennengelernt. Er beschreibt die Größe des Horizonts, des Ereignishorizonts, jenseits dessen sich das weitere Schicksal der Materie unserer Beobachtung entzieht. Man hat herausgefunden, dass bei einem Schwarzschild-Loch der Innenrand der Akkretionsscheibe noch etwa drei Schwarzschild-Radien vom Loch entfernt ist. Für eine Sonnenmasse beträgt der Schwarzschild-Radius drei Kilometer. Eine Scheibe um ein Schwarzes Loch dieser Größe könnte also bis etwa zehn Kilometer an den Horizont heranreichen, ohne dass die Materie am inneren Scheibenrand vom Loch verschlungen würde. Die Bewegungsenergie der auf den inneren Bahnen der Scheibe rotierenden Materie ist gleich der Energie, die abgestrahlt werden kann. Aufgrund der enormen Beschleunigung durch das Schwarze Loch macht die Bewegungsenergie einen merklichen Prozentsatz der energieäquivalenten Ruhemasse der Materie aus. Bei einem Schwarzschild-Loch sind das etwa acht Prozent der Ruhemasse, die in Strahlungsenergie umgesetzt werden können. Im Vergleich zur Fusion von Wasserstoff in der Sonne ist das eine Verbesserung um den Faktor 11. Das ist schon mal nicht schlecht. Aber es geht noch besser.

Bei der Betrachtung der Schwarzen Löcher haben wir bisher stets den Begriff »Schwarzschild-Loch« verwendet. Warum eigentlich? Gibt es noch andere Schwarze Löcher als die von Karl Schwarzschild berechneten? Und überhaupt, was ist eigentlich ein Schwarzschild-Loch? Beantworten wir zunächst die letzte Frage: Ein Schwarzschild-Loch ist ein nicht rotierendes Schwarzes Loch. Die Antwort auf die andere Frage lautet: Jawohl, es gibt noch andere als nicht rotierende Schwarze Löcher, nämlich rotierende Schwarze Löcher. Sie werden nach ihrem mathematischen Entdecker, dem Neuseeländer Roy Kerr, als Kerr-Löcher bezeichnet. Die Lösung, die selbst von Kerr eher als eine mathematische Kuriosität angesehen wurde, beschreibt die Verzerrung von Raum und Zeit um jedes realistische Schwarze Loch und hat allergrößte Bedeutung erlangt.

Wenn ein Schwarzes Loch rotiert, dann »reißt« es den Raum um das Schwarze Loch mit in eine Drehbewegung. Noch schlimmer: Der Raum wird verdrillt, und zwar so, als ob er am Horizont des Schwarzen Loches festkleben würde. Je schneller sich das Loch dreht, desto kleiner wird der Horizont, er zieht sich sozusagen durch die Rotation des Loches zusammen. Für die Effizienz des Akkretionsprozesses hat das natürlich Folgen. Die Materie kann jetzt noch näher an den Horizont herankommen, ohne direkt vom Schwarzen Loch verschluckt zu werden. Näher am Horizont heißt: tiefer im Schwerkraftfeld des Schwarzen Loches. Somit kann mehr von der Ruhemasse des einfallenden Gases in Strahlung umgesetzt werden, nämlich bis zu 40 Prozent. Das ist noch einmal ein Faktor 5. Summa summarum haben wir jetzt eine rund 50-mal effizientere Energiefreisetzungsmaschine im Vergleich zu einem Stern wie unserer Sonne.

Versuchen wir nun eine Frage zu beantworten, die sich vermutlich längst im Hinterkopf gebildet hat: Woher bekommen Schwarze Löcher eigentlich ihren Drehimpuls – mit anderen Worten: Warum rotieren Schwarze Löcher? Das hängt damit zusammen, dass nichts in diesem Universum perfekt ist. Auch der Totalzusammenbruch eines Sterns verläuft immer mit kleinen Unregelmäßigkeiten, man möchte fast von Unwucht sprechen. Kleinste Schwankungen der Dichte, die im Laufe der Sternentwicklung zu einem Schwarzen Loch entstehen, führen zu einem unsymmetrischen Kollaps, der den Sternrest in Rotation versetzt. Kollabiert schließlich der Sternrest zum Schwarzen Loch, stellt sich der gleiche Effekt ein wie bei einem Schlittschuhläufer, der eine Pirouette dreht: Legt er die anfänglich ausgestreckten Arme an den Körper an, so dreht er sich immer schneller.

Durch das aus der Akkretionsscheibe in das Loch hineinfallende Gas gewinnt das Schwarze Loch noch zusätzlich an Drehimpuls. Das auf Spiralbahnen einströmende Gas »übergibt« dem Schwarzen Loch nicht nur seine ihm noch verbliebene Ruhemasse, sondern auch seinen Drehimpuls. Da der Drehimpuls eine physikalische Erhaltungsgröße ist, kann er nicht verschwinden, er kann nur weitergegeben werden. Obwohl das Scheibengas durch Reibung bereits einen großen Teil seines Drehimpulses verloren hat, verbleibt immer noch ein Rest, den das Gas nicht loswird. Dieser Restdrehimpuls »haftet« an der Materie und wird vom Loch mitverschluckt. Somit wird praktisch aus jedem Schwarzen Loch, selbst wenn es als nicht rotierendes Schwarzschild-Loch seinen Anfang genommen haben sollte, ein rotierendes Kerr-Loch. Aber auch hier gibt es keine Unendlichkeiten. Die höchste Geschwindigkeit im Universum, die ein massebehafteter Körper erreichen kann, ist immer noch die Lichtgeschwindigkeit. Deshalb kann ein Schwarzes Loch nur mit einer Geschwindigkeit an der Grenze der Lichtgeschwindigkeit rotieren, egal wie viel Drehimpuls dem Loch übergeben wird. Und bei dieser maximalen Rotation beträgt seine Effizienz bei der Umwandlung von Masse in Energie etwa 40 Prozent.

Eine extrem intensive Strahlung in allen Wellenbereichen des elektromagnetischen Spektrums ist ein deutlicher Indikator für die Existenz eines Schwarzen Loches, das Gas in einer Scheibe akkretiert. Wie bereits erwähnt hängt die durch ein Schwarzes Loch verursachte Leuchtkraft von der Gasmenge ab, die es pro Zeiteinheit akkretieren kann. Versiegt jedoch der Zustrom an Materie, so verrät sich das Loch nicht mehr durch Strahlung und kann nur noch durch die Bewegungen eventueller im Schwerkraftfeld des Loches befindlicher Massen wie Sterne oder Gaswolken nachgewiesen werden. Ohne den Zustrom von Materie »verhungert« ein Schwarzes Loch und macht seinem Attribut »Schwarz« alle Ehre. Das heißt jedoch nicht, dass damit das Schwarze Loch von der Bühne verschwindet. Es ist nach wie vor da – man kann es nur nicht mehr beobachten.

Heute hat man gesicherte Kenntnis von einigen Dutzend Objekten in der Milchstraße, die als stellare Schwarze Löcher gelten müssen: Alle wurden in Doppelsternsystemen entdeckt. Computersimulationen amerikanischer Astrophysiker zeigen jedoch, dass es mindestens 20 000 unerkannte stellare Schwarze Löcher in unserer Milchstraße geben könnte. Andere Forscher kommen auf noch größere Zahlen. Generell gilt wohl, dass es genauso viele stellare Schwarze Löcher gibt, wie im Laufe der rund elf Milliarden Jahre, die unsere Milchstraße schon existiert, Sterne mit mehr als rund acht Sonnenmassen geboren wurden.

So viel zu den stellaren Schwarzen Löchern. Diese auf ein paar Kilometer zusammengepressten quantenmechanischen Objekte sind ja schon ziemlich beeindruckend. Die Gasmengen, die sie »verspeisen«, sind jedoch relativ klein im Vergleich zu den »Dingern«, auf die wir im Folgenden zu sprechen kommen. Es geht um die innersten Bereiche von Galaxien, um Quasare, um sehr massereiche Schwarze Löcher mit Massen von bis zu einigen Milliarden Sonnenmassen. Es geht um Schwarze Löcher, die eine Leuchtkraft Billionen Mal größer als die unserer Sonne haben und deren Horizont so groß ist wie unser Sonnensystem.

Riesige Schwarze Löcher in Quasaren

1963 fiel einem Astronomen, dem Niederländer Maarten Schmidt, eine punktförmige Quelle am Himmel auf, die ein merkwürdiges Spektrum zeigte. Dort tauchten Wasserstofflinien bei Frequenzen auf, wo sie eigentlich nicht hingehörten. Sie waren deutlich ins Rote verschoben, das heißt: zu längeren Wellenlängen. Die Rotverschiebung von Spektren war ja schon seit Edwin Hubbles Entdeckungen in den 20er-Jahren bekannt. Wenn man aber für Schmidts Objekt die Rotverschiebung in Geschwindigkeit umrechnete, dann erhielt man den unglaublichen Wert von mehr als 45 000 Kilometern pro Sekunde. Kein anderer damals bekannter Stern entfernte sich so schnell von der Erde. Doch was verursacht eine so hohe Geschwindigkeit?

Wenn dieses merkwürdige Gebilde, das später als Quasar, als »quasi-stellares Objekt«, bezeichnet werden sollte, tatsächlich ein Stern in unserer Milchstraße war, wie man damals gemeinhin dachte, dann musste eine gewaltige Kraft auf dieses Objekt wirken, um es auf eine so hohe Geschwindigkeit zu beschleunigen. Konnte es die Gravitationskraft eines Sterns sein, der irgendwann aus dem Zentrum unserer Milchstraße herausgeschleudert worden war und diesem quasistellaren Objekt sehr nahe kam? Dies erschien als sehr unwahrscheinlich, und eine nähere Untersuchung des Spektrums ergab auch keinerlei Hinweise zur Erhärtung dieser Hypothese. Die einzig vernünftige Alternative bestand in der – korrekten – Annahme, dass sich Schmidts Objekt, das als Radioquelle 3C 273 bereits 1960 schon einmal Aufmerksamkeit erregt hatte, am Rande des beobachteten Universums befindet und sich aufgrund der Expansion des Weltalls mit der beobachteten Geschwindigkeit von der Erde wegbewegt. Mit der bekannten Hubble-Beziehung zwischen Expansionsgeschwindigkeit und Entfernung, die besagt,

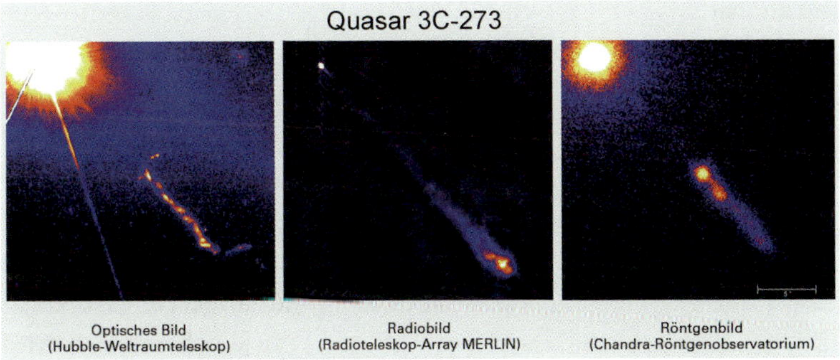

Abb. 41: Der 2,3 Milliarden Lichtjahre entfernte Quasar 3C-273 und sein Materie-Jet. Die Bilder veranschaulichen die unterschiedliche Strahlungsintensität des Quasars im sichtbaren, im Radio- und im Röntgenbereich des elektromagnetischen Spektrums.

dass sich ein Objekt umso schneller von der Erde entfernt, je weiter es weg ist, konnte Schmidt die Entfernung von 3C 273 bestimmen. Sie beträgt 2,3 Milliarden Lichtjahre! Damit zählt der Quasar 3C 273 zu den entferntesten Objekten, die bis dahin beobachtet wurden (Abb. 41).

Um ein Objekt in einer so großen Entfernung noch sehen zu können, muss es gewaltige Energiemengen abstrahlen und 100-mal leuchtkräftiger sein als die hellsten Galaxien. 3C 273 war so hell, dass es, wie sich später herausstellte, mit gewöhnlichen Teleskopen seit 1895 zusammen mit anderen Objekten mehr als 2000-mal fotografiert worden war. Nach neuesten Erkenntnissen ist der Quasar so hell wie 4000 Milliarden Sonnen. Als Kollegen von Schmidts Entdeckung erfuhren, untersuchten sie sehr sorgfältig die alten Aufnahmen. Dabei stellte sich heraus, dass die Helligkeit von 3C 273 während der vergangenen sieben Jahrzehnte starken Schwankungen unterworfen war. Einige Male hatte sich die Helligkeit sogar innerhalb eines Monats stark verändert. Diese Helligkeitsschwankungen haben eine bemerkenswerte Konsequenz. Da sich im Universum nichts schneller als mit Lichtgeschwindigkeit ausbreiten kann, konnte eine Helligkeitsschwankung, die sich im Zeitraum von nur einem Monat vollzieht, nur auf eine Region zurückzuführen sein, die eine Ausdehnung von nicht mehr als einem Lichtmonat hat. Und jetzt das Unglaubliche: Die Leuchtkraft dieses Quasars ist 100-mal größer als die Leuchtkraft einer ganzen Galaxie mit einer Ausdehnung von etwa 100 000 Lichtjahren, aber sie hat ihren Ursprung in einem Raumbereich, der millionenfach kleiner ist als eine Galaxie und sogar ein um den Faktor 10 hoch 18 Mal kleineres Volumen aufweist. Folglich musste das Licht von einem sehr massereichen, dichten Objekt stammen, dessen Energie von einem beispiellos leistungsfähigen Kraftwerk erzeugt wird. Dafür gab es nur eine Erklärung: die Akkretion von rund 20 Sonnenmassen pro Jahr durch ein mehrere tausend Millionen Sonnenmassen massives Schwarzes Loch, das mit maximaler Geschwindigkeit rotiert.

Obwohl wir damit des Rätsels Lösung schon vorweggenommen haben, wollen wir die historische Entwicklung noch einmal nachvollziehen. Begonnen hatte es mit der Suche nach Prozessen zur effizienten Erzeugung von Strahlungsenergie. Wie können Billionen Sonnenleuchtkräfte in einem vergleichsweise so winzigen Raumbereich erzeugt werden? Mehrere Möglichkeiten wurden damals durchgespielt: Kernfusionsprozesse, Materie-Antimaterie-Vernichtung und die Gravitation sehr massereicher Schwarzer Löcher. Wollte man diese enorme Leuchtkraft durch Kernverschmelzung sicherstellen, so würde man dazu 4000 Milliarden Sonnen benötigen, die sich alle innerhalb eines Raumbereichs mit einer Ausdehnung von nur einem Lichtmonat befinden müssten. Bedenkt man, dass in dichten Sternhaufen mit 100 000 Sternen der mittlere Abstand zwischen zwei Sternen etwa drei bis fünf Lichtmonate beträgt, so wird klar, dass so viele Sterne in einen so kleinen Teil des Raums gepackt eine extrem hohe Sterndichte zur Folge hätten. Die Sterne würden sich berühren, miteinander verschmelzen und gemeinsam zu einem Schwarzen Loch kollabieren. Kernfusionsprozesse kamen also nicht als Energiequelle für einen Quasar in Frage.

Wenn Materie und Antimaterie aufeinander treffen, wird gemäß der Einstein'schen Beziehung $E = m c^2$ deren Masse vollständig in Strahlungsenergie umgesetzt. Antimaterie wurde 1928 von Paul Dirac theoretisch vorhergesagt und einige Jahre später auch experimentell nachgewiesen. Es handelt sich dabei um Materie mit zur gewöhnlichen Materie »entgegengesetztem« Vorzeichen. Zu jedem Teilchen der gewöhnlichen Materie, etwa Elektron, Proton und Neutron, gibt es ein Antiteilchen, das Positron, Antiproton und Antineutron. Diese Teilchen haben die gleiche Masse wie die normalen Teilchen, sind jedoch nicht aus »normalen« Quarks aufgebaut, sondern aus Antiquarks. Bei Elektronen und Protonen macht sich das nach außen durch eine den normalen Teilchen entgegengesetzte Ladung bemerkbar, beim Antineutron merkt man nichts – solange es nicht einem Teilchen normaler Materie begegnet und beide zerstrahlen. Abgesehen von den winzigen Mengen an Antimaterie, die man in Teilchenbeschleunigern künstlich herstellt und die in der Natur bei der Kollision von Materieteilchen entstehen, gibt es keinerlei Anzeichen, dass im Universum Antimaterie in größeren Mengen vorkommt. Zudem würde bei der Zerstrahlung von Materie mit Antimaterie hochenergetische Gammastrahlung und keine sichtbare Strahlung entstehen, also Licht in dem Wellenlängenbereich, in dem Schmidt den Quasar beobachtet hatte.

Bleibt demnach nur noch die Gravitation. Ein Schwarzes Loch mit einer Masse von mehreren zehn Millionen Sonnenmassen akkretiert mindestens eine Sonnenmasse pro Jahr. Die entsprechende Leuchtkraft der Akkretionsscheibe würde die beobachtete Leuchtkraft erklären, und die über 100 Millionen Jahre andauernde Akkretion von mehreren Sonnenmassen pro Jahr könnte zur heutigen riesigen Masse des Schwarzen Loches geführt haben.

Im Laufe der folgenden Jahrzehnte wurden viele neue Quasare in noch größeren Entfernungen als 3C 273 entdeckt. Sie sind heute die am weitesten entfernten Objekte, die wir kennen. Auch die Galaxien, in denen die Quasare beheimatet sind, konnte man ausmachen und in deren Zentren mithilfe von Teleskopen die Quasare sichtbar machen. Und noch etwas wurde entdeckt: Den Zentren vieler Quasare entspringen starke, durch Magnetfelder gebündelte hochrelativistische Ströme elektrisch geladener Teilchen, sogenannte Jets, die sich mit nahezu Lichtgeschwindigkeit bis zu mehrere Millionen Lichtjahre ins intergalaktische Medium bohren (Abb. 42). Die von Magnetfeldern auf spiralförmige Bahnen gezwungenen Teilchen emittieren sogenannte Synchrotronstrahlung mit Wellenlängen vornehmlich im Radiobereich, aber auch ultraviolettes, sichtbares und Röntgenlicht. Im Radiobereich ist daher der intergalaktische Raum, der für optische Teleskope ein völlig schwarzes Terrain ist, ein überaus helles Gebiet. Dort prallen die Jets der Quasare auf das dünne intergalaktische Gas. Auf den Karten der Radioastronomen sind diese Zonen als lang gestreckte Keulen sichtbar. In diesen Millionen Lichtjahre langen Gebilden wird im Radiobereich noch einmal fast so viel Energie freigesetzt wie vom zentralen Kern des Quasars.

Fragt sich noch, wie die Jets entstehen. Die stark gebündelten Materieströme sind das Resultat der schnell rotierenden Akkretionsscheiben. Diese enthalten außer ionisiertem Gas auch Magnetfelder. Wie Sie vielleicht aus Ihrer Schulzeit noch wissen, sind bewegte elektrisch geladene Teilchen gleichbedeutend mit elektrischem Strom. Strom wiederum erzeugt ein Magnetfeld, das den Teilchenstrom umgibt. Bei einem Quasar bilden die längs der Rotationsachse des Quasars in entgegengesetzte Richtungen herausschießenden geladenen Teilchen den elektrischen Strom, der seinerseits durch das von ihm selbst erzeugte Magnetfeld gebündelt wird. Diese Bündelung ist so perfekt, dass der Jet viele Millionen Lichtjahre als vergleichsweise schlanker Strahl ins intergalaktische Medium hinausreicht.

Jets mit Strömungsgeschwindigkeiten nahe der Lichtgeschwindigkeit können nur durch sehr schnell rotierende Scheiben erzeugt werden. Die gibt es jedoch nur um Schwarze Löcher, denn die Drehgeschwindigkeit einer Akkretionsscheibe hängt von der Masse des Objekts ab, um das sich die Scheiben bilden. Je größer die Masse des zentralen Objekts, desto schneller rotieren die Gasmassen. Materiejets sind daher ein weiteres Indiz für die Existenz sehr massereicher Schwarzer Löcher.

Bleibt noch eine letzte Frage: Wie sind die Schwarzen Löcher mit ihren Milliarden Sonnenmassen entstanden? Man stellt sich das heute auf zweierlei Art vor: Die eine Theorie geht davon aus, dass mit der Geburt einer Galaxie in ihrem Zentrum automatisch ein Schwarzes Loch entsteht. Da das Gas im Zentrum am schnellsten kollabiert, können dort in relativ kurzer Zeit viele Sterne entstehen, die zunächst einen sehr dichten Sternhaufen bilden und schließlich miteinander zu einem Schwarzen Loch zusammenfallen.

Gemäß dem zweiten Modell geht die Entstehung eines super-

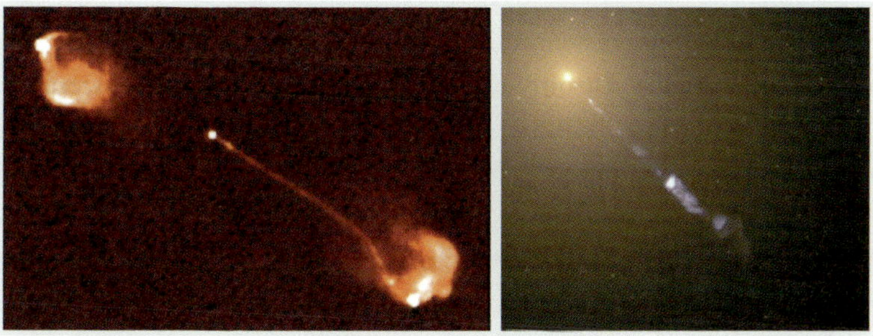

Abb. 42: Links: Vom Quasar 3C-273 (weißer Punkt in der Bildmitte) in entgegengesetzte Richtungen in den Raum hinausschießende Materie-Jets. Rechts: Vom zentralen Schwarzen Loch im Zentrum der rund 55 Millionen Lichtjahre entfernten Galaxie M87 ausgehender Jet.

massiven Schwarzen Loches in Stufen vonstatten. Wie gerade beschrieben beginnt wieder alles mit der Bildung eines dichten Sternhaufens im Zentrum der Galaxie. Viele dieser Zentrumssterne sind deutlich schwerer als die Sonne und entwickeln sich zu Supernovae, deren Explosionen Neutronensterne hinterlassen. Damit entsteht ein dichter Haufen von Neutronensternen. Diese sehr kompakten Objekte beeinflussen sich gegenseitig durch Gravitationswellen. Grob vereinfacht sind Gravitationswellen Schwankungen in der vierdimensionalen Raumzeit, die ihrerseits durch die Bewegung massiver Objekte angeregt werden. Wenn nun zwei massereiche Objekte, wie zum Beispiel zwei Neutronensterne, auf engem Raum einander umkreisen, dann strahlen sie Gravitationswellen ab, das heißt: Sie verlieren Rotationsenergie. Aufgrund dessen werden die Bahnen der Neutronensterne immer enger, bis sie schließlich miteinander verschmelzen. Da die vereinigte Masse aber größer ist als die Grenzmasse eines Neutronensterns, kollabiert das »Gebilde« spontan zu einem Schwarzen Loch. In dem dichten Neutronensternhaufen im Inneren einer jungen Galaxie könnten so mehrere, zunächst kleine Schwarze Löcher entstehen, die sich dann wiederum über Gravitationswellen gegenseitig beeinflussen, zusammenstürzen und so letztlich zu einem einzigen Schwarzen Loch von mehreren tausend Sonnenmassen kollabieren. In den folgenden Jahrmillionen wächst dann das Schwarze Loch durch den Zustrom von Materie aus der Akkretionsscheibe zu einem der beobachteten Riesen heran.

Entsprechend dieser Theorie sollte eigentlich im Zentrum jeder Galaxie ein massereiches Schwarzes Loch stecken. Bei den meisten Galaxien sind diese Objekte allerdings unsichtbar, denn sie haben alles Gas aus ihrer Nachbarschaft bereits »verfuttert«. Derartige Schwarze Löcher können nur noch durch optische Beobachtungsverfahren entdeckt werden, beispielsweise wenn Sterne auf engen Bahnen mit kurzen Umlaufperioden ein »imaginäres« Zentrum umkreisen. Auf indirekte Weise ist man so auf etliche Dutzend sehr massereiche Schwarze Löcher in den Zentren von Galaxien gestoßen, darunter einige mit etlichen Milliarden Sonnenmassen. Mittlerweile weiß man, dass nahezu jede Galaxie in ihrem Zentrum ein Schwarzes Loch beherbergt.

Auch in unserer Milchstraße lauert ein Schwarzes Loch: Sagittarius A. Es hat »nur« vier Millionen Sonnenmassen und macht zurzeit gerade eine verschärfte Fastenkur durch, am Rande des Verhungerns. In seiner Umgebung ist gegenwärtig fast kein Gas mehr, das es akkretieren könnte. Lediglich rund ein Hundertmillionstel Sonnenmasse an Gas pro Jahr stehen auf seinem Speiseplan. Aus diesem Grund leuchtet es auch nur extrem schwach. Aber es macht sich als Sternbeschleuniger in einem Bereich von zehn Lichtjahren Durchmesser so deutlich bemerkbar, dass man seine Masse gut bestimmen konnte.

2011 hatte man jedoch eine Gaswolke mit der dreifachen Masse der Erde entdeckt, die Kurs auf das Schwarze Loch der Milchstraße nahm. Im Frühjahr 2014 sollte sie sich bis auf rund 40 Milliarden Kilometern Sagittarius A nähern und alle erwarteten, dass die Wolke durch die enorme Gravitationskraft gestreckt und schließlich zerrissen würde. Doch bis August 2014 war weder ein Zerfasern der Wolke noch ein Aufleuchten des Schwarzen Loches zu beobachten. Vielmehr zeigte sich, dass die Wolke wider Erwarten der Gravitation des Schwarzen Loches standhielt und ihm unbeschadet entkommen konnte. Mittlerweile glauben die Astronomen, dass in der Gaswolke ein massereicher Stern versteckt ist, der mit seiner Schwerkraft die Wolke beim Passieren von Sagittarius A zusammenhielt.

Wie schon angedeutet ist es ziemlich sicher, dass alle Galaxien in ihrem Innersten ein Schwarzes Loch von mehreren hunderttausend bis mehreren Milliarden Sonnenmassen beherbergen. Die Verfahren zur Suche nach Schwarzen Löchern sind ja mittlerweile recht erfolgreich. In jeder Galaxie gibt es neben diesen »schwarzen Riesen« auch noch einige hunderttausend bis einige Millionen stellarer Schwarzer Löcher. Und doch ist trotz dieser Vielzahl von Schwarzen Löchern und trotz ihrer enormen »Gefräßigkeit« bisher nur ein kleiner Teil der leuchtenden Materie des Universums in ihnen verschwunden. Warum das so ist und warum nicht schon längst alles zu Schwarzen Löchern geworden ist, können wir jetzt endlich beantworten. Es hat damit zu tun, dass Schwarze Löcher im Vergleich zu anderen Objekten oder gar zur Ausdehnung des Universums extrem klein sind. Selbst wenn sie Milliarden Sonnenmassen enthalten, ist der Radius ihres Ereignishorizonts nicht viel größer als der des Sonnensystems. Und das Sonnensystem ist nur ein winziges Raumvolumen im Vergleich zu einer Galaxie. Die Objekte in den riesigen Raumbereichen einer Galaxie oder gar in anderen Galaxien spüren die anziehende Kraft der Schwarzen Löcher praktisch nicht und werden somit auch nicht zu ihnen hingezogen. Erst wenn das Schicksal ihre Bahn einmal in die unmittelbare Nähe eines solchen Monsters führen sollte, sind sie für immer verloren. Warum passiert das nicht? Weil sich in Galaxien alles dreht. Der Drehimpuls, der in der Materie steckt und der als eine Erhaltungsgröße nicht verschwinden kann, hält Sterne und Gaswolken davor zurück, ins Zentrum der Galaxie und damit ins Schwarze Loch zu stürzen. Weil sich eben alles dreht, stürzt auch nichts zusammen.

Am Schluss dieses Kapitels fehlen uns die Worte. Es bleibt das

Ultimatum

Und so sag ich zum letzten Male:
Natur hat weder Kern noch Schale;
Du prüfe dich nur allermeist,
Ob du Kern oder Schale seist!

Johann Wolfgang von Goethe, »Gott und die Welt«

Entfernungsbestimmung im Universum

Epirrhema

Müsset im Naturbetrachten
Immer eins wie alles achten:
Nichts ist drinnen, nichts ist draußen;
Denn was innen, das ist außen.
So ergreifet ohne Säumnis
Heilig öffentlich Geheimnis.

Johann Wolfgang von Goethe

Haben Sie schon einmal einen Vortrag über Astronomie besucht, in dem unter anderem auch von den riesigen Entfernungen zu den Sternen und Galaxien die Rede war? Wenn ja, dann hat sich in der anschließenden Diskussion vielleicht ein Hörer gemeldet und den Vortragenden gefragt: »Können Sie sich die riesigen Entfernungen eigentlich vorstellen? Sie gehen mit Milliarden und Billionen um wie ich mit Metern und Zentimetern. Für mich als Laie ist ein Lichtjahr eine unvorstellbare Strecke. Können Sie mir helfen?« Offen gesagt können wir nicht. Auch wir haben noch nicht versucht, uns die rund neuneinhalb Billionen Kilometer, die einem Lichtjahr entsprechen, vorzustellen. Selbst für Astronomen sind die gigantischen Dimensionen des Universums im Wesentlichen nur Zahlen, tägliches Brot halt. Komisch eigentlich, aber so sind die Astronomen.

Ein anderer Fragesteller ist da schon näher am astronomischen Gedankengut. Er erkundigt sich: »Woher wissen Sie denn, wie weit es bis zum nächsten Stern ist? Im Universum gibt es doch keine Wegweiser, auf denen steht: nach Alpha Centauri von hier aus 4,3 Lichtjahre!« Das ist eine Frage ganz nach dem Geschmack des Astronomen. Wenn die Zuhörer für diesen Abend keine anderweitigen Pläne haben, kann er gleich mit einem zweistündigen Referat zu diesem Thema beginnen. Denn was sich Astronomen im Laufe der Zeit haben einfallen lassen, um Entfernungen zu messen, kann nicht mit einigen wenigen Worten so nebenbei erklärt werden. Denn bei den Distanzen im Universum geht es nicht nur um große Zahlen, sie sind auch ein großes Thema. Wüssten wir nicht, wie ungeheuer weit weg die Sterne sind, wären uns nahezu alle Möglichkeiten genommen, moderne Astronomie und insbesondere Astrophysik zu betreiben. Ohne die Kenntnis der Entfernungen hätten wir keine Ahnung von den Leuchtkräften der Sterne, keine Ahnung von den gigantischen Energien, die in den stellaren Brutöfen freigesetzt werden, und vermutlich keine Antwort auf die Frage, woher Sterne ihre Energie beziehen.

Kurz und gut, Entfernungsbestimmung ist eines der wichtigsten Themen der Himmelskunde. Seit die Menschen die Geheimnisse des Himmels zu enträtseln versuchen, gehört die Entfernungsbestimmung zu den schwierigsten Aufgaben der Astronomie. Anfangs war nicht mal klar, ob es sich bei den Sternen um ausgedehnte Körper handelt oder nur um grell leuchtende Punkte am Himmel. Vor allem hatte man keine Ahnung, ob all diese Pünktchen gleich weit von der Erde entfernt waren, etwa angeheftet an einer kristallenen Sphäre, so wie es noch Aristoteles und insbesondere Ptolemäus glaubten, oder ob sie in der Tiefe gestaffelt und folglich auch unterschiedlich hell und groß sein konnten. Am Beispiel der Entfernungsbestimmung lässt sich wunderbar studieren, wie sich unser Weltbild durch die jahrhundertlange Beobachtung des Himmels verändert hat. Es ist eine dieser beeindruckenden Erfolgsgeschichten naturwissenschaftlicher Forschung, die zwar auch mit einigen geistigen Sackgassen gespickt ist, bei der sich aber letztlich der gesunde Menschenverstand gegenüber religiösem oder philosophischem Dogmatismus durchgesetzt hat. Aber wir wollen noch nicht alles verraten, sondern fangen wie üblich von vorne an.

Wie so oft hat alles relativ klein angefangen, und auch die Techniken zur astronomischen Entfernungsbestimmung haben sich nur langsam entwickelt. Man kann sich heute gar nicht mehr vorstellen, wie eng der Aktionsradius der Menschen vor rund 2000 Jahren noch war. Nur wenige kamen jemals über ihre Dorfgrenzen hinaus, und von der restlichen Welt hatten die wenigsten eine Ahnung. Und wenn mal einer mehr von der Welt gesehen hatte und nach geglückter Heimkehr von anderen, weit entfernten Ländern und Ozeanen berichtete, dann glaubte ihm sowieso keiner. Da nimmt es nicht wunder, dass selbst Gestalt und Größe der Erde unbekannt waren. Pythagoras, der berühmte griechische Mathematiker (um 580–500 v. Chr.), war einer der Ersten, die davon überzeugt waren, dass die Erde keine Scheibe, sondern eine Kugel ist. Allerdings konnte er seine Ansicht nicht beweisen. Es mussten nochmals rund 150 Jahre vergehen, bis schließlich Aristoteles (384–322 v. Chr.) gleich mehrere Phänomene anführte, die eine kugelförmige Erde plausibel erscheinen ließen. Eines davon ist das berühmte Segelschiff, von dem man zunächst nur die Spitzen der Masten sieht, wenn es am Horizont auftaucht. Ein anderes die Beobachtung, dass bei einer Fahrt nach Norden die Sterne am Nordhimmel auf- und am Südhimmel unterzugehen scheinen. Zumindest für eine Nord-Süd-Krümmung der Erde war das ein untrügliches Indiz. Schließlich deuteten auch die Mondfinsternisse auf eine Kugelgestalt der Erde hin. Wäre sie eine Scheibe, dann wäre es schon ein riesiger Zufall, dass diese Scheibe immer exakt so zu liegen kommt, dass sie auf den Mond einen kreisförmigen Schatten wirft. Mit der Hypothese einer kugelförmigen Erde hingegen ließ sich dieses Phänomen einleuchtend erklären. Doch von der Größe dieser Erdkugel konnte sich auch Aristoteles noch keine rechte Vorstellung machen.

Im Jahr 240 v. Chr. befasste sich der in Alexandria lebende Grieche Eratosthenes (276–194 v. Chr.) mit diesem Problem. Dabei kam ihm ein glücklicher Umstand zu Hilfe. Eines Tages hörte er von einem tiefen Brunnen in Syene, dem heutigen Assuan, in den an einem bestimmten Tag im Jahr zur Mittagszeit das Sonnenlicht bis auf den Grund fällt. Eratosthenes war sofort klar: Das kann nur geschehen, wenn die Sonne senkrecht über dem Brunnen am Himmel steht. Wenn die Erde eine Kugel ist, so seine Überlegung, muss zu diesem Zeitpunkt an einem anderen Ort das Sonnenlicht nicht senkrecht, sondern schräg auf die Erdoberfläche fallen. Um seine Vermutung zu bestätigen, steckte er am besagten Tag in Alexandria einen Stab bekannter Länge senkrecht in den Boden. Und tatsächlich, zur Mittagszeit warf der Stab einen kurzen Schatten. Anhand der Länge des Schattens und des Stabes konnte Eratosthenes den Winkel berechnen, unter dem das Sonnenlicht in Alexandria auf die Erde fiel. Als Ergebnis erhielt er einen Wert von sieben Grad.

Damit hätte er es bewenden lassen können. Aber Eratosthenes wollte mehr wissen, und er war ein genialer Geist. Wenn die Erde eine Kugel ist, so sollte sich aus der Differenz der Einfallswinkel der Sonnenstrahlung auch der Umfang der Erde berechnen lassen. Die gemessenen sieben Grad Unterschied müssten sich dann zu den 360 Grad eines vollen Kreises verhalten wie die Entfernung zwischen Syene und Alexandria zum Gesamtumfang der Erde. Eratosthenes schickte jemanden los, um die Entfernung zwischen Alexandria und Syene abzumessen. Sie beträgt etwa 780 Kilometer. Als er diese Distanz in seine Gleichung einsetzte und sie nach dem Erdumfang auflöste, erhielt er einen Wert von rund 40 000 Kilometern, in bester Übereinstimmung mit dem tatsächlichen Umfang. Den meisten seiner Zeitgenossen erschien jedoch diese Strecke so unvorstellbar groß, dass sie lieber bei ihren viel kleineren Zahlen blieben. Ihnen machte offenbar die Vorstellung einer so großen Erde Angst, und Angst vor dem Unbekannten war noch nie ein guter Ratgeber. Mit der Kenntnis des Erdumfangs fiel es nun nicht mehr schwer, auch den Durchmesser der Erde zu berechnen, der, wie wir noch sehen werden, für einige Methoden zur astronomischen Entfernungsbestimmung von Bedeutung ist.

Etwa zur gleichen Zeit, als Eratosthenes mit seinen Messungen beschäftigt war, versuchte der griechische Astronom Aristarchos von Samos (310–230 v. Chr.) die Größe des Mondes und die relative Entfernung von Mond und Sonne zur Erde zu bestimmen. Da Mond und Sonne die auffälligsten Himmelskörper sind, war der Wunsch, ihre Entfernungen von der Erde zu kennen, nur zu verständlich. Den ersten Wert gewann Aristarchos aus der Größe des Erdschattens auf der Mondoberfläche, wie man ihn bei einer Mondfinsternis beobachten kann. Daraus berechnete er den Durchmesser des Mondes auf rund ein Drittel des Erddurchmessers. Wie wir heute wissen, ist dieser Wert jedoch zu groß. Um das Entfernungsverhältnis zu bestimmen, nutzte Aristarchos den Umstand aus, dass bei Halbmond Erde, Mond und Sonne ein rechtwinkliges Dreieck bilden. Indem er die Winkel in diesem Dreieck bestimmte, kam Aristarchos zu dem Schluss, dass die Sonne etwa 19-mal so weit von der Erde entfernt sein müsse wie der Mond. Obwohl die Methode der Entfernungsbestimmung korrekt war, ist auch hier das Ergebnis falsch. Das tatsächliche Entfernungsverhältnis beträgt nämlich etwa 1 zu 400. Schuld daran waren nicht etwa falsche Ansätze zur Lösung der Probleme, sondern in beiden Fällen die zu dieser Zeit noch sehr ungenauen Messmittel und -methoden.

Aber die Griechen ließen nicht locker. Ihre Versuche, die Natur zu erklären, hatten zwar einige ihrer Götter »arbeitslos« gemacht und damit zu Auseinandersetzungen mit den Anhängern der olympischen Götterfamilie geführt, doch sie gaben ihnen auch genug Selbstbewusstsein, um weiterhin zu versuchen, der Natur mit genauen Beobachtungen und mathematischen Theorien auf die Schliche zu kommen. Die Erfolge griechischer Philosophen und Naturforscher bei der Erklärung der Welt bilden den Beginn moderner Naturwissenschaften. Ausgerüstet mit der Hoffnung, die Welt lasse sich rational, also »vernünftig« erklären und verstehen, ersannen die Griechen immer neue Verfahren, die Entfernung zu den Himmelskörpern zu messen.

Die Parallaxenmethode

Der Erste, der schließlich den Abstand der Erde vom Mond ziemlich genau bestimmen konnte, war der griechische Astronom Hipparchos (190–125 v. Chr.), der auch die trigonometrischen Funktionen Sinus, Cosinus und Tangens einführte. Während einer totalen Sonnenfinsternis in der Region des Hellespont (Dardanellen) war im ägyptischen Alexandria nur eine partielle Sonnenfinsternis zu beobachten, bei der der Schatten des Mondes rund 20 Prozent der Sonnenscheibe frei ließ. Diese 20 Prozent entsprachen einem Fünftel der 0,5 Grad umfassenden Winkelausdehnung der Sonne am Himmel, also rund 0,1 Grad. Hipparchos erkannte, dass diese 0,1 Grad genau der Winkeldifferenz entsprechen, die ein Beobachter messen würde, wenn er den Mond zunächst vom Hellespont und dann von Alexandria aus anvisiert (Abb. 43). Denn so wie sich jedes nahe Objekt scheinbar vor dem Hintergrund verschiebt, wenn man seinen eigenen Standort wechselt, so scheinen sich auch der Mond und somit sein Schatten auf der Sonne zu verschieben. Mit einem einfachen Experiment, dem sogenannten Daumensprung, kann man das leicht überprüfen. Betrachtet man ein nahes Objekt, zum Beispiel den Daumen der ausgestreckten Hand, abwechselnd mit dem linken und dann mit dem rechten Auge (indem man das jeweils andere Auge schließt), so scheint er vor dem weiter entfernten Hintergrund hin und her zu springen. In dem von beiden Augen und dem Daumen aufgespannten Dreieck bildet die Strecke vom einen zum anderen Auge die Basis. Der Winkel, unter dem vom Daumen aus gesehen diese Basis erscheint, heißt Parallaxe. Kennt man in diesem Dreieck die beiden Winkel an den Basisenden, so kann man mithilfe der Trigonometrie die Entfernung des Daumens von der Basis berechnen.

Bei den Messungen von Hipparchos diente natürlich nicht

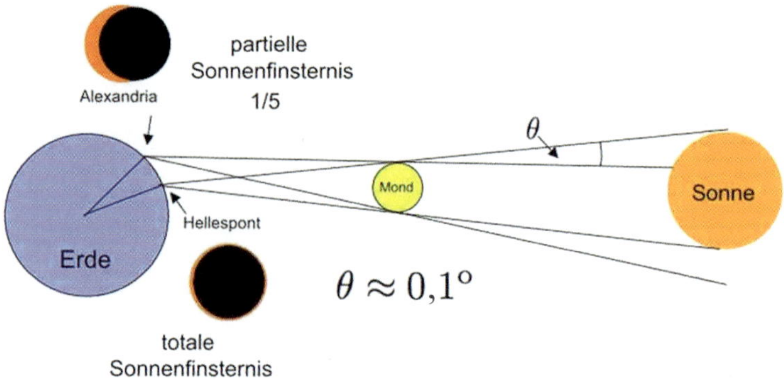

Abb. 43: Der griechische Astronom Hipparchos (190–125 v. Chr.) bestimmte als einer der Ersten die Entfernung des Mondes von der Erde. Dazu ließ er von zwei weit voneinander entfernten Orten eine Sonnenfinsternis betrachten. Indem er dann die unterschiedliche Bedeckung der Sonne durch den Mond zur Winkelausdehnung des Mondes am Himmel in Beziehung setzte, konnte er auf den Parallaxenwinkel schließen.

sein Augenabstand als Basis, sondern die Strecke zwischen dem Hellespont und Alexandria. Anhand dieser Entfernung und dem besagten Winkel von 0,1 Grad konnte Hipparchos die Entfernung zum Mond auf 62 bis 73 Erdradien, entsprechend einer Entfernung von 394 000 beziehungsweise 464 000 Kilometern, eingrenzen. Der tatsächlichen mittleren Mondentfernung von 384 400 Kilometern kam das schon recht nahe.

Ein erster Pfeiler war eingeschlagen: die Entfernung zu unserem allernächsten Nachbarn. Spätestens ab dieser Pionierleistung von Hipparchos bekamen die Menschen eine Ahnung, welche riesigen Weiten das Universum zu bieten hatte. Mit der »Entdeckung« der trigonometrischen Parallaxe war eine der wichtigsten Methoden zur astronomischen Entfernungsbestimmung geboren. Aber kann man damit auch beliebig große Entfernungen ermitteln? Je weiter ein Objekt entfernt ist, desto kleiner wird auch der Parallaxenwinkel. Bei gleichbleibender Basislänge verkleinert sich die Parallaxe auf die Hälfte, wenn sich die Entfernung des Objekts verdoppelt. Schließlich kommt der Moment, da der Winkel so klein ist, dass er sich auch mit den besten Instrumenten nicht mehr messen lässt. Um die Parallaxe wieder messbar zu machen, kann man jetzt nur noch die Länge der Basis vergrößern. Aber auch dem sind natürlich Grenzen gesetzt.

Die größte Basislänge, die auf der Erde zu realisieren ist, entspricht dem Durchmesser unseres Planeten. Ein Punkt am Äquator ist nach zwölf Stunden, also nach einer halben Umdrehung der Erde, genau 12 756 Kilometer von seiner ursprünglichen Position entfernt. Allerdings kann man ein Objekt immer nur von einem der Endpunkte dieser Basis beobachten. Vom anderen Punkt aus müsste man teilweise durch die Erde hindurchsehen. Den Astronomen bleibt also nichts anderes übrig, als sich mit einer kürzeren Basis zu bescheiden, von deren beiden Endpunkten man freie Sicht auf das angepeilte Objekt hat. Dennoch versuchte man natürlich die Länge der Basis möglichst auszudehnen, um die Genauigkeit der Winkelmessung zu erhöhen (Abb. 44).

Üblicherweise peilt man ein Objekt von zwei festen Standpunkten auf der Erde aus an, deren Entfernung bekannt ist. Man kann aber auch die Winkelmessung von nur einem Punkt aus vornehmen und sie nach einigen Stunden wiederholen. Da sich die Erde in dieser Zeit gedreht hat, liegen die Beobachtungspunkte eine Strecke voneinander entfernt, die man aus der geografischen Breite des Beobachtungsstandortes und dem Zeitintervall zwischen den beiden Messungen berechnen kann. Objekte, die auf diese Weise beobachtet werden, zeigen aufgrund der Erdrotation eine sogenannte tägliche trigonometrische Parallaxe, also eine scheinbar tägliche Verschiebung vor dem Fixsternhimmel. Mit beiden Verfahren vermag man jedoch nur die Entfernung relativ naher Objekte wie des Mondes oder der Planeten zu bestimmen.

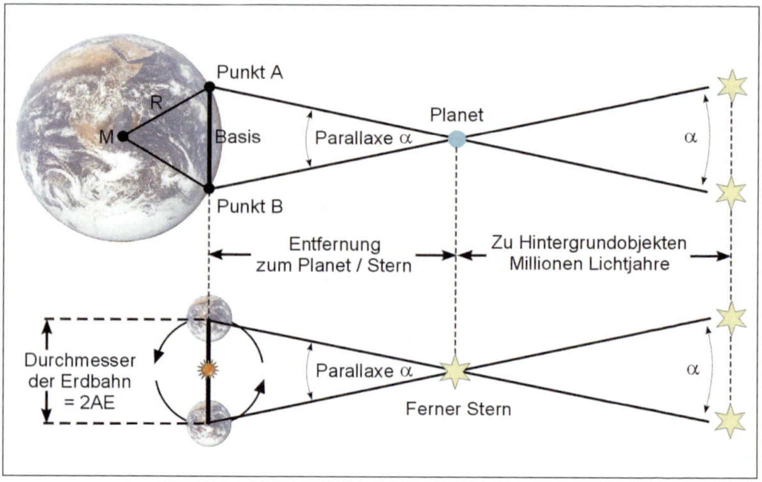

Abb. 44: Oben: Bestimmung der Parallaxe eines Objekts durch Winkelmessung von zwei weit entfernten Orten auf der Erde aus. Unten: Messung der Parallaxe weit entfernter Objekte unter Verwendung des Erdbahndurchmessers als Basislänge.

Um weit entfernte Sterne »vermessen« zu können, benötigt man Basisstrecken, die auf der Erde nicht mehr zu realisieren sind. Eine Basislänge, die dem Durchmesser der Erdbahn um die Sonne entspricht, ist relativ einfach zu erreichen. Man muss dazu nicht mal die Erde verlassen. Die erste Winkelmessung führt man in einer klaren Nacht im April durch. Dann fährt man ein halbes Jahr in Urlaub und kehrt im Oktober wieder an die Sternwarte zurück, um die zweite Messung vorzunehmen. In der Zwischenzeit hat die Erde die Sonne zur Hälfte umrundet und steht nun auf der anderen Seite unseres Zentralsterns. Da der Abstand der Erde zur Sonne rund 150 Millionen Kilometer beträgt, ist man also im Oktober, obwohl immer noch am selben Ort auf der Erde, 300 Millionen Kilometer vom ersten Beobachtungsstandort entfernt. Diese Basis ist so groß, dass man damit sogar die Entfernung zu nahe gelegenen Fixsternen bestimmen kann. Den Winkel, unter dem von einem Stern aus gesehen der Radius der Erdbahn erscheint, bezeichnet man als jährliche trigonometrische Parallaxe. Der zur Erde nächstgelegene Fixstern, der rötliche Begleiter von Alpha Centauri, heißt Proxima Centauri. Er hat eine Parallaxe von 0,768 Bogensekunden. Das sind rund 0,2 Tausendstel von einem Grad. Damit beträgt seine Entfernung von der Erde rund 40 240 Milliarden Kilometer oder 268 000-mal die Distanz Erde – Sonne. Würde man eine Kugel mit dem Durchmesser der Erdbahn um die Sonne auf Golfballgröße verkleinern, dann wäre Proxima Centauri etwa fünf Kilometer entfernt, und die Sonne hätte einen Durchmesser von 0,2 Millimeter – kein Wunder also, dass die Sterne nicht zusammenstoßen bei diesen riesigen Abständen.

In der Astronomie hat man es also mit unvorstellbaren Entfernungen zu tun. Um nicht immer diese langen Zahlenschwänze schreiben zu müssen, nehmen die Astronomen die Lichtgeschwindigkeit zu Hilfe. Licht breitet sich mit einer Geschwindigkeit von 300 000 Kilometern pro Sekunde aus. In einem Jahr, dem sogenannten Lichtjahr, sind das dann 300 000 × 3600 × 24 × 365, also rund 9,5 Billionen Kilometer! Jetzt ist die Sache schon einfacher: Die Entfernung zu Proxima Centauri entspricht somit 4,2 Lichtjahren. Andererseits bedeutet das, dass wir erst nach 4,2 Jahren mitbekommen, wenn auf Proxima Centauri eine Taschenlampe auf die Erde gerichtet und angeknipst wird!

Die Winkel, die man bei weit entfernten Sternen messen muss, sind winzig klein, Bruchteile von Bogensekunden, nicht selten weniger als ein Millionstel Grad. So winzige Winkel lassen sich gut veranschaulichen durch die riesige Entfernung, aus der man eine Basis definierter Länge betrachten muss, damit sie unter ebensolchen Winkeln erscheint. Als Normbasis haben die Astronomen eine Strecke gewählt, die dem Radius der Erdbahn um die Sonne entspricht. Die Entfernung, aus der man diese Basis unter dem Winkel von einer Bogensekunde sieht, beträgt rund

30 000 Milliarden Kilometer oder – mit dem soeben eingeführten Maßstab Lichtjahr – 3,26 Lichtjahre. Diese Entfernung bezeichnet man in der Astronomie auch als ein Parsec, abgekürzt pc (Abb. 45).

Mit dieser Festlegung lassen sich nun wiederum Parallaxen sehr einfach in Entfernungen umrechnen. Wie wir schon wissen, verdoppelt sich die Entfernung zum Stern, wenn der Parallaxenwinkel auf die Hälfte schrumpft. Man muss also nur noch die Parallaxe in Bogensekunden messen und den Kehrwert davon bilden, um die Entfernung in Parsec zu erhalten. Ist zum Beispiel die Parallaxe gleich 0,05 Bogensekunden, dann gilt: 1 geteilt durch 0,05 = 20, das heißt, der Stern ist 20 Parsec entfernt.

Die kleinsten Winkel, die man mit den heutigen Methoden von der Erde aus noch messen kann, liegen im Bereich von etwa 0,01 Bogensekunden. Das entspricht einer Entfernung von rund 300 Lichtjahren. Bei dem im August 1989 von der europäischen Weltraumorganisation ESA gestarteten Astronomiesatelliten »Hipparchos« konnte man die Genauigkeit auf etwa 0,001 Bogensekunden steigern, sodass sich damit unter günstigen Bedingungen noch bis zu 3000 Lichtjahre entfernte Sterne vermessen ließen.

Die meisten Sterne, die wir am Nachthimmel sehen, sind Dutzende, Hunderte, ja Tausende von Lichtjahren entfernt. Sie bilden zusammen mit der Sonne die Milchstraße, deren Durchmesser mehr als 100 000 Lichtjahre beträgt. Da passt es gut, dass im Februar 2014 ein neues, ebenfalls von der ESA konzipiertes und gebautes Weltraumteleskop seine Arbeit aufgenommen hat. »Gaia«, so sein Name, ist das zur Zeit ultimative Instrument zur astronomischen Entfernungsmessung. Mit einer Parallaxengenauigkeit, die je nach Helligkeit der angepeilten Sterne zwischen 0,0003 und 0,000025 Bogensekunden liegt, wird »Gaia« im Umkreis von rund 33 000 Lichtjahren eine Milliarde Sterne vermessen und jeden von ihnen 70-mal ins Visier

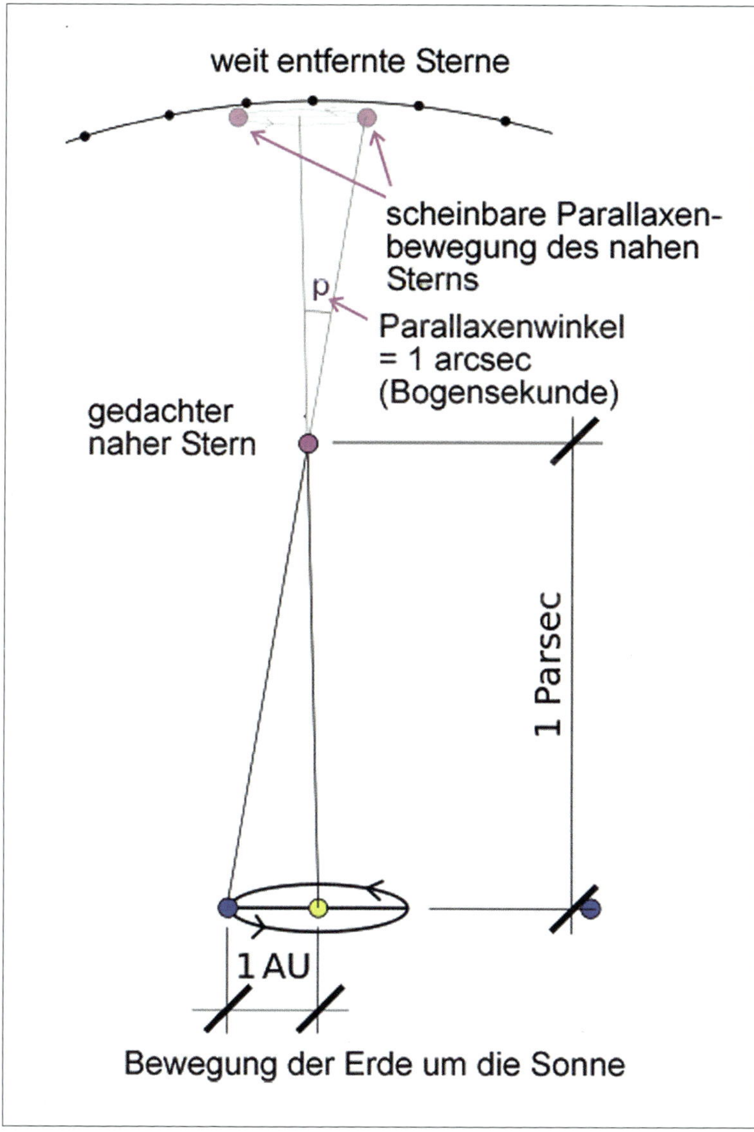

Abb. 45: Ein Parsec, kurz 1 pc, entspricht der Entfernung, aus der man den Radius der Erdbahn unter einem Winkel von einer Bogensekunde sieht. 1 pc ist gleich 3,26 Lichtjahre beziehungsweise rund 30 Billionen Kilometer.

nehmen. Anhand der Daten soll bis 2021 eine dreidimensionale Karte unserer Milchstraße erstellt werden, die unter anderem auch über die Struktur, das heißt über die genaue Zahl und Lage der Spiralarme unserer Galaxis, Auskunft gibt. Darüber hinaus soll »Gaia« noch die Spektren der 100 bis 200 Millionen hellsten aller ins Visier genommenen Sterne registrieren, woraus man deren Temperatur und eventuell auch deren chemische Zusammensetzung berechnen kann. Man darf sehr gespannt darauf sein, was dabei herauskommt.

Alternative Methoden der Entfernungsbestimmung von Planeten

Für nahe Objekte wie die Planeten gibt es noch eine andere, sehr genaue Methode. Eigentlich ist sie ein »Abfallprodukt« aus dem Zweiten Weltkrieg. Damals wurde das Radar-Ortungsverfahren (*radio detecting and ranging*) erfunden. Mithilfe einer Richtantenne schickt man ein Radiosignal auf ein fernes Ziel und empfängt das vom Ziel zurückgeworfene Echo. Radiowellen sind wie das sichtbare Licht elektromagnetische Wellen und breiten sich mit Lichtgeschwindigkeit aus. Man muss also nur die Zeit messen, die vergeht, bis das Radiosignal wieder zurückkommt, und diesen Wert mit der Lichtgeschwindigkeit multiplizieren, um die doppelte Entfernung zum angepeilten Objekt zu erhalten. 1946 gelang die erste Radarpeilung zum Mond, und 1958 konnte man das erste Radarecho von einem Planeten, der Venus, empfangen.

Prinzipiell lässt sich das natürlich auch mit sichtbarem Licht durchführen, zum Beispiel mit einem Laser. Allerdings reflektieren die Planeten sichtbares Licht relativ schlecht, sodass davon kaum etwas zurückkommt. Man müsste schon Spiegel auf den Planeten aufstellen. Genau das hat man bei den verschiedenen

Besuchen auf dem Mond getan. Der ausschlaggebende Grund dafür war nicht, dass man die Entfernung des Mondes zur Erde bestimmen wollte, denn die war ja schon hinreichend genau bekannt. Vielmehr wollte man messen, wie weit sich der Mond pro Jahr von der Erde entfernt. Das Ergebnis: Die Entfernung der Erde zum Mond wächst pro Jahr um 3,8 Zentimeter. Das entspricht ungefähr einem Zehnmilliardstel der Mondentfernung. Daraus lässt sich gut ersehen, wie genau das Messverfahren ist.

Was aber, wenn man nicht die Entfernung eines Planeten zur Erde, sondern seinen Abstand zur Sonne bestimmen will? In diesem Fall ist die Parallaxenmethode keine gute Wahl. Man kann sich ja schlecht auf einen Planeten setzen, um dort die tägliche Parallaxe der Sonne zu bestimmen. Das geht viel besser mithilfe des dritten Kepler'schen Gesetzes. Der Astronom Johannes Kepler hatte 1619 nach umfangreicher Rechenarbeit herausgefunden, dass sich die zur dritten Potenz erhobenen großen Halbachsen der Bahnellipsen der Planeten zueinander verhalten wie die Quadrate ihrer Umlaufzeiten um die Sonne.

Damit jetzt keine Verwirrung aufkommt, müssen wir kurz erläutern, dass Kepler bereits zehn Jahre zuvor beweisen konnte, dass die Planeten die Sonne nicht, wie es noch Kopernikus annahm, auf Kreisbahnen, sondern auf elliptischen Bahnen umrunden, wobei die große Halbachse der entsprechenden Ellipse gleichbedeutend ist mit dem mittleren Abstand des Planeten zur Sonne. Bis zu dieser Entdeckung Keplers galt der Kreis als die perfekte Bahn eines Himmelskörpers. Wenn also Gott die Planeten um die Sonne angeordnet haben sollte, dann hätte er nach damaliger Auffassung natürlich die perfekte Kreisbahn gewählt. Keplers Ergebnisse waren also für die Theologen ein Schlag ins Gesicht.

Doch für die Entfernungsbestimmung Planet – Sonne hatte man jetzt ein neues Werkzeug zur Verfügung. Wenn man also von einem Planeten im Sonnensystem seinen Abstand zur Sonne und seine Umlaufzeit kennt, wie es ja zum Beispiel für unsere Erde der Fall ist, dann muss man nur noch messen, wie lange einer der anderen Planeten für einen vollen Umlauf um die Sonne braucht, um aus dem dritten Kepler'schen Gesetz auch dessen Distanz zur Sonne zu ermitteln.

Stromparallaxen

Sterne kommen nicht nur einzeln vor, sondern gruppieren sich auch oft zu sogenannten Sternhaufen. Derartige Ansammlungen sind in großer Zahl zu finden. Einer der zur Erde nächstgelegenen Sternhaufen sind die Hyaden. Beobachtet man die Hyaden über mehrere Jahre hinweg, so fällt auf, dass sich alle Sterne dieser Gruppierung auf einen Punkt, den sogenannten Konvergenzpunkt, hin zuzubewegen scheinen. Diese Wanderung bezeichnet man als Eigenbewegung, erfasst wird sie in Bogensekunden pro Jahr. Der Winkel zwischen dem augenblicklichen Ort des Sternhaufens und dem Konvergenzpunkt ist leicht zu messen.

Um die Entfernung des Haufens zu bestimmen, pickt man sich einen Stern aus der Ansammlung heraus. Als Teil des betrachteten Sternhaufens macht dieser Stern natürlich auch die Eigenbewegung des Haufens mit. Jetzt benötigt man nur noch die sogenannte Radialgeschwindigkeit des Sterns, also die Geschwindigkeit, mit der sich der Stern direkt auf uns zu- beziehungsweise von uns wegbewegt. Mithilfe des Dopplereffekts kann man auch die leicht bestimmen. Aus den gemessenen Werten für Eigenbewegung, Radialgeschwindigkeit und dem besagten Winkel lässt sich die Parallaxe des Sterns, ausgedrückt in Bogensekunden, berechnen. Der Kehrwert der Parallaxe liefert dann die Entfernung des Sterns in Parsec und damit auch den Abstand zum gesamten Sternhaufen.

Der Witz dieser Methode liegt nun nicht darin, die Entfernung der Hyaden zu messen – das ließe sich mit der Parallaxenmethode viel einfacher bewerkstelligen –, sondern vielmehr darin, die Entfernung zu anderen Sternhaufen außerhalb der Reichweite der Parallaxenmethode zu ermitteln und damit in diesen Haufen enthaltene sehr leuchtkräftige Sterne hinsichtlich ihrer Entfernung zu eichen. Um zu verstehen, wie das funktioniert und wozu das gut sein soll, müssen wir zunächst noch etwas über die Helligkeiten der Sterne erfahren.

Sternhelligkeiten

Die Messung der Helligkeit beziehungsweise die Klassifikation der Sterne nach ihrer Helligkeit gehen zurück auf den griechischen Astronomen Hipparchos. Er bezeichnete die hellsten Sterne (etwa Sirius, Wege, Altair) als Sterne erster Größe und Himmelskörper, die mit dem Auge gerade noch sichtbar sind, als Sterne sechster Größe. Eine größere Zahl bedeutet eine geringere Helligkeit (Abb. 46). Nun sind nicht alle Sterne gleich weit von uns entfernt. Je größer die Entfernung zu einem Stern ist, desto schwächer scheint er zu leuchten. Könnte man einen Stern in die doppelte Entfernung verschieben, so würde sich seine Helligkeit auf ein Viertel verringern. Die Helligkeit nimmt also umgekehrt zur Entfernung im Quadrat ab. Es kann also durchaus sein, dass ein sehr heller, aber sehr weit entfernter Stern uns schwächer erscheint als ein von Natur aus schon sehr leuchtschwacher, dafür aber sehr naher Stern. Wenn man die Entfernung der Sterne nicht kennt, hat man keine Möglichkeit zu entscheiden, welcher von beiden nun wirklich heller, also größer oder heißer ist.

In der Astronomie unterscheidet man daher zwischen scheinbarer und absoluter Helligkeit. Die scheinbare Helligkeit ist die,

die man auf der Erde von einem Stern misst. Die absolute Helligkeit ist eher ein Kunstprodukt der Astronomen. Sie gibt die Helligkeit an, die man auf der Erde messen würde, wenn sich der Stern in einer Entfernung von zehn Parsec befände. Noch

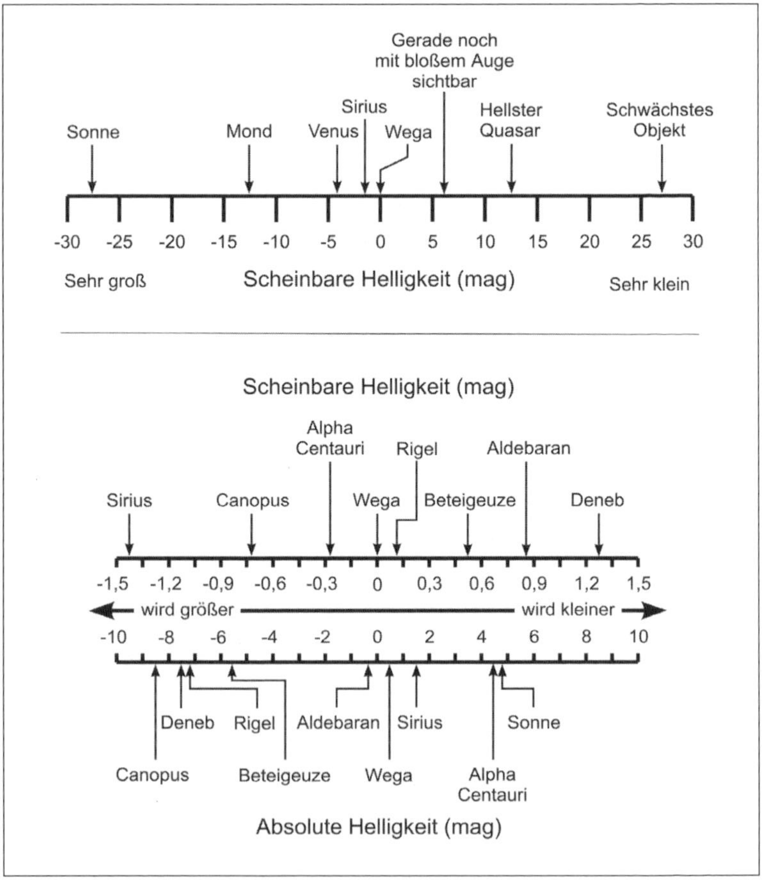

Abb. 46: Scheinbare und absolute Helligkeit. Oben: Scheinbare Helligkeiten verschiedener Objekte im Vergleich zu einem Objekt, das unter optimalen Bedingungen gerade noch mit bloßem Auge erkennbar ist. Unten: Vergleich von scheinbarer und absoluter Helligkeit einiger am Himmel sichtbarer Sterne.

einmal zur Erinnerung: Ein Parsec entspricht 3,26 Lichtjahren. Das Schöne an dieser Geschichte ist, dass es eine Gleichung gibt, welche die scheinbare und die absolute Helligkeit mit der Entfernung des Sterns verknüpft. Kennt man also scheinbare und absolute Helligkeit eines Sterns, so kann man die Entfernung zum Stern berechnen. Umgekehrt erhält man aus der Sternentfernung und der scheinbaren Helligkeit die absolute Sternhelligkeit. Anhand ihrer absoluten Helligkeiten lassen sich nun die Sterne miteinander vergleichen.

Die moderne Astronomie hat im Prinzip an der von Hipparchos aufgestellten Helligkeitsskala festgehalten, sie jedoch nach beiden Seiten hin erweitert. Die Helligkeit eines Sterns wird heute nicht mehr in »Größen« angegeben, sondern in Magnituden, kurz »mag«, sodass einem Stern sechster Größe jetzt eine Helligkeit von 6 mag zukommt. Unsere Sonne hat eine scheinbare Helligkeit von minus 27 mag, bei den schwächsten, gerade noch mit Teleskopen sichtbaren Sternen reichen die Werte bis zu 30 mag. Wie bereits erwähnt: Eine größere Zahl entspricht einer geringeren Helligkeit, und 30 ist natürlich größer als minus 27. Die Sonne erscheint uns also als wahnsinnig hell, aber nur, weil sie uns so nahe ist. Im Konzert der übrigen Sterne spielt sie mit einer absoluten Helligkeit von 4,5 mag nur eine untergeordnete Rolle.

Spektroskopische Parallaxe

Jetzt können wir wieder zu unseren Haufen zurückkehren. Wir wollen ja die Entfernung anderer Haufen aus der Entfernung der Hyaden ableiten. Dazu muss zunächst für die Sterne im Hyadenhaufen aus der bekannten Entfernung und der gemessenen scheinbaren Helligkeit mit der bereits erwähnten Formel deren absolute Helligkeit berechnet werden. Sodann sucht man in beiden Haufen nach Sternen, die dem gleichen Spektraltyp, auch Spektralklasse genannt, angehören. Darunter sind Sterne mit identischer Strahlungsintensität bei gleicher Wellenlänge zu verstehen, also Sterne mit einem identischen Spektrum. Wurden schließlich zwei derartige Sterne gefunden, darf man dem Stern im anderen Sternhaufen die absolute Helligkeit des Vergleichssterns in den Hyaden zuordnen, da Sterne gleichen Spektraltyps gleiche absolute Helligkeiten aufweisen. Da jetzt von einem Stern im anderen Haufen sowohl die absolute als auch die scheinbare Helligkeit bekannt ist, erhält man mit der erwähnten Formel auch die gesuchte Entfernung dieses Haufens. Und weil alle Sterne des Haufens gleich weit entfernt sind, kennt man somit auch die Gesamtdistanz des Haufens und kann daraus wiederum die absoluten Helligkeiten der anderen Sterne im Haufen berechnen.

Nun, warum macht man das? Das Ziel ist klar: Es sollen Entfernungen bestimmt werden. Je weiter man in das Universum hinausschaut, desto heller muss ein Stern sein, damit er aus dieser großen Entfernung noch zu sehen ist. Also sind sehr leuchtstarke und damit sehr große, massereiche Sterne mit bekannter absoluter Helligkeit erforderlich. In den Hyaden gibt es solche Sterne nicht, wohl aber in anderen, jedoch weiter entfernten Haufen. Auf diese Sterne gilt es sich zu konzentrieren, um sie näher zu untersuchen, am besten spektroskopisch. Das heißt, man zerlegt deren Licht in seine Bestandteile, so wie das Sonnenlicht in einem Prisma, und sieht sich genau an, welche Spektrallinien es enthält und welche Intensität diese Linien haben. Alle Sterne mit den gleichen spektroskopischen Fingerabdrücken verhalten sich genauso wie die, die bereits untersucht wurden. Sie haben die gleiche Temperatur, die gleiche Masse und vor allem die gleiche absolute Helligkeit, wo auch immer sie sich im Universum befinden.

Auf diese Weise hat man sich »Normsterne« geschaffen, sogenannte Standardkerzen, die überall mit gleicher absoluter Helligkeit strahlen. Jetzt gilt es nur noch, solche Sterne weit weg von uns zu finden, um aus der bekannten absoluten und der gemessenen scheinbaren Helligkeit die Entfernung zu diesem Objekt zu errechnen. Nun ist auch klar, warum diese Methode als spektroskopische Parallaxe bezeichnet wird. Um sicher zu sein, dass man es auch mit dem gesuchten Sterntyp zu tun hat, muss man zunächst immer das Spektrum des Sterns untersuchen und mit dem des Normsterns vergleichen.

Mit dieser Methode gelingt es, die Entfernungen so ziemlich aller Objekte im Bereich unserer Milchstraße zu ermitteln. Für den Durchmesser unserer Milchstraße erhält man die beeindruckende Größe von rund 100 000 Lichtjahren.

Bislang haben wir stets von »unserer« Milchstraße gesprochen. Dass diese Sternfamilie nur eine unter sehr vielen anderen Galaxien ist, bezweifelt heute niemand mehr. Aber es ist noch nicht so lange her, dass sich an der Frage, ob unsere Milchstraße die einzige im Universum ist oder ob es noch andere Galaxien gibt, ein heftiger Streit unter den Astronomen entzündete. Wieder waren es die nackten Fakten, die Beobachtungen, die diese Kontroverse eindeutig entschieden. Angefangen hatte alles mit der Entdeckung eines Typus pulsierender Sterne, der Cepheiden.

Die Cepheidenmethode

Zu Beginn des 20. Jahrhunderts wurde der Himmel immer genauer fotografiert und spektroskopiert. Besonders ehrgeizige Sternvermessungen führte Edward Pickering am Harvard College durch. Na ja, eigentlich führte er vor allem eine große Gruppe von Frauen an. Ihnen oblag die genaue Inspektion der Foto- und Spektroskopplatten – eine äußerst lästige und monotone Arbeit. Pickering heuerte Frauen an, weil sie die Sterne mit größerer Sorgfalt und Geduld zählten – und weil sie schlechter als ihre männlichen Kollegen bezahlt wurden. Insbesondere Letzteres zeigt, dass entgegen landläufiger Meinung früher doch nicht alles besser war. Obwohl Pickering sehr viele Damen beschäftigte, wurde nur eine der astronomischen Fachwelt bekannt: Henrietta Leavitt. Sie schuf die Grundlage für eine völlig neue Methode der Entfernungsmessung.

Ihr besonderes Talent zeigte sich, als sie die Fotoplatten der Kleinen Magellan'schen Wolke bearbeitete. Miss Leavitt entdeckte dabei zahlreiche Cepheiden, eine Gruppe von veränderlichen Sternen, benannt nach dem Stern Delta Cephei im Sternbild Kepheus. Bei diesen Veränderlichen, die sich fortwährend ausdehnen und wieder zusammenziehen, kommt es zu periodischen Schwankungen der Helligkeit. Die Periode oder der Zyklus dieser Helligkeitsvariationen kann einen Tag oder auch mehrere Monate betragen. Entscheidend jedoch ist, dass sich die Helligkeitsschwankungen mit der Präzision eines Uhrwerks sogar bis auf Sekundenbruchteile genau wiederholen.

Bevor wir jedoch mehr verraten, zunächst ein kleiner physikalischer Exkurs. Uns interessiert, warum sich die Cepheiden so präzise, aber auch so wunderlich verhalten. Hier zeigt sich wieder einmal, wie insbesondere Atom- und Kernphysik zum notwendigen Handwerkszeug der Astronomen gehören und wie damit die Vorgänge in den riesigen Himmelskörpern, den Sternen, erklärt und verstanden werden können.

Wie schon erwähnt beruht der periodische Helligkeitswechsel auf einem fortwährenden Zusammenziehen und erneuten Ausdehnen, also einem Pulsieren des Sterns. Grob gesagt sind Sterne Gaskugeln, und die können in Schwingungen geraten. Das ist wie bei einer Spiralfeder, an der ein kleines Gewicht hängt. Zieht man ein wenig daran und lässt es dann wieder los, so schwingt die Feder um ihre Ruhelage, indem sie sich periodisch zusammenzieht und wieder ausdehnt. Während die Bewegung der

Feder nur in einer Ebene, der sogenannten Schwingungsebene, erfolgt, dehnen sich die Gaskugeln der Sterne in alle drei Richtungen des Raumes aus und schrumpfen anschließend wieder zusammen. Bei den Cepheiden kann sich dabei deren Radius um bis zu plus/minus 50 Prozent verändern! Das muss man sich mal vorstellen: Ein Stern mit einer Ausdehnung von mindestens einer Million Kilometern wächst auf das Eineinhalbfache seiner Größe an. Welche Kräfte müssen da am Werk sein! Für die Geschwindigkeit, mit der sich ein Punkt auf der Oberfläche des Sterns bei der Ausdehnung vom Zentrum entfernt beziehungsweise bei der Kontraktion auf das Sternzentrum zuläuft, wurden Werte von 30 Kilometern pro Sekunde gemessen.

Normalerweise kommen einmal ins Schwingen geratene Sterne nach einiger Zeit wieder zur Ruhe, weil bei der fortwährenden Kompression und Ausdehnung der Gaskugel Energie durch Reibung verloren geht. Insbesondere während des Schrumpfens wird vom Stern ein Teil der beim Zusammenpressen der Gaskugel frei werdenden Energie in Form von Wärme abgestrahlt. Dieser Bruchteil an Energie fehlt dem Stern bei der erneuten Ausdehnung, sodass er nicht mehr ganz seinen maximalen Durchmesser erreicht. Die Schwingung ist also gedämpft und hört schließlich ganz auf. Damit das nicht passiert, muss ein Mechanismus dafür sorgen, dass sich im richtigen Moment der Druck im Stern etwas erhöht, damit er sich wieder auf den ursprünglichen Durchmesser aufblähen kann. Da stellt sich die Frage: Wie machen das die Cepheiden?

Dazu müssen wir uns diese Sterne etwas genauer ansehen. Cepheiden haben schon einen Großteil ihres Sternenlebens hinter sich, nämlich die Phase, in der sie über lange Zeit ruhig und gleichmäßig ihren Wasserstoffvorrat im Zentrum zu Helium verbrennen. Jetzt sind sie gerade dabei, Helium zu Kohlenstoff, Sauerstoff und Neon zu fusionieren, während in einer Kugelschale um den Sternkern Wasserstoff zu Helium verbrennt. In einem weiter außen liegenden schalenförmigen Bereich ist es jedoch für die Fusionsprozesse zu kalt, sodass die Sternmaterie dort noch aus Wasserstoff und Helium besteht. Dabei handelt es sich jedoch nicht um neutrale Atome, sondern um Ionen, das heißt, aufgrund der hohen Temperatur im Stern hat sich sowohl von den Wasserstoff- als auch von den Heliumatomen je ein Elektron losgelöst, das sich nun frei bewegen kann. Wasserstoff, der nur ein Elektron besitzt, ist damit bereits völlig ionisiert. Nicht so Helium. Dieses Element hat zwei Elektronen, sodass noch immer eines an den Atomkern gebunden ist. Und auf dieses eine Elektron kommt es an.

Wenn der Stern schrumpft, ändern sich in der Wasserstoff-Helium-Schicht auch der Druck und die Temperatur: Beide steigen an. Dadurch verringert sich aber die Durchlässigkeit dieser Schicht für die bei den zentralen Fusionsprozessen frei werdenden Photonen. Sie tut dies, weil mit steigender Temperatur dem Helium nun auch das zweite Elektron entrissen wird und die freien Elektronen als zusätzliche Streuzentren für die Photonen wirken und deren Beweglichkeit einschränken. Folglich kann die Energie nicht wie gewöhnlich an die Sternoberfläche gelangen und den Stern verlassen, sondern wird im Stern gespeichert. Der dadurch entstehende Druck bläht den Stern über seinen mittleren Durchmesser auf.

Während sich der Stern ausdehnt, nehmen aber Druck und Temperatur im Inneren wieder ab. Nun kehren sich die Verhältnisse um. Jetzt verbinden sich die in der Kompressionsphase befreiten Elektronen wieder mit den Heliumkernen, und die dabei frei werdende Strahlungsenergie kann zusammen mit den Photonen aus dem Sterninneren den Stern wieder relativ ungehindert verlassen. In der Expansionsphase ist also die Durchlässigkeit der Wasserstoff-Helium-Schicht für Photonen besonders groß. Das ist auch der Augenblick, in dem der Stern sein Helligkeitsmaximum erreicht. Der in dieser Phase nahezu ungehinderte Abfluss von Energie aus dem Stern führt nun zu einer raschen Abkühlung, sodass der Stern wieder zu schrumpfen beginnt. Damit ist der Kreislauf geschlossen, und das Spiel kann von Neuem beginnen.

Überraschenderweise ist der Stern im Helligkeitsmaximum genauso groß wie im Helligkeitsminimum. Das bedeutet, dass der Helligkeitsunterschied nicht, wie man vermuten könnte, durch eine Vergrößerung beziehungsweise Verkleinerung der Oberfläche des Sterns zustande kommt, sondern durch eine Variation der Flächenhelligkeit, hervorgerufen durch eine Änderung der Oberflächentemperatur. Bei den Cepheiden liegt die Flächentemperatur im Helligkeitsmaximum bei etwa 5800 Grad Celsius und sinkt im Helligkeitsminimum auf etwa 5000 Grad ab.

Nach diesem hoffentlich nicht zu trockenen Ausflug nun wieder zurück zu Miss Leavitt. 1912 veröffentlichte sie eine Arbeit, die ein Tor zur Entfernungsbestimmung im Universum aufstieß. Aus einer Liste von über 1000 Cepheiden hatte sie bei einigen sehr genaue Periodenbestimmungen vornehmen können und war dabei auf einen bemerkenswerten Zusammenhang zwischen der Leuchtkraft des Sterns und seiner Periode gestoßen: Je größer die Periodenlänge, desto größer ist auch die gemessene Helligkeit. Zu jeder Periodenlänge gehört also eine ganz bestimmte scheinbare Helligkeit des Sterns. Damit war jedoch noch nicht sehr viel gewonnen. Entscheidend ist der Zusammenhang zwischen der Periodenlänge und der absoluten Helligkeit, nicht der scheinbaren. Denn wenn man die absolute Helligkeit kennt und die scheinbare zu messen imstande ist, lässt sich wieder die bereits erwähnte Formel anwenden und die Entfernung des Sterns berechnen. Damit aber die absolute Helligkeit ermittelt werden konnte, musste die Perioden-Helligkeits-Beziehung erst noch anhand einiger Cepheiden, deren Entfernung bekannt war, geeicht werden. In den Hyaden, deren Entfernung man ja kannte, gibt es leider keine Cepheiden. Also musste man in einem anderen

Sternhaufen suchen. Wie man die Entfernung anderer Sternhaufen aus der Entfernung der Hyaden ableitet und daraus dann die absolute Helligkeit der Sterne in diesem Haufen, also auch die der darin vorkommenden Cepheiden, bestimmt, haben wir ja schon kennengelernt.

Henrietta Leavitt hat diese vergleichenden Messungen durchgeführt und somit eine eindeutige Beziehung zwischen der absoluten Helligkeit eines Cepheiden und seiner Periodenlänge herstellen können. Damit war ein neuer Typ von Standardkerzen gefunden. Fortan war es möglich, von allen Cepheiden, wo immer man sie auch finden mochte, die absolute Helligkeit zu ermitteln, vorausgesetzt man konnte die Periode ihrer Helligkeitsschwankungen messen. Aus dem Unterschied zwischen der dadurch errechneten absoluten und der gemessenen scheinbaren Helligkeit lässt sich die Entfernung eines Cepheiden und damit aller Sterne, die demselben Sternverband angehören, berechnen.

Die erste Entfernungsbestimmung zur Magellan'schen Wolke führte 1913 Ejnar Hertzsprung anhand von 13 Cepheiden durch. Er errechnete eine Entfernung von 3000 Lichtjahren. Dieser, wie wir heute wissen, falsche Wert beruhte auf mehreren Beobachtungsmängeln und einem Druckfehler. In Wirklichkeit hatte Hertzsprung 30 000 Lichtjahre ausgerechnet. Damit aber konnte die Magellan'sche Wolke immer noch ein Bestandteil unserer Milchstraße sein. Etwa zur gleichen Zeit, als Hertzsprung seine Berechnungen zur Entfernung der Kleinen Magellan'schen Wolke bekannt gab, errechnete der Astronom Harlow Shapley, dass die Kugelsternhaufen zwischen 50 000 und 220 000 Lichtjahre entfernt waren. Auch Shapley benutzte Cepheiden als Entfernungsmesser. Wenn jedoch sogar diese weit entfernten Gebilde noch Bestandteile der Milchstraße sind – und es gab für Shapley keinen Grund, etwas anderes anzunehmen –, dann musste die sehr viel größer sein, als man bis dahin vermutete. Shapley schätzte den Durchmesser der Milchstraße nun auf rund 300 000 Lichtjahre. Damit hatte eine der größten Debatten unter den Astronomen des beginnenden 20. Jahrhunderts begonnen: Sind die Nebel Teile der Milchstraße, oder handelt es sich um eigenständige Galaxien?

Wie die Veröffentlichung von Hertzsprung stieß auch jene von Shapley auf große Skepsis. Die Datenlage war einfach zu ungenau, es gab zu wenige Cepheiden. Ursprünglich war Shapley zwar ein Anhänger des Konzepts der Welteninseln, der Idee, dass die fernen Spiralnebel eigene Galaxien darstellten. Als jedoch seine Berechnungen die Milchstraße so riesig erscheinen ließen, änderte er seine Meinung. Die Spiralnebel hätten sonst ja noch viel weiter entfernt sein müssen als 300 000 Lichtjahre, eine Vorstellung, die selbst für Shapley absurd war. Da nun nach Shapleys Auffassung sowohl die Kugelsternhaufen als auch die Spiralnebel zur Milchstraße gehörten und keine eigenständigen Galaxien sein konnten, nannte er dieses riesige Gebilde kurzerhand »Big Galaxy«.

Doch es gab Kontrahenten – der bedeutendste war Heber Curtis –, und es gab gewichtige Indizien für den Galaxiencharakter der Spiralnebel. Nach Curtis' Ansicht, der alle Cepheidenmessungen anzweifelte, war die Milchstraße viel kleiner, und die Nebel waren eigene Galaxien. Curtis hatte dort mittlerweile »neue« Sterne entdeckt – Novae, die zehnmal schwächer leuchteten als die Novae in der Milchstraße, ergo mussten sie auch eine hundertfache Entfernung haben! Vesto Slipher lieferte einen weiteren Baustein zur Eigenständigkeit der mysteriösen »Nebel«. Er hatte einige Spektren der Spiralnebel aufnehmen können und dabei entdeckt, dass die Spektrallinien eine Dopplerverschiebung zeigen. Diesem Effekt begegnet man im Alltag immer wieder. Der Ton einer Schallquelle, die sich uns nähert, wird höher, und sie wird tiefer, wenn sie sich von uns entfernt. Das Gleiche gilt für elektromagnetische Wellen, also auch für Licht und dessen Spektrallinien. Die Linien werden ins Kurzwellige verschoben, wenn die Lichtquelle sich auf uns zubewegt, und ins Langwellige, wenn sie sich von uns entfernt. Letzteres bezeichnet man als Rotverschiebung, in Analogie dazu, dass das rote Licht das langwellige Ende des sichtbaren Bereichs bildet. Bewegen sich Objekte auf uns zu, so sagt man auch: Das Licht wird blau verschoben, denn das blaue Licht stellt den kurzwelligen Teil des sichtbaren Lichts dar.

Doch wo waren wir? Ach ja, bei Vesto Slipher. Anhand der Dopplermethode konnte er berechnen, dass sich der Andromedanebel mit 600 Kilometern pro Sekunde auf die Milchstraße zu(!)-bewegt – die höchste Geschwindigkeit, die je für ein Objekt am Himmel gemessen wurde. In den Jahren danach entdeckte Slipher an 15 anderen Spiralnebeln jedoch etwas für ihn völlig Unverständliches: Diese entfernten sich von der Milchstraße, und zwar zum Teil schneller, als der Andromedanebel sich der Milchstraße näherte. Für Slipher und seine Mitstreiter war diese Rotverschiebung rätselhaft, und es mussten noch weitere zehn Jahre vergehen, bis dieses Phänomen das Gebäude der Astronomie erschüttern sollte. Von den Galaxienbefürwortern wurden Sliphers Erkenntnisse jedoch als wichtiger Beweis für die Richtigkeit ihres Modells gefeiert. Ihrer Ansicht nach konnten die Fluchtgeschwindigkeiten dieser fernen Objekte niemals so hoch sein, wenn sich die Spiralnebel im Anziehungsbereich der Milchstraße befänden.

Die Lage war also recht verzwickt. Henrietta Leavitt hatte zwar die Cepheiden zu Standardkerzen erhoben, die es gestatteten, Entfernungen eindeutig zu messen, aber in den Spiralnebeln selbst waren noch keine Cepheiden gefunden worden. Alles sprach zwar für die Selbstständigkeit der Spiralnebel als unabhängige Galaxien, aber der schlagende Beweis war nicht erbracht – noch nicht! Niemand konnte sich vorstellen, dass das Universum aus Galaxien besteht, die einige hunderttausend Lichtjahre groß sein sollten und Millionen Lichtjahre voneinander entfernt waren. Die Milchstraße wäre dann ja nur eine unter vielen Galaxien. Nach der Widerlegung des geozentrischen Weltbilds und der des heliozentrischen Weltbilds hätte der Mensch damit einen weiteren Bedeutungsverlust hinsichtlich seiner besonderen Stellung im All hinnehmen müssen.

Um diesen Knoten zu entwirren, musste erst ein begeisterter Hobbyastronom die Bühne betreten. Dieser Mann hieß Edwin Hubble. Er hatte seinen Lebensunterhalt zunächst als examinierter Jurist bestritten und wäre so beinahe der Astronomie verloren gegangen. Doch nach längerem Hin und Her entschloss er sich doch, an die Universität von Chicago zu gehen, um sich dort seinen Kindheitstraum zu erfüllen – nämlich Astronomie zu studieren.

Hubble entdeckte 1923 auf Fotoplatten vom Andromedanebel einen Lichtpunkt, den er zunächst für eine Nova hielt. Ein Vergleich mit älteren Fotoplatten machte jedoch deutlich: Das war keine Nova, sondern ein Stern, der sehr regelmäßig seine Helligkeit änderte. Kurz und gut, es war ein Cepheid. Aber der Stern war sehr leuchtschwach, erheblich schwächer als die Shapley'schen Cepheiden in den Kugelsternhaufen. Der Andromedanebel musste also viel weiter entfernt sein als die Kugelhaufen. Hubble berechnete die Entfernung auf 900 000 Lichtjahre.

Wie wir heute wissen, ist dieser Wert viel zu klein. Richtig sind 2,5 Millionen Lichtjahre. Entscheidend war jedoch, dass damit endlich klar wurde, dass dieser »Spiralnebel« außerhalb unserer Milchstraße liegt und es sich somit um eine eigenständige Galaxie handelt. Die Gegner der Galaxientheorie gaben sich geschlagen. Folglich sprach man auch nicht mehr vom Andromedanebel, sondern von der Andromedagalaxie. Damit erschien das Universum erneut um einiges größer, als man bis dahin geglaubt hatte. Es hatte offenbar unvorstellbar große Ausmaße.

Trotz dieses Triumphs der beobachtenden Astronomie blieben

Fragen offen. Vor allem die merkwürdigen Rotverschiebungen, die Slipher bei etlichen Spiralnebeln gefunden hatte, waren nach wie vor rätselhaft. Wenn diese Nebel auch unabhängige Galaxien waren, was veranlasste dann solch riesige Sternansammlungen zu den beobachteten Fluchtgeschwindigkeiten? Es blieb ein merkwürdiges Gefühl beim Gedanken an derart unbekannte Kräfte zurück, die Galaxien mit mehreren hundert Kilometern pro Sekunde bewegen können. Auch hier sollte Edwin Hubble die entscheidende Entdeckung gelingen.

Eigentlich wollen wir ja verschiedene Entfernungsmessmethoden vorstellen und nicht so sehr das ständige Hin und Her und den ganzen Streit darüber ausbreiten, ob denn nun die Milchstraße die einzige große Galaxie im All wäre oder nicht. Wenden wir uns also wieder unserem Vorhaben der Entfernungsbestimmung zu. Mit den Cepheiden kommt man nicht weit genug. Das Universum ist noch viel größer, als selbst die größten Optimisten Anfang der 30er-Jahre gedacht hatten. Um derartige Entfernungen zu messen, sind andere Methoden erforderlich.

Die Tully-Fisher-Korrelation

Bei sehr weit entfernten Galaxien hat man keine Möglichkeit mehr, die einzelnen Sterne »aufzulösen« und aus dem Gewimmel einen bestimmten Typ, zum Beispiel einen Cepheiden, herauszufischen. Hier versagt die Entfernungsbestimmung anhand der Perioden-Helligkeits-Beziehung. Aber es bietet sich etwas Neues an, eine Methode, die zwei Messungen in verschiedenen Wellenlängenbereichen des elektromagnetischen Spektrums kombiniert.

Die erste Messung wird im sichtbaren oder infraroten Bereich durchgeführt. Mit ihr bestimmt man die scheinbare Helligkeit der gesamten Galaxie, deren Entfernung man ermitteln möchte.

Mit der zweiten Messung im Bereich der Radiowellenlängen kann man anhand des Dopplereffekts erkennen, wie schnell sich eine Spiralgalaxie um ihre Achse dreht. Das Schöne an dieser Methode ist, dass ähnlich wie bei den Cepheiden eine eindeutige Beziehung zwischen der Leuchtkraft einer Galaxie und ihrer Rotationsgeschwindigkeit besteht: Je leuchtkräftiger die Galaxie, desto schneller dreht sie sich. Genauer gesagt: Die Leuchtkraft ist proportional zur vierten Potenz der Rotationsgeschwindigkeit.

Warum das so ist? Nun, beide Methoden dienen der Bestimmung der Galaxienmasse. Während die Leuchtkraft ein Maß für die leuchtende Masse einer Galaxie ist, wird ihre Rotation durch ihre Gesamtmasse bestimmt. Die Gesamtmasse setzt sich zusammen aus leuchtender Materie und nicht leuchtender Materie. Gemäß dem alten Spruch »Wo Tauben sind, fliegen Tauben hin« sind auch leuchtende und nicht leuchtende Materie miteinander verbunden. Das hat mit der Entstehung von Galaxien zu tun. »Normale«, sogenannte baryonische Materie, die aus Protonen, Neutronen und Elektronen besteht und die in den Sternen und Gaswolken konzentriert ist, konnte sich nur deshalb entgegen der allgemeinen Expansion des Universums zu Galaxien zusammenballen, weil sich in diesen Regionen eine andere Art von Materie, die sogenannte Dunkle Materie, bereits lange Zeit vor der normalen baryonischen Materie verdichtet hatte. Dass dies der normalen Materie nicht gelang, lag an der hohen Temperatur im frühen Universum. Aufgrund dessen hatten die Photonen der Strahlung in den ersten 380 000 Jahren nach dem Urknall noch so viel Energie, dass sie die Elektronen immer wieder von den Protonen abtrennen konnten. Und da die positiv geladenen Protonen von den leicht beweglichen und schnellen Elektronen negativer Ladung mitgerissen wurden, konnte die »normale« Materie zunächst nicht zusammenklumpen. Die Dunkle Materie hingegen blieb von der Strahlung unbeeinflusst und verdichtete sich ungestört. Erst als die Temperatur im Universum auf unter 3300 Kelvin – rund 3000 Grad Celsius – gesunken war, entkoppelte sich die normale Materie von der Strahlung und sackte dort, wo sich die Dunkle, nicht-baryonische Materie bereits verdichtet hatte, in deren Gravitationsfallen hinein und bildete Sterne und Galaxien. Man kann das mit Schlaglöchern auf einer Straße bei Regen vergleichen. Zunächst ist das Regenwasser, was der normalen Materie entsprechen würde, ziemlich gleichmäßig auf der Straße verteilt. Doch nach kurzer Zeit läuft es in den Schlaglöchern zusammen, die die lokalen Verdichtungen der Dunklen Materie symbolisieren.

Was sich über die Dunkle Materie so leicht hinschreiben lässt, steht im krassen Widerspruch dazu, was wir über sie wissen. Ehrlich gesagt: Es ist fast nichts. Da diese Form von Materie nicht mit Strahlung wechselwirkt, muss sie aus nicht-baryonischer Materie bestehen, also aus irgendwelchen unbekannten exotischen Teilchen, die vermutlich aus den ganz frühen Phasen des Universums übrig geblieben sind. Im Theoriegebäude der Kosmologie ist die Dunkle Materie jedoch ein unverzichtbarer Bestandteil. Ohne sie wäre das Universum strukturlos geblieben. Wie die Analyse der kosmischen Hintergrundstrahlung zeigt, waren 380 000 Jahre nach dem Urknall in der normalen Materie die Dichteunterschiede relativ zur mittleren Materiedichte nicht größer als ein Hunderttausendstel. Unter diesen Umständen hätte es die Gravitation bis heute nicht geschafft, in den Bereichen derart geringfügig erhöhter Massenkonzentration so viel Masse zusammenzuziehen, dass sie sich zu Sternen hätte verdichten können. Nur der auf die baryonische Materie ausgeübten Gravitation der bereits verklumpten Dunklen Materie ist es zu verdanken, dass es auch in jener zu ausreichend großen Massenkonzentrationen kam. Und noch was spricht für die Existenz Dunkler Materie: Man kann sie sogar sehen! Natürlich nicht ihre Bestandteile, aber ihre Verteilung in den

Galaxien. Das gelingt mithilfe des Gravitationslinseneffekts, der darauf beruht, dass Masse den Raum krümmt und Licht wie beim Durchtritt durch eine Linse abgelenkt wird. In diesem Fall dient eine Galaxie als Linse, und das Licht kommt von einer dahinterliegenden Strahlungsquelle, beispielsweise einem Quasar. Wie die baryonische Materie der Galaxie das Bild der weit entfernten Lichtquelle verzerrt, lässt sich berechnen. Vergleicht man das Ergebnis mit den gemessenen Verzerrungen, so sind die jedoch deutlich größer als die berechneten. Es fehlt Materie! Wo sie fehlt und wie viel man zur sichtbaren Materie der Galaxie hinzufügen muss, bis Beobachtung und Rechnung übereinstimmen, lässt sich ebenfalls ausrechnen und bildlich darstellen. Das Ergebnis ist ein mehr oder weniger kugelförmiger Bereich voll von Dunkler Materie, in den die Galaxie eingebettet ist. Verstörend ist, dass es ungefähr zehnmal mehr Dunkle Materie gibt als normale baryonische. Alle leuchtenden Sterne, Galaxien und Galaxienhaufen sind demnach nur ein »Dreckeffekt« im Meer der Dunklen Materie.

Natürlich ist all das noch kein endgültiger Beweis für die Existenz Dunkler Materie. Aber nur zu sagen »Alles Käse!« bringt auch keine neue Erkenntnis. Ohne stichhaltige Argumente und vor allem ohne eine alternative Theorie, die vermutlich einige Pfeiler der traditionellen Physik zum Einsturz bringen würde, zeigt sich nur der Geist, der stets verneint. Warten wir ab, welche neuen Ideen beziehungsweise Forschungsergebnisse den Knoten zerschlagen helfen. Vielleicht wird man ja mit dem riesigen Protonenbeschleuniger in Genf, dem Large Hadron Collider (LHC), fündig.

Nach diesem Ausflug zur Dunklen Materie nun zu Brent Tully und Richard Fisher, die 1981 die nach ihnen benannte Beziehung entdeckten. Die Rotationsgeschwindigkeit einer Galaxie und deren scheinbare Helligkeit kann man messen. Wenn es gelingt, einige der Milchstraße nahe Galaxien bekannter

Entfernung hinsichtlich ihrer absoluten Helligkeit zu eichen, hat man fortan eine Beziehung zwischen der absoluten Galaxienhelligkeit und deren Rotationsdauer und somit auch einen neuen Typ von Standardkerzen. Beschränkt man die Untersuchungen auf einen ganz bestimmten Galaxientyp, so darf man in erster Näherung davon ausgehen, dass sich dieser Typ überall im Universum hinsichtlich absoluter Helligkeit und Rotationsgeschwindigkeit ähnlich verhält. Wiederum lässt sich dann das schon bekannte Spiel der Entfernungsbestimmung durchexerzieren: Man misst die Rotationsgeschwindigkeit, berechnet mit der oben angeführten Beziehung zwischen Rotationsgeschwindigkeit und Leuchtkraft die absolute Helligkeit der Galaxie und bestimmt die Entfernung aus der gemessenen scheinbaren und der absoluten Helligkeit.

Ganz sicher ist diese Methode jedoch nicht, denn es wurden Bedenken laut, ob es nicht doch gewisse Abweichungen in der Helligkeits-Rotations-Beziehung geben könnte, je nachdem, ob die Galaxien in losen Gruppen, dichten Haufen oder einzeln verteilt auftreten. Eine sichere Grundlage für die Tully-Fisher-Relation haben die Astronomen also noch nicht. Das liegt auch daran, dass die Anzahl der Galaxien, die sich zur Eichung eignen, sehr gering ist.

Supernovae als Standardkerzen

Im Prinzip lassen sich alle bisher zur Entfernungsbestimmung herangezogenen leuchtenden Objekte, nachdem sie hinsichtlich ihrer absoluten Helligkeit geeicht wurden, als Standardkerzen verwenden. Einen speziellen Typ haben wir aber noch nicht erwähnt. Auf den ersten Blick scheint es sich dabei um einen rechten Mickerling zu handeln, von dem man zunächst nicht erwartet, dass er es auf eine Leuchtkraft bringt, die ihn in den Tiefen des Universums noch erkennbar macht. Wir sprechen von einem Weißen Zwerg, dem Rest eines ausgebrannten Sterns mit einer Masse kleiner als 1,4 Sonnenmassen und einer Größe, die in etwa derjenigen der Erde entspricht. Weiße Zwerge bestehen im Wesentlichen aus sehr dicht gepackten Atomkernen der Elemente Kohlenstoff und Sauerstoff. Obwohl in ihnen keine atomaren Fusionsprozesse mehr ablaufen und es folglich auch keinen nach außen gerichteten Strahlungsdruck gibt, der sich gegen die nach innen gerichtete Gravitationskraft stemmen könnte, kollabieren sie nicht. Schuld daran sind die Elektronen, die aus quantenmechanischen Gründen nicht beliebig eng zusammenrücken können und so einen Druck aufbauen, der den Weißen Zwerg stabilisiert. Im Laufe der Zeit kühlen diese stellaren Aschereste immer weiter aus und haben schließlich nur noch eine absolute Helligkeit, die 100- bis 10 000-mal kleiner ist als die unserer Sonne.

Doch gelegentlich passiert etwas Außergewöhnliches, das diese Objekte noch einmal zum Leben erweckt. Hat der Weiße Zwerg einen nahen Begleitstern, sodass beide wie bei einem Doppelstern um den gemeinsamen Schwerpunkt rotieren, kann unter gewissen Umständen Masse vom Begleiter auf den Weißen Zwerg überströmen. Das geht so lange gut, bis der Zwerg auf eine obere Grenze von rund 1,4 Sonnenmassen angewachsen ist. An diesem Punkt hat die Temperatur einen Wert erreicht, bei dem das Kohlenstoffbrennen beginnt und sich rasend schnell durch den Weißen Zwerg frißt. Schließlich ist die Zwergmaterie so heiß, dass schlagartig weitere Fusionsprozesse zünden: das Neon-, dann das Sauerstoff- und letztlich das Siliziumbrennen. Die dabei frei werdende Energie ist so gewaltig, dass der Weiße Zwerg in einer Supernovaexplosion vom Typ Ia vollkommen zerstört wird. Die dabei erzeugten schweren Elemente werden durch die Explosion mit ungeheurer Wucht in den Raum hinausgeschleudert.

Supernovaexplosionen des Typs Ia entwickeln im Maximum der Lichtkurve eine Leuchtkraft, die so groß ist wie die vereinte Leuchtkraft aller Sterne einer ganzen Galaxie. Da die Explosion stets bei der gleichen Masse einsetzt, ist auch die Leuchtkraft immer gleich. Diese Eigenschaft der Typ-Ia-Supernovae lässt sich wieder zur Entfernungsbestimmung heranziehen. Das setzt jedoch voraus, dass man einmal eine Supernova dieses Typs in einer Galaxie bekannter Entfernung gefunden und anhand ihrer scheinbaren Helligkeit ihre absolute Helligkeit ermittelt hat. Damit steht für die Entfernungsmessung eine weitere Standardkerze zur Verfügung, die aufgrund ihrer Leuchtkraft noch in den entferntesten Galaxien zu beobachten ist.

Was die Supernovae Ia anbelangt, so muss noch erwähnt werden, dass auch die Verschmelzung zweier Weißer Zwerge zu einer Supernova Ia führt. In diesem Fall gilt die Grenzmasse von 1,4 Sonnenmassen vermutlich nicht mehr. Astronomen am Max-Planck-Institut für Astrophysik schließen daher nicht mehr aus, dass es auch bei kleineren Massen zu einer Supernova Ia kommen kann. Der Leuchtkraftunterschied beider Typen ist jedoch relativ gering. Trotzdem kann das zu falschen Ergebnissen bei der Entfernungsbestimmung führen. Die Astronomen sind also gefordert, eindeutige Unterscheidungsmerkmale hinsichtlich der Supernova-Vorgängersterne aufzuzeigen.

Mit den heutigen leistungsfähigen Teleskopen lassen sich im Mittel 350 Supernovaexplosionen pro Jahr im uns zugänglichen Universum aufspüren. Wie viele davon dem Typ Ia zuzurechnen sind, ließ sich bisher nicht eruieren. Bei der ungeheuren Zahl von rund 100 Milliarden Galaxien im Universum blinkt es also unentwegt an allen Ecken und Enden. Die Helligkeit eines Supernova-Ia-Ereignisses steigt dabei zunächst abrupt an und klingt dann über Wochen langsam wieder ab. Es ist also nicht so tragisch, wenn man den ersten »Lichtblitz« nicht erwischt.

Aus dem Verlauf der Helligkeitskurve lässt sich der Spitzenwert der Helligkeit ziemlich genau rekonstruieren. Mit Supernova-Ia-Standardkerzen kann man Objekte bis zu einer Entfernung von etwa einer Milliarde Lichtjahren vermessen. Ob jedoch das Objekt, dessen Entfernung da bestimmt wird, noch existiert, weiß niemand. Das Licht hat ja eine Milliarde Jahre gebraucht, um zu uns zu gelangen, und was wir sehen, ist nicht das Objekt, wie es heute ist, sondern so, wie es vor einer Milliarde Jahren war.

Die Hubble-Konstante

Zum Schluss wollen wir noch auf die wohl umfassendste und vielleicht auch einfachste Methode zur Entfernungsbestimmung eingehen. Nachdem Edwin Hubble die Cepheiden in der Andromedagalaxie gefunden hatte und damit ihre Entfernung zur Milchstraße ausrechnen konnte, machte er in den Jahren danach mit dem 2,5-Meter-Teleskop am Mount Wilson bei Pasadena (Kalifornien) die zu seiner Zeit besten spektroskopischen Aufnahmen von Spiralnebeln. Dabei gelang ihm eine Entdeckung, die, wie schon im Zusammenhang mit Vesto Slipher angedeutet, die astronomische Welt erschüttern sollte.

Im Jahr 1929 konnte er anhand seiner Beobachtungen darlegen, dass sich die Galaxien von uns wegzubewegen scheinen, und zwar umso schneller, je weiter sie entfernt sind. Damit erbrachte er nicht nur den Beweis, dass sich das Universum ausdehnt, sondern er entdeckte auch ein weiteres Verfahren zur Entfernungsbestimmung, das insbesondere geeignet ist, extrem weit entfernte kosmische Objekte zu vermessen. Hubble konnte zeigen, dass das Verhältnis von Fluchtgeschwindigkeit der Objekte zu deren Entfernung eine konstante Größe ist. Diese mit H_0 bezeichnete Proportionalitätskonstante hat die Dimension

Geschwindigkeit dividiert durch Entfernung und wurde später zu Ehren ihres Entdeckers Hubble-Konstante genannt.

Zunächst war es nicht einfach, die Größe dieses Parameters zu bestimmen. Dazu musste man genaue Daten hinsichtlich der Entfernung und der Fluchtgeschwindigkeit einiger Galaxien haben. Die Fluchtgeschwindigkeit zu ermitteln bereitete keine nennenswerten Probleme. Man geht da genauso vor, wie wir es von Vesto Slipher und seinen »Spiralnebeln« kennen, indem man die Rotverschiebung des vom betreffenden Objekt emittierten Lichts misst. Was für Hubble die Bestimmung der Größe H_0 jedoch so schwierig machte, war die Unsicherheit bezüglich der Entfernungsangaben der betrachteten Galaxien. Hubbles erste Messungen lieferten einen Wert von etwa 500 Kilometern pro Sekunde und Megaparsec. Daraus ergab sich ein Weltalter (der Kehrwert des Hubble-Parameters H_0) von nur zwei Milliarden Jahren. Anhand der Gesetze des radioaktiven Zerfalls war aber inzwischen das Alter der Erde auf wenigstens drei bis vier Milliarden Jahre festgelegt worden. Was nun? Das Universum als Ganzes konnte doch nicht jünger sein als die Erde!

Sofort setzte die Diskussion über Hubbles Ergebnisse wieder ein. Die waren nicht nur für die Entfernungsmessung von Bedeutung, sondern auch für die Beantwortung der Frage, ob sich das Universum ausdehnt oder nicht. In den 20er-Jahren hatte der katholische Priester Georges Lemaître herausgefunden, dass die Allgemeine Relativitätstheorie auch Lösungen enthielt, die ein expandierendes Universum zuließen. Doch Einstein weigerte sich das zu akzeptieren. Um seine Theorie eines statischen Universums zu retten, fügte er in seine Gleichungen einen Term ein, der die Expansion exakt kompensierte. Die damals bereits existierende Idee einer heißen Geburt des Universums in einem sogenannten Big Bang war damit erst einmal schwer beschädigt. Einige Kosmologen gingen sogar dazu über, eine Theorie der ewigen Gleichförmigkeit, die Steady-State-Theorie, zu entwickeln. Aber an dieser statischen Lösung gibt es ziemlich viel auszusetzen. Wenn ein derartiges Universum auch nur minimal gestört wird, sich aus welchem Grund auch immer beispielsweise sein Radius infinitesimal vergrößert oder verkleinert, dann expandiert es entweder über alle Grenzen, oder es fällt in sich zusammen. Und das, wohlgemerkt, bereits bei der kleinsten Störung! Das statische Universum wäre wie ein Bleistift, der auf der Spitze balanciert – total instabil.

Schließlich musste Einstein doch von seiner Theorie abrücken, als er gemeinsam mit Lemaître Hubble besuchte und beide dessen Beobachtungsergebnisse diskutierten. Ab da war allen drei Beteiligten klar: Das Universum expandiert, und es hatte einen Anfang. Denn irgendwann in der Vergangenheit mussten die zahlreichen Galaxien ja viel enger zusammengeballt gewesen sein. Lemaître beschrieb diesen Zustand als extrem dicht und extrem heiß. Die Schöpfung schien also gar nicht so paradiesisch und friedlich abgelaufen zu sein, wie es die Theologen erzählten.

Bald darauf wurden auch Hubbles Messfehler korrigiert. Aufgrund der neuen Ergebnisse musste das Universum viel älter sein, mindestens zehn, eher 15 Milliarden Jahre alt. Von nun an war der Weg frei für die Idee eines heißen Beginns des Universums. Heute gilt die Big-Bang-Theorie schlechthin als *das* Modell der Entstehung des Universums.

Schließen wir das Thema Entfernungsmessung ab. Mit dem für die Astronomie außerordentlich wichtigen Hubble-Parameter, H_0, der inzwischen mithilfe des Weltraumteleskops »Planck« auf 67,1 Kilometer pro Sekunde pro Megaparsec bestimmt wurde (ein Megaparsec entspricht 3,26 Millionen Lichtjahren), lässt sich auf einfache Weise die Entfernung auch sehr weit entfernter Objekte berechnen. Dazu muss man lediglich die Rotverschiebung des angepeilten Objektes messen, daraus die Fluchtgeschwindigkeit ermitteln und diesen Wert durch den Hubble-Parameter H_0 dividieren. Das gilt für Objekte, die bis zu einer

Entfernung von rund 1,5 Milliarden Lichtjahren uns noch relativ »nahe« sind. Bei ferneren Objekten, bei denen die Fluchtgeschwindigkeit schon einen erheblichen Bruchteil der Lichtgeschwindigkeit ausmacht, muss man jedoch relativistisch rechnen, das heißt die Spezielle Relativitätstheorie mit in die Berechnungen einbeziehen.

Auf unserer Tour d'Horizon durch die Geschichte der Entfernungsmessung haben wir die wichtigsten Methoden kennengelernt, die der Astronomie heute zur Entfernungsbestimmung im Universum zur Verfügung stehen. Daneben gibt es noch eine Reihe anderer, sehr spezieller Verfahren, die teilweise nur auf ganz gewisse Objekte anzuwenden sind und auf die wir hier nicht eingehen wollen. Was jedoch immer wieder erstaunt, sind der Ideenreichtum und das Genie der Forscher, die diese Methoden entwickelt und vervollkommnet haben. Damit ist es dem Menschen auf unnachahmliche Weise gelungen, seinen Horizont weit über den Tellerrand hinaus in die schier unendlichen Weiten des Kosmos auszudehnen.

Extrasolare Planeten

Ich halte das Weltall für unendlich als Schöpfung einer unendlichen göttlichen Allmacht, weil ich es der göttlichen Güte und Allmacht für unwürdig halte, dass sie eine endliche Welt erschaffen hätte, wenn sie noch neben dieser Welt eine andere und unzählige andere erschaffen konnte. So habe ich denn erklärt, dass es unzählige Welten gibt ähnlich dieser.

Giordano Bruno

Lange Zeit schien unser Sonnensystem einzigartig zu sein. Ein gleißender Stern, von acht Planeten umkreist, und unter ihnen sogar einer, auf dem sich eine sehr spezielle Form von Materie, nämlich Leben, entwickelt hat. Doch ein Blick in den nächtlichen Himmel macht klar: Die Sonne ist nicht allein, neben ihr gibt es noch Myriaden anderer Sterne. Unter günstigen Bedingungen sieht man allein mit bloßem Auge fünf- bis sechstausend. Da stellt sich sogleich die Frage: Haben auch andere Sterne Planeten an sich gebunden? Sind also Sterne mit Planeten der Normalfall im Universum, oder ist unsere Sonne die große Ausnahme?

Folgt man den Angaben der Enzyklopädie Extrasolarer Planeten (The Extrasolar Planets Encyclopaedia), so wurden bis September 2017 in der Milchstraße 2744 Planetensysteme mit 3660 Exoplaneten entdeckt. Darunter befinden sich 612 Systeme mit zwei bis sieben Planeten. Nach Angaben der NASA können davon wiederum 352 als erdähnlich angesehen werden. Weitere 2421 Objekte könnten noch als Planeten anerkannt werden. In unserer Galaxis, der Milchstraße gibt es circa 100 bis 200 Milliarden Sterne und wenn die Planetenforscher mit ihrer Annahme, dass mindestens die Hälfte aller Sterne Planeten beherbergen, richtig liegen, dann dürften in der Milchstraße wiederum Milliarden Planeten ihre Bahnen ziehen. Eine andere Schätzung kommt zu dem Ergebnis, dass rund 20 Prozent der sonnenähnlichen Sterne in unserer Milchstraße erdähnliche Planeten in ihrer bewohnbaren Zone besitzen. In Anbetracht dieser enormen Zahl käme es einem Wunder gleich, wenn da nicht auch einige dabei wären, auf denen die Bedingungen für ein erdähnliches Leben herrschen. Doch wie kommt man den um andere Sterne kreisenden Planeten auf die Spur?

Zunächst: Planeten bei einem fernen Stern direkt zu beobachten oder gar zu fotografieren gelingt nur in seltenen Fällen. Planeten sind im Vergleich zu ihrem Stern sehr klein, und sie leuchten nicht aus eigener Kraft. Sie strahlen nur das Licht zurück, das vom Stern auf sie trifft. Folglich sind sie neben der gleißend hellen Gaskugel kaum auszumachen. Das ist in etwa so, als wollte man aus großer Entfernung eine brennende Kerze neben einem mit Xenon-Lampen bestückten Stadionscheinwerfer erkennen. Gelegentlich gelingt es aber doch. So konnte beispielsweise im August 2013 ein Astronomenteam der Universität Tokio bei einem 60 Lichtjahre entfernten Stern einen Planeten von der Größe unseres Jupiters fotografieren. Dabei griffen die Astronomen zu einem Trick: Mit einer vorgesetzten Blende blockierten sie das grelle Licht des Sterns und machten so den schwach scheinenden Planeten daneben sichtbar. Laut dem Katalog *The Extrasolar Planets Encyclopaedia* konnte man mit dieser Methode bis Anfang September 2017 lediglich 87 Planeten direkt ablichten. Auf ihrer Jagd nach Planeten setzen die Astronomen daher vornehmlich auf indirekte Verfahren. Zu den gängigsten gehören die astrometrische Methode, die Messung der Lichtlaufzeit, der Mikro-Gravitationslinseneffekt, die Radialgeschwindigkeitsmethode und die Transitmethode. Da man den meisten der heute bekannten extrasolaren Planeten, also solchen, die nicht zu unserem Sonnensystem gehören und die man auch als Exoplaneten bezeichnet, mit den beiden letztgenannten Verfahren auf die Spur gekommen ist, wollen wir lediglich diese näher betrachten.

Die Radialgeschwindigkeitsmethode beruht auf der Tatsache,

dass Stern und Planet um ihren gemeinsamen Schwerpunkt rotieren und eben nicht, wie man zunächst glauben möchte, der Stern unbewegt auf seinem Platz verharrt, während sein Begleiter sich um ihn dreht. Ist die Ebene, in der Stern und Planet einander umrunden, so im Raum orientiert, dass ein Beobachter nicht senkrecht, sondern mehr oder weniger von der Seite auf sie schaut, so kommt der Stern abwechselnd auf den Beobachter zu, um sich dann wieder von ihm zu entfernen. Die Geschwindigkeit, mit der sich der Stern nähert beziehungsweise entfernt, bezeichnet man als Radialgeschwindigkeit des Sterns.

Dieses Hin- und Herpendeln bleibt nicht ohne Auswirkung auf das Licht, das der Beobachter vom Stern empfängt. Anhand einer Schallquelle lässt sich das gut veranschaulichen. Denken wir an ein stehendes Feuerwehrfahrzeug mit eingeschaltetem Martinshorn. Das Signal nehmen wir in einer bestimmten Tonhöhe wahr. Das ändert sich jedoch, wenn das Feuerwehrauto fährt: Kommt es auf uns zu, klingt das Martinshorn höher, entfernt es sich von uns, wird der Ton tiefer. Diesem Phänomen sind Sie sicher schon begegnet. Die Physiker bezeichnen diese Tonhöhenverschiebung als Dopplereffekt. Das Gleiche passiert mit dem Licht, das vom Stern abgestrahlt wird. Bewegt sich der Stern auf uns zu, so wird sein Licht zu höheren Frequenzen oder, wie man auch sagt, ins Blaue verschoben, im umgekehrten Fall, wenn der Stern sich von uns entfernt, zu niedrigen Frequenzen beziehungsweise ins Rote. Diese periodischen Frequenzverschiebungen im Licht eines Sterns sind ein untrügliches Zeichen für die Anwesenheit eines Begleiters (Abb. 47).

Doch das ist noch nicht alles. Mit einem empfindlichen Spektrometer kann man die Wellenlängenänderung und die Zeit zwischen zwei aufeinanderfolgenden Rot- beziehungsweise zwei Blauverschiebungen messen. Aus der Wellenlängenänderung lässt sich die Radialgeschwindigkeit bestimmen und anhand der Zeitspanne zwischen zwei Rot- beziehungsweise zwei Blauverschiebungen, wie lange der Planet für einen Umlauf um den Stern benötigt. Kennt man noch die Masse des Sterns, so lassen sich mit etwas Mathematik schließlich auch die Masse des Planeten, sein Abstand zum Stern und seine Bahngeschwindigkeit berechnen. Berechnete und tatsächliche Planetenmasse stimmen jedoch nur überein, wenn der Beobachter genau auf die Kante der Bahnebene des Systems blickt. In allen anderen Fällen liefert die Rechnung nur einen unteren Grenzwert für die Planetenmasse.

Premiere feierte die Radialgeschwindigkeitsmethode 1995 mit der Entdeckung des ersten Exoplaneten: 51 Pegasi b. Seinen sonnenähnlichen, 48 Lichtjahre entfernten Stern 51 Pegasi umkreist

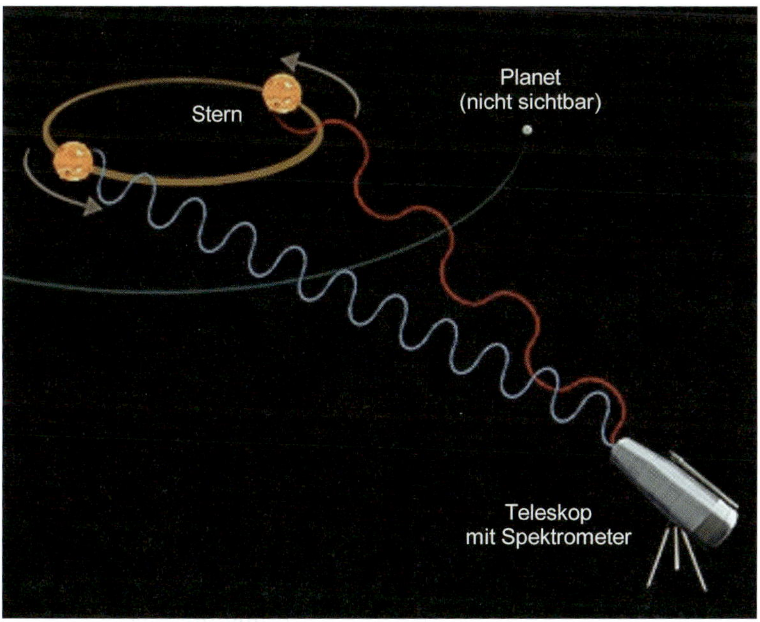

Abb. 47: Prinzip der Radialgeschwindigkeitsmethode. Kommt der Stern bei seiner Rotation um den gemeinsamen Schwerpunkt Stern – Planet auf den Beobachter zu, wird sein Licht zu kürzeren Wellenlängen verschoben. Entfernt er sich, so erfährt das Licht eine Verschiebung zu größeren Wellenlängen.

der massereiche Planet in etwas mehr als vier Tagen. Dabei beträgt sein Abstand zum Stern nur ein Zwanzigstel der Entfernung Erde – Sonne. Nach diesem ersten Erfolg ging es dann Schlag auf Schlag. Bis Anfang September 2017 hat man mit dieser Methode 727 Planeten um ferne Sterne gefunden.

Ähnlich ergiebig ist die Transitmethode. Bis Anfang September 2017 wurden damit 2740 Planeten entdeckt. Auch dieses Verfahren macht sich Veränderungen des Lichts eines Sterns zunutze – jedoch auf völlig andere Art. Waren es bei der Radialgeschwindigkeitsmethode Veränderungen der Wellenlänge, so sind es bei der Transitmethode Schwankungen der Helligkeit des vom Stern empfangenen Lichts. Zu solchen Veränderungen kommt es, wenn ein Planet auf seinem Weg um den Stern periodisch zwischen Stern und Beobachter gerät, wenn also der Planet aus Sicht des Beobachters vor der Sternscheibe vorbeizieht (Abb. 48). Je nach Größe des Planeten wird dabei ein gewisser Prozentsatz des Sternenlichts geblockt, und der Beobachter misst eine verringerte Sternhelligkeit. Ist der Durchmesser des Sterns bekannt, so kann man aus dem Helligkeitsunterschied vor und während des Planetenvorbeigangs, des sogenannten Planetentransits, den Durchmesser des Planeten errechnen und

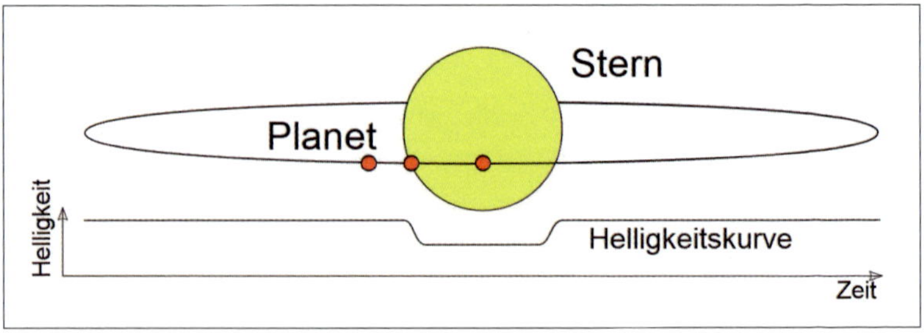

Abb. 48: Zieht ein Planet auf der Sichtlinie Erde – Stern vor dem Stern vorbei, so blockt er einen Teil des Sternenlichts ab, was sich als eine geringfügig verminderte Intensität in der Helligkeitskurve des Sterns bemerkbar macht.

aus der Dauer der »Verdunkelung« dessen Bahngeschwindigkeit. Kombiniert man das Ergebnis der Transitmethode mit dem einer Radialgeschwindigkeitsmessung am selben Stern, lassen sich die spezifischen Daten eines Planeten, seine Masse, sein Radius, seine Bahnparameter, seine Dichte und seine Gravitationsbeschleunigung, relativ genau bestimmen. Schließlich kann man anhand der Werte für Masse und Radius auch auf die Struktur des Planeten schließen – ob man es also mit einem Gasplaneten oder mit einem vornehmlich aus Silikaten, das heißt aus steinigem Material, aufgebauten Objekt zu tun hat.

Da ein Planet von der Größe unserer Erde beim Vorbeigang vor einem Stern von der Größe unserer Sonne das Sternenlicht nur um 0,01 Prozent abschwächt, ist die Transitmethode auf sehr empfindliche Detektoren, sogenannte Photometer, angewiesen. Zusätzlich erschweren Turbulenzen in der Erdatmosphäre eine genaue Bestimmung des Lichtabfalls. Mit Beobachtungen aus dem All lässt sich zumindest das letztgenannte Problem umgehen. 2006 startete das französische Weltraumteleskop »CoRoT« in eine Bahn um die Erde, um mit der Transitmethode nach Planeten bei anderen Sternen zu suchen. Seine Instrumente waren so genau, dass Planeten im Bereich von nur wenigen Erdmassen aufzuspüren waren. Ein katastrophaler Computerschaden im November 2012 setzte der Mission jedoch ein abruptes Ende.

Im März 2009 startete dann die NASA das Satellitenteleskop »Kepler«. Es folgt der Erde auf einer Bahn um die Sonne und betreibt die Planetensuche mithilfe der Transitmethode im großen Stil. Mit extrem empfindlichen Detektoren überwacht es rund 156 000 Sterne gleichzeitig im Bereich der Sternbilder Schwan und Leier auf Anzeichen eines Planetenvorbeiganges. Dabei handelt es sich vornehmlich um sogenannte Hauptreihensterne, die sich im ersten und längsten Abschnitt ihres Lebens befinden und Wasserstoff zu Helium verbrennen. »Kepler« blickte Tag für Tag starr auf einen Ausschnitt am Himmel, der so groß ist, wie er von der Fläche einer Hand bei ausgestrecktem Arm abgedeckt wird. Im Mai 2013 versagten leider zwei der zur Lageregelung des Satelliten nötigen Reaktionsräder, sodass die Mission abgebrochen werden musste. Mittlerweile hat die NASA jedoch ein alternatives Konzept entwickelt, sodass »Kepler« noch bis 2018 weitere Messungen vornehmen kann.

Nun, welche Beute haben die Astronomen eingefahren? Wie eingangs des Kapitels bereits erwähnt, hat man (Stand September 2017) mittlerweile 3600 Planeten aller Kaliber entdeckt. Weitere 2421 Planeten gelten bislang noch als unbestätigt. Die Spanne der Kandidaten reicht von Kolossen mit der 80-fachen Masse unseres Planeten Jupiter bis zu einem Leichtgewicht mit nur einem Fünfzigstel der Masse unserer Erde. Sortiert man die Entdeckungen nach ihren Durchmessern, so sind die größten Planeten rund doppelt so groß wie unser Jupiter, die kleinsten nur wenig größer als der Mond der Erde.

Doch nicht alle diese »Planeten« dürfen sich auch so nennen, denn Körper mit 13 bis 80 Jupitermassen zählt man nicht mehr zu den Planeten, sondern bezeichnet sie als »Braune Zwerge«. Sie sind sozusagen fehlgeschlagene Sterne. Sie haben es nicht geschafft, in der Phase, in der sich ein Stern mithilfe der Gravitation aus einer Staub- und Gaswolke ausformt, ausreichend Materie auf sich zu vereinigen, um das nukleare Feuer, das Wasserstoffbrennen, in ihrem Inneren zu entfachen. Braune Zwerge verheizen nur Deuterium, ein »Brennstoff«, der aus den Anfängen der Materiebildung im Kosmos verblieben ist und den sie sich bei ihrer Entstehung einverleibt haben. Ist der verbraucht, laufen keine weiteren Kernfusionsprozesse mehr ab, und der Braune Zwerg kühlt mehr und mehr aus.

Wie nicht anders zu erwarten hat ein Großteil der untersuchten Sterne nur einen Planeten als Begleiter. Aber es gibt auch unerwartet viele, die von zwei und mehreren Planeten umrundet werden. 1136 der 3660 Planeten verteilen sich auf 614 sogenannte Mehrfachsysteme. Drei davon haben jeweils sechs und vier Sterne sogar je sieben Planeten. Vielleicht dauert es ja nicht mehr lange, bis man ein System mit acht Planeten findet, das es mit unserem Sonnensystem, wenn auch nur hinsichtlich der Planetenzahl, aufnehmen kann.

Kurios ist auch die Entdeckung von rund 121 Planeten, die man bei Doppelsternen gefunden hat, also in Systemen, in denen zwei Sterne einander umkreisen. Die zu dem System gehörenden Planeten umlaufen entweder einen der beiden Sterne oder – seltener – beide Sterne gemeinsam, eine Situation, die bislang eher für unwahrscheinlich gehalten wurde. Am Himmel eines gedachten Bewohners dieser Planeten würden demnach zwei Sonnen stehen, die ihm ein sicherlich sehr verwirrendes Tag- und Nachtgeschehen bereiten würden. Auf einem Planeten, der zu einem System von mehr als zwei Sternen gehört, dürfte die Situation vermutlich noch um einiges verrückter sein. Zehn derartige Systeme mit jeweils einem Planeten hat man bereits entdeckt. Man darf gespannt sein, ob die Planetenjäger künftig eventuell noch skurrilere Spielarten auffinden werden.

Zu der langen Liste der 3660 bestätigten Planeten kommen noch die bislang nicht bestätigten Funde hinzu. Dabei handelt es sich insbesondere um Planeten, die im Rahmen der »Kepler«-Mission gefunden wurden. Dieses Weltraumteleskop, das mit dem Ziel auf die Reise geschickt wurde, insbesondere erdähnliche Planeten aufzuspüren, hat bis August 2017 neben 2337 bestätigten Planeten, die bereits in der Liste der 3660 bestätigten Planeten enthalten sind, Hinweise auf weitere 4496 Planetenkandidaten gefunden. Mit einer genaueren Analyse der »Kepler«-Daten hofft man, in den nächsten Jahren noch bis zu 90 Prozent der einstweiligen Kandidaten bestätigen zu können.

Anhand der erfolgreichen Beobachtungen, die »Kepler« in dem seit 2009 untersuchten Himmelssegment gelungen sind, kann man sogar die Menge der Planeten in unserer Milchstraße abschätzen. Da ist zunächst die Gruppe der »Schwergewichte«. Zu ihr zählen vornehmlich Planeten, die eine bis einige Jupitermassen auf die Waage bringen. Die meisten umrunden ihren Stern in extrem kurzen Zeiten von nur wenigen Tagen und in außerordentlich geringen Entfernungen von bis zu einem Fünfzigstel der Entfernung Erde – Sonne. Da sie aufgrund der Nähe zu ihrem Stern enorm viel Strahlungsenergie abbekommen und folglich stark aufgeheizt werden, bezeichnet man sie auch als »Heiße Jupiter«. Man vermutet, dass 1 bis 1,5 Prozent aller sonnenähnlichen Sterne in der Milchstraße einen derartigen massiven Begleiter haben. Häufiger als diese Brummer sind Riesenplaneten mit einer Masse von wenigstens 30 Erdmassen. Geschätzte 20 Prozent aller sonnenähnlichen Sterne dürften von mindestens einem derartigen Riesenplaneten umkreist werden.

Und wie steht es mit den massearmen Kandidaten, den sogenannten »Supererden«? Per Definition sind das Planeten, die im Massenintervall von zwei bis zehn Erdmassen angesiedelt sind (andere Quellen nennen eine Spanne von ein bis zehn beziehungsweise von fünf bis zehn Erdmassen). Und schließlich: Wie häufig sind Planeten mit nur einer Erdmasse oder noch weniger? Da große, massereiche Planeten, die ihren Stern in geringem Abstand umrunden, prinzipiell einfacher zu entdecken sind als kleine, massearme Begleiter, ist eine Abschätzung der Menge dieser »Zwerge« schwierig. Sicher jedoch ist: Kleine Planeten sind bei Weitem häufiger als die großen. Man vermutet, dass mindestens 40 Prozent aller sonnenähnlichen Sterne einen massearmen Begleiter haben und dass in unserer Milchstraße mindestens 17 Milliarden Planeten von der Größe der Erde zu finden sind.

Blicken wir zurück: Es ist eine wahre Flut an Planeten, die da über die Astronomen hereinbricht, und noch ist kein Ende abzusehen. Der seit Februar 2014 arbeitende deutsche Satellit

»Gaia« soll rund eine Milliarde Sterne in unserer Milchstraße beobachten. 2018 will dann die NASA das Weltraumteleskop »TESS« (Transiting Exoplanet Survey Satellite) starten, das mit speziellen Weitwinkelkameras 500 000 Sterne auf vorbeiziehende Planeten hin untersuchen soll. Das Ziel ist hochgesteckt: Bis zu 10 000 Exoplaneten vom Durchmesser der Erde oder etwas größer hofft man zu finden. Doch das ist nur der erste Schritt. Wie wertvoll die Funde sind, bleibt einer späteren Untersuchung durch neue Hochleistungsteleskope wie zum Beispiel das 2018 ins All startende James Webb Space Telescope vorbehalten. Ende 2018 will die ESA (European Space Agency) noch den kleinen Satelliten »CHEOPS« (CHaracterising ExOPlanets Satellite) von der Leine lassen und damit etwa 500 Sterne mit bereits bekannten Planetensystemen aus einer Bahn um die Erde beobachten. Anders als »Kepler« wird »CHEOPS« dreieinhalb Jahre lang immer nur einen Stern ins Visier nehmen, den aber mit besonderer Genauigkeit. Und schließlich soll spätestens ab 2024 noch der ESA-Satellit »PLATO« (PLAnetary Transits and Oscillations of stars) bei einer Million Sternen nach erdähnlichen Planeten suchen. Somit ist, was wir hier berichten, nur ein vorläufiges Zwischenergebnis. Vermutlich werden künftige Entdeckungen das momentane Wissen schnell alt aussehen lassen. Aber das ist nun mal das Schicksal eines Buches, das über wissenschaftliche Erkenntnisse auf einem rasch expandierenden Forschungsgebiet berichtet. In die Zukunft zu schauen gelingt uns leider noch nicht.

Und dennoch: Bevor uns die bloße Menge an Planeten noch ganz besoffen macht, kehren wir lieber zurück zur eingangs angestellten Überlegung, zur Einmaligkeit unserer Erde. Was uns wirklich interessiert, ist doch nicht die Menge extrasolarer Planeten, sondern eine Antwort auf die Frage: Sind wir allein im Universum, beziehungsweise gibt es unter all den Entdeckungen einen mit der Erde vergleichbaren Planeten, auf dem Leben möglich ist? Natürlich sollte erst einmal untersucht werden, was unter dem Begriff »Leben« zu verstehen ist, damit die für die Entstehung von Leben unabdingbaren Bedingungen bestimmt werden können. Glücklicherweise fällt das nicht schwer. Da wir nur eine Form von Leben kennen, irdisches Leben in all seinen Erscheinungsformen, das vornehmlich auf Wasserstoff, Kohlenstoff, Sauerstoff und Stickstoff aufbaut, genügt ein Blick auf unsere Erde, um die für das Leben förderlichen Umstände zu identifizieren. Zwei der vielen Voraussetzungen, die Struktur des Planeten und die Bahn um seinen Mutterstern, wollen wir näher betrachten.

Was den Planetenaufbau betrifft, so ist eventuellem Leben wohl nur mit einem »terrestrischen«, einem Gesteinsplaneten gedient. Auf einem Gasplaneten wie unserem Jupiter, der keinen festen Untergrund bietet, würden Lebewesen wie ins Meer geworfene Steine in die Tiefe sinken. Leben braucht einen festen Boden unter den Füßen! Terrestrische Planeten haben eine Struktur, die einer Zwiebel ähnelt: im Zentrum ein massiver Eisenkern, darüber eine Schale aus Silikaten und Oxiden und außen eine dünne, aber harte Kruste aus Silikatgestein, angereichert mit unterschiedlichen Elementen. Aus diesem Fundus bedient sich die belebte Materie beim Aufbau ihrer Strukturen. Die Dichte eines derartigen Planeten liegt im Bereich von etwa vier bis sechs Gramm pro Kubikzentimeter. Ob ein Exoplanet diesen Vorgaben gerecht wird, lässt sich bestenfalls grob beurteilen. Bislang kann man lediglich aus dem mit der Transitmethode gemessenen Durchmesser und der mit dem Radialgeschwindigkeitsverfahren bestimmten Masse des Planeten dessen mittlere Dichte berechnen. Liegt sie im oben genannten Bereich, kann man davon ausgehen, zumindest keinen Gasplaneten im Visier zu haben. Da wir gerade bei der Masse sind, noch ein Hinweis: Sie darf nicht zu klein sein, damit der Exoplanet eine für eventuelles Leben notwendige Atmosphäre halten kann. Ist die Schwerkraft des Planeten gering, diffundieren die Gasmoleküle leicht in den Weltraum ab.

Punkt zwei: Ohne Wasser – H_2O – gibt es kein Leben! Der Mensch besteht zu rund 60 Prozent aus dieser klaren Flüssigkeit. Als Transport- und Lösungsmittel für die zum Aufbau und Unterhalt der belebten Materie benötigten Moleküle ist Wasser unverzichtbar. In der Natur kommt Wasser in drei Modifikationen vor: gasförmig, flüssig und fest, also in Form von Wasserdampf, als durchsichtige Flüssigkeit und zu Eis gefroren. Doch nur in flüssiger Form kann Wasser die genannten Aufgaben erfüllen. Auf einem Planeten, auf dem das Leben eine Chance hat, müssen daher Temperaturen herrschen, bei denen Wasser zumindest zeitweise flüssig ist. Da die Temperatur wesentlich von der vom Mutterstern empfangenen Strahlungsenergie abhängt und da die wiederum mit dem Quadrat der Entfernung Planet – Stern abnimmt, ist es ganz entscheidend, in welchem Abstand der Planet seinen Stern umrundet. Ist er zu nahe dran, ist es auf dem Planeten zu heiß; ist er zu weit weg, herrschen Temperaturen unterhalb des Gefrierpunkts. Lediglich in einem relativ schmalen Bereich, in dem ein Planet mit einer Atmosphäre aus Kohlendioxid, Wasser und Stickstoff einerseits mindestens so viel Strahlungsenergie abbekommt, dass eventuell vorhandenes Wasser nicht zu Eis gefriert, andererseits aber auch nicht so viel, dass es verdampft, wird Leben möglich. Diese Zone bezeichnet man als habitable oder bewohnbare Zone. Von wo bis wo sich dieser Bereich erstreckt, hängt ab von der Art des Sterns, hauptsächlich von dessen Masse. Bei unserer Sonne beginnt die habitable Zone in einer Entfernung von rund 0,9 AU und reicht hinaus bis circa 1,7 AU (1 AU – Astronomische Einheit – ist die Entfernung Erde – Sonne). Bei massereicheren und damit leuchtkräftigeren Sternen liegt die habitable Zone weiter vom Stern entfernt, bei masseärmeren reicht sie näher an den Stern heran. Diese Angaben gelten übrigens nur für sogenannte Hauptreihen-

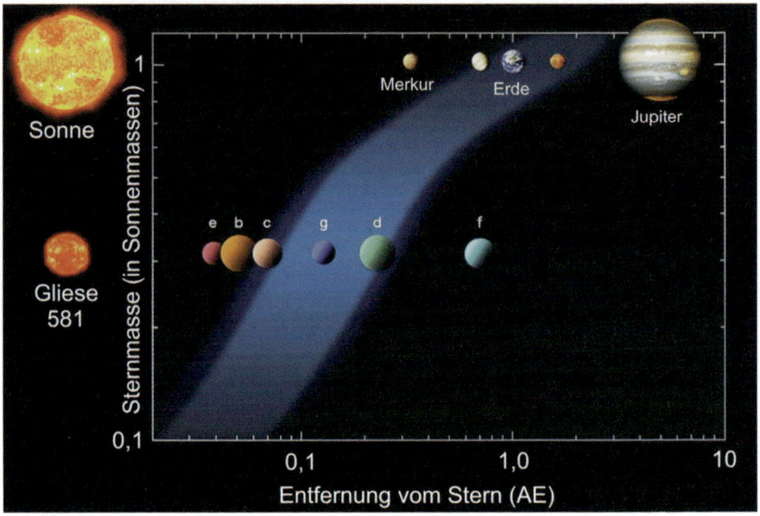

Abb. 49: Je massereicher und damit leuchtkräftiger ein Stern ist, umso weiter ist seine bewohnbare Zone (blauer Bereich) von ihm entfernt. Während die Mitte der habitablen Zone unserer Sonne circa 1,3 Astronomische Einheiten (1 AE = 150 Millionen Kilometer) vom Stern entfernt ist, sind es bei dem 0,3-Sonnenmassen-Stern Gliese 581 nur 0,16 AE. Gäbe es den Planeten Gliese 581g, so läge er ziemlich genau in der bewohnbaren Zone seines Sterns.

sterne, also Sterne, die in einer ersten Brennstufe ihren Wasserstoff zu Helium verfeuern (Abb. 49).

Damit sind wir bei der Frage, ob es unter den vielen Planeten einen gibt, der die angeführten Bedingungen erfüllt. Ende September 2010 berichteten Astronomen der University of California und der Carnegie Institution of Washington von der Entdeckung eines Planeten mit der rund 3,2 fachen Erdmasse bei dem rund 20 Lichtjahre entfernten Stern Gliese 581. Gliese 581 g, so der Name des Planeten, umkreist seinen Stern in 36,7 Tagen in einer Entfernung von circa 0,14 Astronomischen Einheiten, entsprechend einem Siebtel der Entfernung Erde – Sonne. Dabei bewegt er sich stets in der habitablen Zone seines Sterns.

Dass diese so nahe am Stern verläuft, ist eine Folge der geringen Masse des Sterns von nur einem Drittel der Sonnenmasse. Zwar dürfte der Planet aufgrund des geringen Abstands eine gebundene Rotation ausführen, seinem Stern also, wie unser Mond der Erde, immer dieselbe Seite zuwenden, doch in einem Übergangsbereich zwischen der Tag- und der Nachtseite des Planeten wäre eventuell vorhandenes Wasser flüssig. Nach Ansicht der beteiligten Wissenschaftler hätte auf diesem Planeten das Leben eine Chance. In den Medien wurde diese Entdeckung groß gefeiert.

Die Sache hat jedoch einen kleinen Haken: Sehr wahrscheinlich gibt es diesen Planeten gar nicht! Neuere Untersuchungen zeigen immer wieder, dass es sich bei dem Signal, auf das die Astronomen die Existenz dieses Planeten gestützt haben, um einen Fehlalarm handelt. Damit scheint sich Gliese 581 g als Fata Morgana zu entpuppen. Doch unter den bisherigen Entdeckungen finden sich noch andere, möglicherweise bewohnbare Planetenkandidaten. Eine Ende März 2014 erstellte Liste des Planetary Habitability Laboratory der University of Puerto Rico führt neben Gliese 581 g weitere 19 Planeten auf, die sich in der habitablen Zone ihres jeweiligen Sterns aufhalten (Abb. 50). Bis auf vier neptunähnliche Planeten haben alle eine Masse zwischen 2,7 und knapp 10 Erdmassen. Damit handelt es sich bei diesen 16 im Wesentlichen um Supererden, also sehr wahrscheinlich um Gesteinsplaneten. Ein erdähnlicher Planet mit einer Masse zwischen 0,5 und zwei Erdmassen ist nicht dabei.

Mittlerweile hat die Liste deutlich an Umfang gewonnen. Im August 2017, so das Planetary Habitability Laboratory, zählt man 52 Planeten zur Kategorie der möglicherweise bewohnbaren Exoplaneten. Davon ist einer etwa so groß wie der Mars, 21 haben annähernd die Größe der Erde und weitere 30 sind sogenannte Supererden mit der 1,5 bis 2,5 fachen Größe der Erde. Hinsichtlich ihrer Massen liegen die 21 etwa erdgroßen Planeten

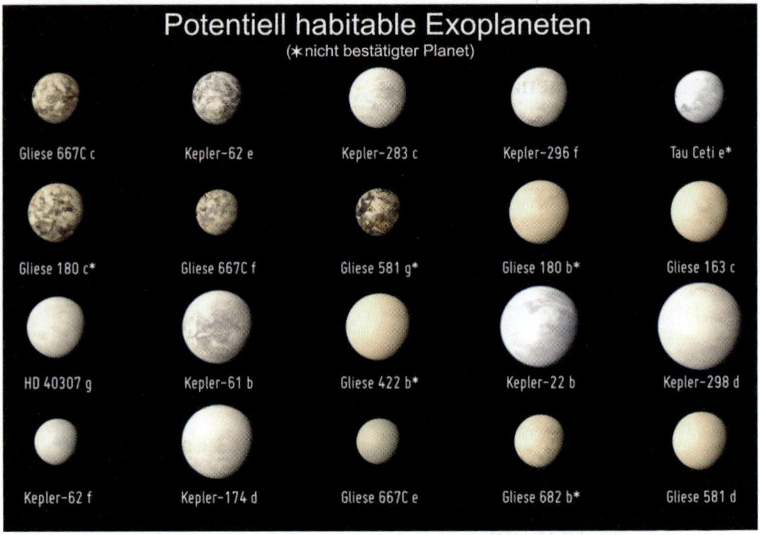

Abb. 50: Tabelle der bis Anfang März 2014 entdeckten Exoplaneten. Alle liegen in der bewohnbaren Zone ihres Sterns. Im Prinzip hätte die Entstehung von Leben dort eine Chance beziehungsweise könnte dort Leben existieren.

im Bereich von 0,5 bis 5 Erdmassen und die Supererden im Bereich von 5 bis 10 Erdmassen. Der kleinste Planet, Trappist-1d, ist mit 0,4 Erdmassen auch der masseärmste. Zusammen mit sechs weiteren Planeten umkreist er den 40 Lichtjahre entfernten roten Zwergstern Trappist-1a. Eindeutige Hinweise auf ein Planetensystem mit drei Planeten um Trappist-1a gab es bereits 2016. Die letzten vier hat man Anfang 2017 entdeckt. Auf drei von den sieben könnte es flüssiges Wasser geben. Wie die letzten Jahre gezeigt haben, werden immer mehr Exoplaneten in immer kürzeren Zeitabständen bekannt. Es ist daher nicht einfach, auf dem Laufenden zu bleiben. Wer die Entwicklung zeitnah verfolgen will, der kann sich auf der Internetseite www.exoplanet.eu über den jeweils neuesten Stand informieren.

In den nächsten Jahren wird man mit noch leistungsfähigeren Teleskopen sicher weitere für das Leben geeignete Kandidaten entdecken. Mithilfe verbesserter Spektrometer wird sich das Licht der Sterne genauer analysieren lassen. Man wird die Spektren der unterschiedlichen Konstellationen miteinander vergleichen: einmal, wenn sich der Planet hinter dem Stern befindet, ein andermal, wenn er vor dem Stern vorbeizieht. Da in letzterem Fall das Licht am Rande des Planeten auch eine eventuell vorhandene Atmosphäre durchdringen muss, lässt sich erkennen, ob der Planet tatsächlich eine Atmosphäre besitzt und, falls ja, wie sie sich zusammensetzt. Man wird Methoden entwickeln, die erkennen lassen, ob ein Exoplanet ein Magnetfeld vergleichbar mit demjenigen unsere Erde besitzt – ein Schutzschild gegen den vom Stern abströmenden, das Leben bedrohenden Sternwind. Und man wird nach sogenannten »Biomarkern« wie Kohlendioxid, Methan und Ozon in der Atmosphäre suchen und anhand deren Existenz oder Abwesenheit auf eventuelles Leben auf dem Planeten schließen können. Doch von welcher Art dieses Leben ist, ob primitiv in Form von Bakterien oder doch höher entwickelt, vielleicht sogar intelligent, das zu erkennen wird vermutlich nicht möglich sein. Man müsste hinfliegen zu diesem Planeten. Aber das wäre ein Unterfangen, das vermutlich noch sehr lange Zeit jenseits unserer technischen Möglichkeiten liegt.

Epilog

»Der Weltraum, unendliche Weiten« – damit beginnt das Vorwort zu diesem Buch. Dieser Slogan der Serie *Raumschiff Enterprise* hat sich, nach allem, was wir in den vorausgegangenen Kapiteln erfahren haben, auf eindrucksvolle Weise bestätigt. Kaum eine andere Disziplin als die Astronomie hat mit ihren über Jahrhunderte hinweg gewonnenen Erkenntnissen das Weltbild der Menschheit nachdrücklicher revolutioniert. In kaum einer anderen Disziplin ist die Bandbreite der Forschung größer, sind die Dimensionen, die Massen und die Energien der untersuchten Objekte weiter gespreizt und die zu beobachtenden Phänomene spektakulärer. Ihre Erfolge verdankt die Astronomie dem Zusammenwirken so grundlegender Wissenschaften wie Mathematik, Physik, Chemie und Biologie. Mit ihrer Hilfe gelingt es, sowohl Milliarden Jahre in die kosmische Vergangenheit zurückzublicken und die Entwicklung des Universums bis zum heutigen Zeitpunkt nachzuvollziehen als auch das Innere der Sterne, die Struktur extrem dicht gepackter Materie, ja sogar so exotische Objekte wie Schwarze Löcher zu erforschen. Umso erstaunlicher ist, dass nahezu jegliche Erkenntnis allein auf dem von den Objekten ausgesandten Licht beruht.

Wir haben gesehen, welch gigantische Ausmaße das All hat. Das Universum ist leer und kalt und dunkel. Nur wenige Raumbereiche enthalten überhaupt Materie in nachweisbaren Mengen. Da draußen herrscht das schiere Nichts. Und doch gibt es zumindest einen Platz im All, an dem das Universum über sich selbst nachdenkt: die Erde. Dieser Platz kann nicht unbedeutend sein. Hier haben sich viele Milliarden Jahre Entwicklungsgeschichte zu einem äußerst komplexen Ergebnis physikalischer und chemischer Gesetze verdichtet, die das Universum schon seit Anbeginn formen. Dort hat die Natur Leben entstehen lassen und, als bislang höchste Entwicklungsstufe, den Menschen. Angesichts der über den Kosmos gewonnenen Erkenntnisse hat er aber auch lernen müssen, wie klein und unbedeutend seine Rolle im Rahmen dieses riesigen Universums ist. Sollte sich gar die vermutete Existenz belebter Exoplaneten dereinst bestätigen, so müsste der Mensch auch noch den Verlust des selbst verliehenen Titels »Krone der Schöpfung« hinnehmen. Anstelle des zur Schau gestellten selbstherrlichen Habitus stünde uns mehr Demut vor der Natur gut zu Gesicht.

Dank

Unser Dank gilt insbesondere unserem Lektor Eckard Schuster, der mit großer Akribie die Texte feingeschliffen und mit kritischen Kommentaren zum besseren Verständnis beigetragen hat. Bedanken möchten wir uns auch bei Katharina Fokken vom Goldmann Verlag, die unseren Wunsch zur Neubearbeitung von *Kosmologie für Fußgänger* tatkräftig unterstützt hat.

Die Entstehung dieses Buches haben im Jahr 2001 einige Freunde und Mitglieder des Instituts für Astronomie und Astrophysik der Universität München und des Max-Planck-Instituts für Astrophysik mit wertvollen Anregungen begleitet. Im Rückblick danken wir noch einmal herzlich dafür.

Bildnachweis

Abb. 1:	NASA/Apollo 17 crew; taken by either Harrison Schmitt or Ron Evans/Wikimedia
Abb. 2:	Modifizierte Abbildung nach: http://www.spacetelescope.org/images/opo0319f/
Abb. 3:	http://www.diercke.de/kartenansicht.xtp?artId=978-3-14-100770-1&seite=8&id=15887&kartennr=1
Abb. 4:	http://www.goruma.de/Wissen/Naturwissenschaft/Astronomie/SonnePlaneten/Erde.html
Abb. 5:	Modifizierte Abbildung aus: Hester, Jeff, et al.: *21st Century Astronomy*, New York 2010, S. 163
Abb. 6:	http://www.br.de/themen/wissen/plattentektonik100.html
Abb. 7:	Modifizierte Abbildung nach: http://calaski.wordpress.com/continental-drift/
Abb. 8:	Luc Viatour/Wikimedia
Abb. 9:	Modifizierte Abbildung nach: http://richardgreenwoodresearch.wordpress.com/
Abb. 10:	Jörn Müller
Abb. 11:	Modifizierte Abbildung nach: http://www.astronomie.de/das-sonnensystem/der-erdtrabant/mondfinsternis/entstehung/
Abb. 12:	Collage unter Verwendung einer modifizierten Abbildung aus: Kaler, James B.: *Sterne*, Heidelberg/Berlin/Oxford 1993, sowie Grafik von Jörn Müller
Abb. 13:	http://eco.psy.ruhr-uni-bochum.de/ecopsy/download/Guski-Lehrbuch/Glossar/Ponzo-Taeuschung.html
Abb. 14:	Jörn Müller nach Vorlage von: http://astronomyonline.org/SolarSystem/EarthWeather.asp?Cate=SolarSystem&SubCate=Earth&SubCate2=E02

Abb. 15: http://ah8892.bplaced.net/Astronomie%20Website/
Abb. 16: Aus Astronomievorlesungsunterlagen von Prof. Dr. Thomas Gehren, Universitäts-Sternwarte, München
Abb. 17: Wykis/Wikimedia
Abb. 18: http://blogs.fhnw.ch/sonnenforschung/files/2013/04/Sonne_Schnitt_mitBeschr_KIS.jpg
Abb. 19: Modifizierte Abbildung nach: http://www2.astro.psu.edu/users/cpalma/astro10/class11.html
Abb. 20: NASA, ESA, Andrew Fruchter (STScI), and the ERO team (STScI + ST-ECF)/Wikimedia
Abb. 21: http://solarsystem.nasa.gov/multimedia/gallery/SSE_Grid.jpg
Abb. 22: Jörn Müller
Abb. 23: Jörn Müller
Abb. 24: Jörn Müller
Abb. 25: http://www.planetary.org/blog/article/00001634/
Abb. 26: http://www.wonderplanets.de/kometen.html
Abb. 27: http://astronomyonline.org/Exoplanets/Exoplanet-Dynamics.asp
Abb. 28: Modifizierte Abbildung aus: RCA, *Electro Optics Handbook*, Lancaster, Pa., 1974, S. 14
Abb. 29: Der Rechteinhaber dieser Abbildung konnte trotz intensiver Recherche nicht ermittelt werden. Der Verlag bittet Personen oder Institutionen, welche die Rechte an diesem Foto haben, sich beim Verlag zu melden.
Abb. 30: Modifizierte Abbildung nach: http://welsch.com/index.php5?chap=5_1&gid=499&oldcat=&dis=9&oldType=Vektor
Abb. 31: Modifizierte Abbildung nach: http://www.noao.edu/image_gallery/html/im1043.html
Abb. 32: Frumpy/Wikimedia
Abb. 33: Collage unter Verwendung von: http://oneminuteastronomer.com/6949/where-is-the-center-of-the-universe/ sowie Abbildung aus: Lederman, Leon M./Schramm, David N.: *Vom Quark zum Kosmos*, Heidelberg 1990, S. 143
Abb. 34: Modifizierte Abbildung aus: Lesch, Harald/Müller,

Jörn: *Kosmologie für helle Köpfe*, München 2006, S. 124

Abb. 35: http://www.esa.int/ger/ESA_in_your_country/Germany/Planck_offenbart_uns_ein_fast_perfektes_Universum

Abb. 36: Frumpy/Wikimedia

Abb. 37: Modifizierte Abbildung nach: http://user.physics.unc.edu/~evans/pub/A31/Lecture20-Compact-Stars/deflection-of-light.jpg

Abb. 38: Modifizierte Abbildung nach: Gnixon/Wikimedia

Abb. 39: http://www.geo.de/GEO/info/newsletter/abo/geokompakt-das-raetsel-zeit-68902.html?t=img&p=1

Abb. 40: Modifizierte Abbildung nach: http://user.physics.unc.edu/~evans/pub/A31/Lecture20-Compact-Stars/deflection-of-light.jpg

Abb. 41: Collage unter Verwendung von: http://chandra.harvard.edu/photo/2000/0131/more.html

Abb. 42: Collage unter Verwendung von: http://hubblesite.org/gallery/album/pr2000020a/ und http://apod.nasa.gov/apod/ap010905.html

Abb. 43: Modifizierte Abbildung nach: http://www.itp.phys.ethz.ch/research/condmat/strong/events/Studienwoche/Venustransit.pdf

Abb. 44: Jörn Müller

Abb. 45: Srain at English Wikipedia

Abb. 46: Jörn Müller nach Vorlage von: http://www.astronomynotes.com/starprop/s4.htm

Abb. 47: Modifizierte Abbildung nach: http://www.physorg.com/news200044818.html

Abb. 48: Planetary transit.svg: Nikola Smolenski; derivative work (translation): Carbenium

Abb. 49: Modifizierte Abbildung nach: Habitable_zone-en.svg: Chewie; derivative work: Ignacio javier igjav

Abb. 50: Modifizierte Abbildung nach: http://phl.upr.edu/projects/habitable-exoplanets-catalog

Register